E. Heinrich (Enoch Heinrich) Kisch

Die Sterilität des Weibes: ihre Ursachen und ihre Behandlung

E. Heinrich (Enoch Heinrich) Kisch

Die Sterilität des Weibes: ihre Ursachen und ihre Behandlung

ISBN/EAN: 9783743344471

Hergestellt in Europa, USA, Kanada, Australien, Japan

Cover: Foto ©berggeist007 / pixelio.de

Manufactured and distributed by brebook publishing software (www.brebook.com)

E. Heinrich (Enoch Heinrich) Kisch

Die Sterilität des Weibes: ihre Ursachen und ihre Behandlung

DIE

STERILITÄT DES WEIBES,

IHRE URSACHEN UND IHRE BEHANDLUNG.

VON

DR. E. HEINRICH KISCH,

A. O. PROFESSOR AN DER K. K. DEUTSCHEN UNIVERSITÄT IN PRAG, IM SOMMER DIRIGIRENDER HOSPITALS-
UND BRUNNENARZT IN MARIENBAD.

MIT 43 IN DEN TEXT GEDRUCKTEN HOLZSCHNITTEN.

WIEN UND LEIPZIG.
URBAN & SCHWARZENBERG.
1886.

Vorwort.

Der pathologische Zustand, welcher dem Weibe versagt, des Mutterglückes theilhaftig zu werden, die **Sterilität,** *ist keine Krankheit mit abgeschlossener Begrenzung, sondern ein Symptom mannigfacher Sexualerkrankungen wie allgemeiner Störungen im Organismus, welche den normalen Endzweck der geschlechtlichen Vereinigung hintanhalten. Wie der Act der Befruchtung in seinen feinsten physiologischen Vorgängen noch in schwer durchdringliches Dunkel gehüllt ist, so ist auch die Pathologie der Befruchtung nach vielen Richtungen der vollen Aufklärung noch unzugänglich. Was klinische Beobachtung, anatomische Untersuchung und experimentelle Forschung uns über Erkennen der Ursachen und Begleiterscheinungen der Sterilität, sowie über ihre Behandlung zu lehren vermochten, das soll in der vorliegenden Monographie auf Grundlage einer zahlreichen eigenen Erfahrung seine Erörterung finden. Diese selbst ist mir hier in weiteren Umrissen zu geben gegönnt, als ich dies in meinem Artikel „Sterilität des Weibes" in dem engen Rahmen eines Sammelwerkes, „Real-Encyclopädie der gesammten Heilkunde (1882)" zu thun vermochte.*

Eingehenderes Studium ist aber gewiss bei einem Thema gerechtfertigt, das, nach scientifischer und praktischer Richtung gleich bedeutungsvoll, das Interesse des Arztes in hohem Grade in Anspruch zu nehmen vermag, ganz abgesehen davon, dass sich eine merkwürdige

a *

Fülle von ethischen, socialen und nationalökonomischen Momenten an die Lösung des Problems der weiblichen Unfruchtbarkeit knüpft. Wer, wie der Verfasser durch seinen Beruf, vielfach Gelegenheit hat, die sterile Frau der verschiedensten Nationalitäten und Gesellschaftsclassen zu beobachten, wer oft genug unverschleiert das tiefe Elend erblickt, welches die Fürstin, wie die einfachste Frau erdrückt, wenn sie dem Gatten keine Kinder zu gebären vermag, wer so die elementare Gewalt des Fortpflanzungstriebes im Menschen erkennen gelernt, der wird die Bedeutung der Lehre von der Sterilität des Weibes für das ärztliche Wirken voll und ganz erfassen. In dieser Erkenntniss ist es das Streben der folgenden Blätter, auf einem, wie mir scheint, noch nicht genügend erforschten Gebiete der speciellen Gynäkologie dem wissenschaftlichen und praktischen Bedürfen des Arztes zu entsprechen.

Inhalts-Verzeichniss.

Die Sterilität des Weibes.

Literatur.

Ausser den Handbüchern der Gynäkologie von *C. v. Braun, Schröder, v. Scanzoni, Beigel, Courty, Thomas, Hewitt* u. A.:

Andrieux, Traité complet de l'impuissance et de la stérilité. Brioude. 1849.

Beigel, Patholog. Anatomie der weiblichen Unfruchtbarkeit, deren Mechanik und Behandlung. 1878.

Capellmann, Facultative Sterilität ohne Verletzung der Sittengesetze. Aachen 1883.

Chrobak, Ueber weibliche Sterilität und deren Behandlung. Wiener Med. Presse. 1876.

Closier H., De la stérilité. 1880.

Cohnstein, Gynäkologische Studien. Wiener med. Wochenschrift. 1878.

Dechaux, La femme stérile. Paris 1882.

Duncan Mathews J., Sterilität bei Frauen. Uebersetzt von *S. Hahn*. 1884.

Duncan M., Fecundity, Fertility, Sterility etc. 1871.

Edis Arthur, Lancet. 1877.

Eustache, Contributions à l'étude et au traitement de la stérilité chez la femme. Annales de Gynécologie. Bd. III.

Fehling, Casuistischer Beitrag zur Mechanik der Conception. Archiv für Gynäkologie. Bd. V. 1873.

Gardner, On the causes and curative treatment of sterility. New-York 1856.

Grünewaldt, Ueber die Sterilität geschlechtskranker Frauen. Archiv für Gynäkologie. Bd. VIII. 1875.

Hartwigsohn, Historisch-kritischer Beitrag zur Sterilitätsfrage. Gynaecolog Meddelser ndg. of Prof. *Howitz*. 1879.

Hasse, Ueber facultative Sterilität. Neuwied und Leipzig 1883.

Kehrer, Beiträge zur klin. und experimentellen Geburtshilfe u. Gynäkologie. 1879.

Kisch, Ueber Sterilitas matrimonii. Wiener med. Wochenschrift. 1880.

Kisch, Ueber Sterilität des Weibes. Wiener Med. Presse. 1873.

Klebs, Handbuch der pathol. Anatomie. Geschlechtsorgane. 1873.

Kocks, Ueber eine neue Methode der Sterilisation der Frauen. Niederrhein. Gesellsch. für Natur- und Heilkunde in Bonn. 1878.

Kristeller, Beiträge zu den Bedingungen der Conception. Berl. klin. Wochenschr. 1871.

Leblond, Traité élémentaire de Chirurgie gynécologique. Paris 1878.

Leopold, Untersuchungen über Menstruation und Ovulation. Archiv für Gynäkologie. Bd. XXI. 1883.

Leukart R., Zeugung in *R. Wagner's* Handwörterbuch der Physiologie. Bd. III. 1846.

Levy, Mikroskop und Sterilität. Bayer. ärztl. Intelligenzbl. 1879.

Martin A., Pathologie und Therapie der Frauenkrankheiten. Wien 1885.

Mayer A., Des rapports conjugaux considérés sous le triple point de vue de la population, de la santé et de la moral publique. Paris 1874.

Mayer C., Einige Worte über Sterilität. *Virchow's* Archiv für pathologische Anatomie. Bd. X. 1856.

Meissner A., Die Häufigkeit der Conceptionen bei Anämie und einigen anderen constitutionellen Krankheiten der Frauen. Monatsschrift für Geburtskunde und Frauenkrankheiten. Bd. XVI. 1860.

Meyer L., Die Krankheiten des Uterus als Ursache der Sterilität. Kopenhagen. 1880.

Meyrhofer C., Sterilität, in Handbuch der allgemeinen und spec. Chirurgie von *Pitha* und *Billroth*. 1878.

Moudat, De la stérilité de l'homme et de la femme. Paris 1840.

Moudat L., De la stérilité chez la femme. Paris 1880.

Müller P., Die Sterilität der Ehe im „Handbuch der Frauenkrankheiten von *Billroth* und *Luecke*." 2. Auflage. Stuttgart 1885.

Oesterlen, Die Unfähigkeit zur Fortpflanzung. In *Maschka's* Handbuch der gerichtlichen Medicin. 1882.

Pajot, Question de la stérilité. 1877.

Pfankuch, Statistisches über den Einfluss des Puerperiums auf die Conceptionsfähigkeit. Archiv für Gynäkologie. 1877.

Piquantin, Contribution à l'étude de la stérilité. 1873.

Rheinstädter, Ueber Sterilität. Deutsche med. Wochenschrift. 1879.

Röhrig A., Die Sterilität des Weibes und ihre Behandlung, *Virchow's* Archiv 1884, 96. Band.

Sims, Klinik der Gebärmutterchirurgie. Deutsch von *Beigel*. 2. Aufl. 1870.

Siredey F. und *Darlos H.*, Artikel Stérilité im Nouveau Dictionnaire de Médecine et Chirurgie. Tome XXXIII. 1882.

Stadfeld, Bemerkungen über Sterilität und Vaginismus. *Schmidt's* Jahrbuch. 155.

Winckel, Deutsche Zeitschrift für klin. Medicin. 1877.

So weit man die Culturgeschichte der Menschheit überblickt, allenthalben wird man der Thatsache begegnen, dass die Unfruchtbarkeit der Frau nicht blos als ein Unglück angesehen wird, sondern ihr auch stets zum Vorwurfe gereicht. Bei den wilden Völkerschaften, sowie im Oriente, wo die Stellung der Frauen eine sehr untergeordnete ist, gewinnt das Weib erst dann eine ehrenvollere Berücksichtigung, wenn sie Mutter wird. „Gib mir Kinder oder ich muss sterben!" ruft die unfruchtbare Rahel der Bibel zu den Füssen Jacob's aus, während ihre mit Kindern gesegnete Schwester Lea sich rühmt: „Gott habe sie fruchtbar gemacht und dadurch mit dem besten der Geschenke belohnt." Die vornehmen Circassier geben ihren Töchtern erst dann eine Ausstattung, wenn sie ein Kind geboren haben (Pallas Voyage en Crimée). Die schwangeren Andamanesinen weisen stolz jedem Fremden, der ihre Dörfer betritt, den vorspringenden Unterleib. In Angola ist, wie *Liwingstone* berichtet, die unfruchtbare Frau dem allgemeinen Spotte preisgegeben und sie empfindet das bisweilen so

tief, dass sie deshalb zum Selbstmorde veranlasst wird. Die Unfruchtbarkeit der Frau berechtigt bei den Juden wie bei den Türken
den Mann auf Ehescheidung anzutragen und die aus diesem Grunde
geschiedene Frau findet kaum einen anderen Mann, da man sie als
ein Wesen betrachtet, dessen Körper nicht vollständig ausgebildet ist.
Auch im alten Griechenland waren Ehescheidungen, veranlasst durch
Unfruchtbarkeit der Frau, nicht selten. — Eine mit der königlichen
Krone geschmückte Dichterin der Gegenwart, Carmen Sylva, sagt
mit Recht: Man verlangt von einer Königin drei Dinge: Schönheit,
Klugheit und Fruchtbarkeit.

Begreiflich ist es darum, dass schon in den ältesten medicinischen
Schriften die Unfruchtbarkeit des Weibes den Gegenstand der ernsten
Betrachtung bietet. So finden sich in den Schriften der altindischen
Aerzte mehrfach einschlägige Andeutungen; u. A. enthält Susruta
folgende diesbezügliche Sentenz: „Die Empfängniss erfolgt am leichtesten
während der Menstruation. In dieser Zeit ist der Muttermund geöffnet
wie die Blume der Wasserlilie im Sonnenschein." Im alten Testa-
mente ist öfter von der weiblichen Unfruchtbarkeit als einem ebenso
unehrenhaften wie unglücklichen Zustande die Rede und wird der
Genuss gewisser Pflanzen als Mittel zur Heilung empfohlen. Der
Talmud beschäftigt sich in mehreren seiner Tractate mit den Ursachen und Heilmitteln der Sterilität.

In den Schriften der Hippokratischen Sammlung wird
wiederholt der Zustände gedacht, welche Unfruchtbarkeit beim Weibe
verursachen und der Mittel, diese zu beheben. Wir werden auf die
diesbezüglichen Sentenzen zurückzukommen später Gelegenheit haben.
Celsus bietet weniger auf diesem Gebiete. Bei *Plinius* finden sich
diesbezügliche Angaben, ebenso bei *Aristoteles*.

Von Schriftstellern des ersten Jahrhunderts unserer Zeitrechnung
behandelt Soranus die Conceptionsfähigkeit und Unfruchtbarkeit eingehender. Bei ihm findet sich unter Anderem der gewiss richtige Satz:
„Da die meisten Ehen nicht aus Liebe, sondern um Kinder zu erzielen,
geschlossen werden, so ist es unverständig, bei Wahl der Frau anstatt
auf die wahrscheinliche Fruchtbarkeit derselben, auf den
Stand ihrer Eltern und auf Reichthum Rücksicht zu nehmen."

Im Mittelalter ist es besonders *Paulus von Aegina*, der die
Krankheiten des weiblichen Geschlechtes und hierbei auch die Unfruchtbarkeit abhandelt. Dass die Heilkunde der Araber dieses Thema des
Oefteren erörterte, ist aus den Schriften des *Maimonides* zu entnehmen. — — —

Die Sterilität des Weibes nennt man den pathologischen
Zustand, dass das Weib im geschlechtsreifen Alter trotz wiederholten,

durch längere Zeit fortgesetzten, in normaler Weise ausgeübten geschlechtlichen Umganges nicht befruchtet wird.

Die Sterilität wird als c o n g e n i t a l (auch a b s o l u t) bezeichnet,
wenn trotz längerer (mindestens seit drei Jahren) stattgehabter, wiederholter Cohabitation niemals eine Schwangerschaft eingetreten ist, oder
a c q u i s i t (auch r e l a t i v), wenn Frauen, die ein oder mehrere Male
schwanger waren, seit längerer Zeit (seit mindestens drei Jahren), trotzdem sie noch im geschlechtsreifen Alter stehen und trotz normalen geschlechtlichen Umganges nicht mehr concipirten. Im weiteren Sinne
wird als Sterilität der Zustand des Weibes verstanden, dass trotz normaler
und für die Zeugung günstiger Umstände kein l e b e n d e s und l e b e n s-
f ä h i g e s Kind zur Welt bringt.

Englische Autoren unterscheiden noch speciell jene n i c h t so
seltene Art der acquisiten Sterilität des Weibes, dass Frauen nur e i n
Kind gebären als besondere Form („an only-child-sterility") (Ein Kind-
Sterilität).

Ich habe den Zeitraum der Ehe, nach dessen Ablauf ohne Befruchtung die Frau als steril bezeichnet werden kann, mit m i n d e s t e n s
d r e i J a h r e n fixirt. Es geschieht das auf Grund statistischer Daten,
welche ich über 556 fruchtbare Ehen erhob. Es war unter diesen Ehen
die erste Geburt bei der Frau eingetreten:

bis zu 10 Monaten nach der Eheschliessung in 156 Fällen
    von 11 bis zu 15   „   „   „   „ 199
von 16 Mon. bis zu 2 Jahren   „   „   „ 115
    von 2 bis zu 3   „   „   „   „ 60   „
       über 3   „   „   „   „   „ 26   „

Es war demgemäss die erste Geburt in 35·5 Percenten der Fälle
in den ersten ⁵/₄ Jahren der Ehe erfolgt, u. zw. in 15·6 Percent binnen
10 Monaten, in 19·9 Percent binnen 15 Monaten nach der Eheschliessung,
in 11·5 Percent der Fälle erfolgte die Niederkunft binnen 2 Jahren,
in 6·0 Percenten der Fälle binnen 3 Jahren und in 2·6 Percenten der
Fälle in einem Zeitraume über 3 Jahre nach der Eheschliessung.

Duncan gibt auf Grundlage der Register von E d i n b u r g und
G l a s g o w als mittleres Intervall zwischen Hochzeit und Geburt eines
lebenden Kindes 17 Monate an. Aus seinen diesbezüglichen Tabellen
ersieht man, dass in der Mehrzahl der Fälle die Niederkunft mit einem
lebenden Kinde erst nach Ablauf eines einjährigen ehelichen Lebens
erfolgt; beinahe in zwei Dritttheilen der Fälle beginnen die Geburten
erst im Laufe des zweiten Jahres.

Ansell bezeichnet als durchschnittliches Intervall zwischen Hochzeit und Niederkunft einen Zeitraum von 16 Monaten. Die grössere
Anzahl der Frauen in *Ansell's* Tabellen kam mit ihrem ersten Kinde
vor Ende des ersten Jahres und beinahe ⁷/₈ der Frauen vor Ende des

zweiten Jahres des ehelichen Lebens nieder; hingegen wurden nur in $\frac{1}{21}$ der verzeichneten Fälle Frauen nach dreijährigem und nur in $\frac{1}{30}$ der Fälle Frauen nach vierjährigem ehelichen Leben zum ersten Male entbunden.

Nach *Puesch* erfolgte in 10 fruchtbaren Ehen nur bei 5 die Niederkunft am Ende des ersten Ehejahres, bei 4 am Ende des zweiten und einmal erst am Ende des dritten Jahres. Nach *Spencer Wells* erfolgte unter 7 fruchtbaren Ehen nur bei 4 die Niederkunft in einem früheren Zeitraume als 18 Monaten.

Auf Grundlage der über grössere Ziffern gebietenden statistischen Daten kann man daher von wirklicher Sterilität nur dann sprechen, wenn bereits mehr als drei Jahre des ehelichen Lebens ohne Conception verflossen sind; man kann aber auch annehmen, dass verheiratete Frauen, bei denen der Eintritt der ersten Empfängniss sich über 16 Monate verzögert, schon mit grosser Wahrscheinlichkeit als steril zu betrachten sind. Die s o f o r t i g e Befruchtung nach dem ersten Coitus, welche bei Thieren als Regel betrachtet wird, erfolgt beim Menschen nur exceptionell.

Die Sterilität gehört zu den am häufigsten vorkommenden und am meisten die Hilfe des Arztes in Anspruch nehmenden Functionsstörungen des Weibes.

Bei einer Zusammenstellung der Ehen regierender Häuser, fürstlicher und Familien der höchsten europäischen Aristokratie, welche ich aus den genealogischen Hofkalendern vornahm, fand ich, dass unter 626 Ehen 70 steril waren, dass also demgemäss das Verhältniss der unfruchtbaren Ehen sich wie $1 : 8^6/_7$ gestaltete. Bei den sterilen Ehen anderer Gesellschaftskreise fand ich, soweit ich in der Praxis statistische Ziffern darüber sammeln konnte, dass das Verhältniss keineswegs ein so ungünstiges sei, sondern sich im Allgemeinen ungefähr wie 1 sterile zu 10 fruchtbaren Ehen darstellt. Ich bemerke aber, dass dieser statistischen Angabe, wie nahezu allen Statistiken über Sterilität der Fehler anhaftet, dass die Controle, ob nicht ein Abortus vorgekommen, entfällt.

Simpson hat bei seinen Untersuchungen über die Häufigkeit der Sterilität gefunden, dass unter 1252 Ehen 146 unfruchtbar waren, also ungefähr 1 auf 8·5 der Ehen hatten keine Kinder. In der englischen Aristokratie, wo die Ehen zumeist unter einer abgegrenzten Zahl angesehener Familien geschlossen werden, waren unter 495 Ehen 81 unfruchtbar, also dass 1 unfruchtbare auf $6^1/_9$ fruchtbare Ehen kam; während unter der Bevölkerung von Grangemouth und Bathgate, zumeist aus Matrosen und Ackerbautreibenden bestehend, das Verhältniss der sterilen Ehen sich nur wie 1 : 10·5 gestaltete.

Spencer Wells und *M. Sims* haben das Verhältniss der sterilen unter den verheirateten Frauen mit 1 : 8 angegeben.

Nach *M. Duncan's* Zusammenstellung waren 15 Procente aller Heiraten von Frauen zwischen 15—44 Jahren unfruchtbar. Nach *Frank & Burdach*, welche aber keine speciellen Ziffern angeben, soll nur eine Ehe auf fünfzig unfruchtbar sein. Ebenso behauptet *Lever* ohne nähere Ziffernangabe, dass 5 Procente der verheirateten Frauen ganz unfruchtbar sind. *Hedin* gibt für Schweden (eine Gemeinde von 800 Seelen) an, dass kaum 1 sterile Frau auf 10 fruchtbare kommt.

Ansell berichtet, dass unter 1919 Ehen von Frauen aus den oberen Classen bei einem Durchschnittsalter von 25 Jahren 152 ohne Nachkommen waren, also beinahe 1 auf 12 (8 Procent).

Duncan theilt in dieser Beziehung interessante Daten mit. Im Jahre 1855 sind in Edinburg und Glasgow 4447 Ehen geschlossen worden, von denen 725 oder 1 unter 6·1 steril waren. Rechnet man hiervon 75 Ehen ab, welche geschlossen wurden, als die Frauen bereits in der Mitte der Vierzigerjahre standen, so bleibt das Verhältniss immer noch sehr gross; denn von denen, welche sich im Alter zwischen 15 und 44 Jahren befanden, gingen 4272 die Ehe ein, von denen 662 oder 1 in 6·6 steril waren. Mit anderen Worten, 15 Procent aller Heiraten von Frauen zwischen 15 und 44 Jahren waren unfruchtbar.

Aus England liegen mehrfache verlässliche statistische Angaben über die Häufigkeit der sterilen Ehen vor. Darnach gestaltet sich das ungefähre Verhältniss bei:

Patienten im St. Bartholomäus-Hospital . . . 1 zu 8
Einwohner von Grangemouth . . . . 1 „ 10
Einwohner von Bathgate . . . . 1 „ 10
Britische Peers . . . . . . 1 „ 6
Obere Classen . . . . 1 „ 12
Einwohner von Edinburg und Glasgow . . . . 1 „ 7

Duncan hat von 504 absolut sterilen Frauen aus seiner Praxis folgende Tabelle zusammengestellt:

Alter bei der Hochzeit	Wie viel Jahre verheiratet?						
	Unter 3	4—8	9—13	14—18	19—23	24—28	29	Summa
15—19	12	19	15	4	7	2	1	60
20—24	70	66	37	24	13	9	—	219
25—29	47	51	20	8	8	—	—	134
30—34	26	20	8	4	1	—	—	59
35—39	6	13	4	—	—	—	—	23
40—45	6	3	—	—	—	—	—	9
Summa	167	172	84	40	29	11	1	504

Ansell stellt auf Grundlage der Ziffern über die von ihm beobachteten 152 sterilen Frauen die folgenden Schlüsse auf, dass keine weitere Chance zur Schwangerschaft vorhanden war, wenn die Frau über 48 Jahre alt war und kein Kind hatte seit 2 Jahren

„ 47 „ „ „ „ „ „ „ „ 3 „

„ 46 „ „ „ „ „ „ „ „ 4 „

„ 45 „ „ „ „ „ „ „ „ 6 „

„ 44 „ „ „ „ „ „ „ „ 8 „

unter 44 „ „ „ „ „ „ „ „ 10 „

Rechnet man die Fälle von acquisiter Sterilität hinzu, so stellt sich das Verhältniss der sterilen zu den fruchtbaren Ehen noch ungünstiger heraus, und es wächst in geradezu enormer Weise, wenn man mit *Grünewaldt* auch die Frauen zu den sterilen zählen wollte, welche nicht bis zu dem normalen Zeitpunkte des Climacteriums fortgebären. *Grünewaldt* hat aus einer Gesammtzahl von etwa 1500 Beobachtungen alle die Kranken ausgeschlossen, welche Mädchen oder Witwen waren, ferner alle die, welche zur Zeit der constatirten Sterilität über 35 Jahre waren, so ergab sich ihm auf eine Anzahl von etwas über 900 geschlechtsreifen und im geschlechtlichen Verkehr lebenden, an Krankheiten der Sexualorgane leidenden Frauen eine Anzahl von fast 500 Sterilen; unter diesen war die Sterilität über 300 Mal acquisit und fast 190 Mal congenital. Nach ihm bewirkten somit die Krankheiten der Sexualorgane in mehr als 50 Procenten der Fälle Störung des Fortpflanzungsvermögens, und zwar ist von etwa drei kranken Frauen eine steril geworden, nachdem sie zuvor Kinder gehabt hat und von etwa fünf gynäkologischen Kranken, die den oben genannten Bedingungen entsprechen, ist eine congenital steril.

Hierbei ist aber in Rechnung zu ziehen, dass in einem gewissen Stadium der Ehe, je nach dem Culturgrade und den national-ökonomischen Verhältnissen der Völker und Individuen früher oder später k ü n s t l i c h e r z e u g t e Sterilität beginnt. Diese muss natürlich hier ausser Betracht und Berechnung gelassen werden.

Die Art, in welcher die B e f r u c h t u n g b e i m M e n s c h e n erfolgt, ist lange noch nicht in ihren Details aufgeklärt, und leicht begreiflich ist es darum, dass die ä t i o l o g i s c h e n Momente der Sterilität noch vielfach in Dunkel gehüllt sind. Keinesfalls liegen die Verhältnisse so, dass man immer eine bestimmte Ursache aufzufinden vermag. Sowie einerseits oft die scheinbar unübersteiglichen Hindernisse eine Befruchtung nicht hintanzuhalten vermögen, so ist häufig gar kein irgend deutbarer Anlass für die vorhandene Sterilität zu finden. Die Schematisirung der verschiedenen Arten der Sterilität nach den Causalverhältnissen hat darum grosse Schwierigkeiten. Man gelangt dabei leicht zu einseitigem Urtheile.

Sims hat mit seiner Lehre von der mechanischen Aetiologie der Sterilität, trotz der nicht abzuleugnenden Bedeutung dieses Momentes, über's Ziel geschossen, weil er eben jene zu sehr verallgemeinerte. Andererseits hat *Duncan* wieder nach der entgegengesetzten Richtung gefehlt, wenn er alle unsere Kenntniss, die wir über Sterilität besitzen, in dem Ausdrucke „mangelnde reproductive Energie" zusammenfassen zu können glaubt. Wir können diesem Autor durchaus nicht beipflichten, wenn er behauptet: „Sterilität als Ausdruck mangelnder reproductiver Energie ist eine Unvollkommenheit, welche keine fassbare, keine messbare Eigenschaft besitzt" und wenn er es als sehr wahrscheinlich bezeichnet, „dass locale Ursachen. mögen sie der Conception hinderlich oder der Gravidität oder dem intrauterinen Leben ungünstig sein, einen sehr geringen Spielraum haben". Wir halten diesen Standpunkt ebenso wenig für gerechtfertigt, als die exclusiv mechanische Richtung in der Lehre von der Sterilität.

Wir glauben am zweckmässigsten die Sterilität ätiologisch zu erörtern, wenn wir von der Annahme ausgehen, dass zur Befruchtung drei Bedingungen unumgänglich nothwendig sind:

1. Dass die Keimbildung in normaler Weise erfolge, dass die Ovula normal entstehen und zur Reife gelangen;

2. dass der gegenseitige Contact normal beschaffener und erhaltener Spermatozoen mit dem Ovulum ermöglicht werde;

3. dass der Uterus geeignet sei, die Bebrütung des befruchteten Eies zu gestatten.

Diesen drei Hauptbedingungen der Befruchtung entspricht unsere Eintheilung der Sterilität:

1. Durch U n f ä h i g k e i t   z u r   K e i m b i l d u n g:

2. durch B e h i n d e r u n g   d e s   C o n t a c t e s   v o n   n o r m a l e m   S p e r m a   u n d   O v u l u m;

3. durch U n f ä h i g k e i t   z u r   B e b r ü t u n g   d e s   E i e s.

Wir wollen hierbei nicht ausschliessen, dass es noch andere schwer controlirbare Ursachen der Sterilität gibt, ebenso wie wir sogleich hervorheben möchten, dass in der weitaus grössten Zahl der Fälle von Sterilität nicht e i n e Ursache allein, sondern gewöhnlich mehrere ursächliche Momente vorhanden sind, die zusammenwirken.

I. Sterilität durch Unfähigkeit zur Keimbildung.

Literatur.

Aveling, Obstetrical Journal of Great Britain and Irland. London 1874.

Bell Ch., Theorie and pathologie of the menstruation. Edinburgh Med. and chirurg. Journal. 1844.

Bischoff, Beweis der von der Begattung unabhängigen Reifung. Giessen 1844.

Brierre de Boismont, De la menstruation considéré sous le rapport physiologique et pathologique. Paris 1842.

Chapman, Die Masturbation als ätiologisches Moment von gynäkologischen Affectionen. Amer. Journ. of obstetr. 1883.

Chenaux, De la menstruation. Paris 1859.

Cleveland, Impregnation five months after the cessation of menstruation. Americ. J. Obst. New-York 1873.

Conception malgré l'absence des régles. Journ. de méd. et chir. prat. Paris 1840.

Cohnstein, Ueber Prädilectionszeiten bei Schwangerschaft. Archiv f. Gynäkologie. 1879.

Düsing C., Die Regulirung des Geschlechtsverhältnisses. 1884.

Fengier, Influences des maladies sur la menstruation et réciproquement. Paris 1864.

Francotti, Studie über die Menopause in pathologischer und therapeutischer Hinsicht. (Gekrönte Preisschrift. Annales de la Société de Méd. d'Anvers 1880—1881.)

Giraudet, De la valeur des théories dans l'explication des causes de la menstruation. Gaz. des hôpitaux. 1858.

Godefroy, Fécondation chez une fille de vingt ans, que n'avait jamais été réglée. Rev. de thérap. méd. chir. XVII. Paris 1869.

Gusserow, Ueber Menstruation in *Volkmann's* Sammlung klin. Vorträge. Nr. 81. 1874.

Hasler, Ueber die Dauer der Schwangerschaft. Zürich 1876.

Haschek, Conception ohne Menstruation. Oesterreichische Zeitschr. f. prakt. Heilkunde. Wien 1861.

Henning, Archiv für Heilkunde. Bd. XVIII.

Hensen, Die Physiologie der Zeugung in *Hermann's* Handbuch der Physiologie. 1881.

Heppner L., Ueber einige kleine wichtige Hemmungsbildungen der weiblichen Genitalien. St. Petersburger med. Wochenschrift. 1870.

His, Anatomie menschlicher Embryonen.

Hofmeier, Ueber den Einfluss des Diabetes mellitus auf die Functionen der weiblichen Geschlechtsorgane. Berl. klin. Wochenschr. 1883.

Jardanne P. L. de, De la ménopause ou de l'âge critique des femmes. Paris 1821.

Jeannin, De l'âge de retour des femmes. Strassburg 1830.

John Williams, On the structure of the mucous membrane of the uterus and its periodical changes. Obst. Journal. 1875.

Kisch, Das climacterische Alter der Frauen. 1874.

Klebs, Handbuch der pathologischen Anatomie. 1876.

Krieger, Die Menstruation, eine gynäkologische Studie. 1869.

Kundrat & Engelmann, Untersuchungen über die Uterusschleimhaut. Wiener med. Jahrbücher. 1873.

Leopold, Studien über die Uterusschleimhaut während der Menstruation, Schwangerschaft und Wochenbett. Archiv f. Gynäkologie. Bd. XI. 1. Heft.

Litzmann, in *R. Wagner's* Handwörterbuch d. Physiologie. Artikel Geburt.

Lott, in *Rollett,* Untersuchungen des physiologischen Institutes. Graz 1871.

Löwenhardt, Die Berechnung und die Dauer d. Schwangerschaft. Archiv f. Gynäkologie. Bd. III, Heft 3.

Löwenthal W., Eine neue Deutung des Menstruationsprocesses. Leipzig 1884.

Monville, De l'âge critique des femmes. Paris 1840.

Moser A., Ueber die Bedeutsamkeit der Menstruation und ihr Verhältuiss zu der Brunst der Thiere. Neue deutsche Zeitschr. f. Geburtsk. 1843.

Pagés, De la ménopause. Nancy 1876.

Pflüger, Untersuchungen aus dem physiol. Laboratorium. Bonn 1865.

Pouchet, Théorie positive de la fécondation. Paris 1842.

Pouchet, Théorie positive de l'ovulation. Paris 1847.

Puech, De la déviation des régles et son influence sur l'ovulation. Académie des sciences. 1863.

Raciborski M. A., De la puberté et de l'âge critique chez la femme etc. 1844; ferner Traité de la menstruation, ses rapports avec l'ovulation, la fécondation, l'hygiène de la puberté et de l'âge critique etc. Paris 1868.

Reichert, Verhandlungen der Berliner Akademie. 1874.

Remak, Ueber Menstruation und Brunst. Neue deutsche Zeitschrift f. Geburtskunde. 1848.

Ritschie, A case of impregnation prior to menstruation. West. Lancet. Cincinnati 1851.

Schauer, Die Theorien der alten und neuen Zeit über die Menstruation. Monatsschrift für Geburtsk. 1855.

Sigismund, Ideen über das Wesen der Menstruation. Berl. klin. Wochenschr. 1875.

Sommerus, Mulier nec ante, nec per, nec post partum menses aut lochia passa. Misc. Acad. nat. curios. Norimb. 1683.

Spitta, Commentat. physiol. pathol. mutationes, affectiones et morbos in organ. et oecon. femin. cessante femini menstrui, periodo. Göttingen 1822.

Stark, Eigene Erscheinung von gänzlichem Ausbleiben des Monatlichen und doch Schwangerschaft. Arch. f. d. Geburtshilfe. Jena 1787.

Taylor, Case of conception before the appearance of the menses (13 Jahre altes Mädchen). Med. Times and Gaz. London 1853.

Teissier, Gaz. méd. de Paris 1831.

Till, The change of life. 3. edition. London 1870.

Vogel in *R. Wagner's* Physiologie. 3. Auflage.

Young, Pregnancy without menstruation Tr. Edinb. Obstr. Soc. 1872 und 1874.

Das keimbildende Organ, das O v a r i u m, ist in der Norm äusserlich glatt und vor der Entwicklung der Pubertät eben; erst nach der letzteren erhält es durch die Hervorragung der reifen Bläschen und durch die narbige Einziehung der geborstenen ein stellenweise höckeriges, gefurchtes Aussehen. Der eigentlich keimbereitende Theil des Ovariums ist die Rindensubstanz, welcher zweierlei Elemente enthält, die F o l l i k e l, welche das Secretionsproduct des Ovariums einschliessen und zuletzt ausstossen, und das bindegewebige Stroma, in welches jene eingebettet sind. Die Primordialfollikel gestalten sich nach der Geburt des weiblichen Individuums in diesem zu den definitiven bleibenden Follikeln um, in denen die Reifung der Eier geschieht. Dieser Process vollzieht sich, indem die Epithelzellen des Primordialfollikels sich vermehren und durch Eintreten einer wässerigen Secretion eine Follikelhöhle gebildet wird. Bis zur Pubertät verbreitet sich dieser Process gleichmässig über das ganze Organ und bedingt wesentlich die Vergrösserung desselben. Gleichzeitig nimmt aber auch das interstitielle Gewebe zu und bildet sich an der Oberfläche eine besondere bindegewebige Schicht, die Albuginea. Das Ovarium bekommt nun eine glatte, glänzend weisse Oberfläche und nimmt eine cylindrische oder walzenförmige Gestalt an, welche später durch das Platzen der Follikel höckerig wird, indem Narben entstehen, die sich als Furchen kennzeichnen. Im höheren Alter wird diese höckerige Gestalt der Ovarien durch die Veränderungen, welche in den Follikeln nach der Menopause vor sich gehen (s. weiter unten) noch deutlicher; zugleich findet eine wesentliche Abnahme des gesammten Volumens der Ovarien statt, so dass diese bei alten Frauen zuweilen nur als vielgefurchte fibröse Streifen, als glatte fibrovasculäre Verdickung erscheinen (Fig. 1, 2, 3 und 4).

Wir wissen, dass sich das Ovulum durch Platzen des reifen Follikels entleert, und können verschiedenartige physiologische Ursachen

Fig. 1.

Fig. 2.

Ovarium eines 19jährigen Mädchens.

Ovarium einer 72jährigen Frau.

diesen Act direct oder indirect verursachen. Als nächste Ursache des Risses muss eine Turgescenz und Vermehrung des Inhalts der einzelnen Follikel betrachtet werden.

Ohne hier auf die verschiedenen, seit alter Zeit aufgetauchten und wechselnden Anschauungen über die periodisch auftretende blutige

Fig. 3.

Faserschichte der Rindensubstanz

Zellige Schichte mit Follikeln

Gefäss

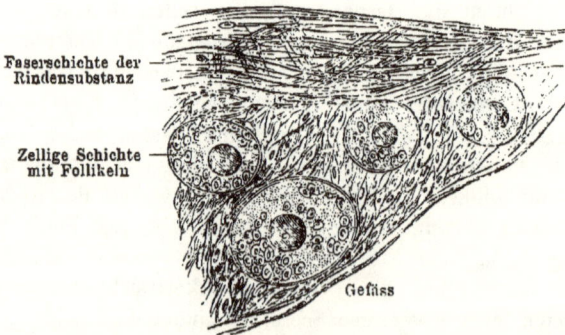

Sagittaler Durchschnitt aus dem Ovarium des 19jährigen Mädchens

Ausscheidung aus den Genitalien des geschlechtsreifen Weibes, die Menstruation näher einzugehen, muss doch unbedingt daran festgehalten werden, dass zwischen Ovulation, Menstruation und Entwicklung des Eies ein bestimmter Zusammenhang besteht. Die Ansichten stimmen darin überein, dass der Uterus zum Empfange des Eies vorbereitet werde. Die Einen glauben jedoch, es sei der Uterus am besten kurze Zeit nach der Menstruation vorbereitet, die Anderen

sehen in der Deciduabildung die Herstellung eines Nestes für das Ei
und legen die Ovulation so früh, dass die Menstruation noch durch
das sich entwickelnde Ei sistirt werden könne.

Für die erstere Ansicht spricht die Mehrzahl der Sectionsbefunde,
die Analogie des Verhaltens der Thiere und die Erfahrung, dass
Nägele's Zeitrechnung, die Geburt 40 Wochen nach der letzten Menstruation
zu erwarten, sich am meisten (wenn auch nicht immer) bewährt. Endlich
ist auch der Umstand nicht ganz unberücksichtigt zu lassen, dass n a c h der
Menstruationsperiode sicher ein schon von *Haller, Bischoff, Litzmann*
u. A. hervorgehobener Zustand gesteigerter sexueller Erregbarkeit
eintritt.

Nägele spricht sich dahin aus, dass, wie das Weib gleich nach
dem ersten Eintritt der Menstruation beginne, zeugungsfähig zu werden,
jeder Menstruationsprocess als Erneuerung des er-

Fig. 4.

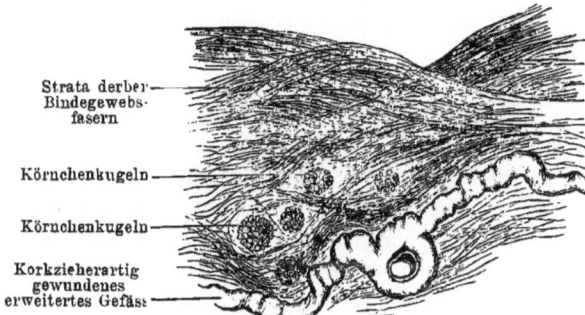

Strata derber
Bindegewebs-
fasern

Körnchenkugeln

Körnchenkugeln

Korkzieherartig
gewundenes
erweitertes Gefäss

Sagittaler Durchschnitt aus dem Ovarium der 72jährigen Frau.

schöpften Conceptionsvermögens anzusehen sei. Und *Pflüger*
geht zur Erklärung der Periodicität von der durch die Reifung
eines Follikels allmälig wachsenden Schwellung des Eierstockes aus,
welche Nervencentren reize. Der andauernde und wachsende Reiz führe
schliesslich zu einer Reflexwirkung dahin gehend, dass eine Congestion
zu Uterus und Ovarien eintritt. Diese Congestion führt im Uterus zur
Blutung, in den Ovarien zu rascherem Wachsthum und endlich zur
Sprengung des Follikels.

In neuester Zeit macht sich aber eine andere Anschauung von der
Menstruation geltend.

Gestützt auf die anatomischen Ergebnisse *Kundrat's* und *Engelmann's*
sowie *William's*, denen zufolge die Menstrualblutung nicht das Zeichen
der höchsten geschlechtlichen typischen Erregung, sondern ein solches
der bereits eingetretenen Decadenz derselben (den regressiven Vorgang,
die Verfettung der oberflächlichsten Schichten der Uterusmucosa, wo-

durch die Gefässe, das Endometrium arrodirt werden) darstelle, wird darauf hingewiesen, dass sich das abgehende Ei in einer derartigen Mucosa gar nicht einnisten könne. Ein sich festsetzendes Ei sei nur in einer normalen Mucosa möglich; es träte demnach, wenn Conception erfolge, gar keine Menstrualblutung ein. Finde einige Tage nach der letzten Menstrualblutung Copulation statt, so dringe das Sperma, den Uterus und die Tuben langsam passirend, bis in die Ampulle der letzteren, welche gleichsam ein Receptaculum seminis darstelle, vor und verbleibe hier so lange, bis es bei der nächsten Ovulation das Ei befruchte. Nach dieser Ansicht wäre das nach der letzten Menstruationsperiode abgehende Ovum jenes, welches befruchtet wird. Die Conception verhindere daher die sich sonst einstellende regressive Metamorphose der Uterusmucosa, d. h. die Menstrualblutung.

Die Vertreter dieser Ansicht, *Löwenhardt, Reichert, Gusserow* und *His*, halten die Deciduabildung der Schleimhaut vor der Menstruation deshalb für das Nest des Eies, weil eine genau ihr gleiche Bildung die Lagerstätte der jüngsten unter den bekannten menschlichen Eiern ist.

Am weitesten gehend von der älteren Anschauung ist die neuestens von *W. Löwenthal* aufgestellte Menstruationstheorie, die er selbst in folgende Thesen zusammenfasst:

Die periodische Blutung aus den weiblichen Genitalien ist nicht die Folge der (meist gleichzeitig stattfindenden) Follikelberstung, sondern die des Zerfalls, der unabhängig von der letzteren und vor derselben entstandenen Schleimhautwucherung im Uterus. Diese, die Menstrualdecidua, wird hervorgerufen durch die Einbettung des zuletzt von den Ovarien gelieferten Eies im unbefruchteten Zustande. Sie bildet sich fort zur Schwangerschaftsdecidua, wenn das eingebettete Ei befruchtet wird und sie zerfällt in Folge des Absterbens des Eies, wenn dasselbe unbefruchtet geblieben ist. Innerhalb jeder einzelnen Menstruation stehen Follikelberstung und Menstrualblutung in keinem anderen Causalnexus zu einander, als dass höchstens die bei dem Zustandekommen der Blutung thätigen Ursachen und Umstände gleichzeitig ein veranlassendes Moment für die Berstung eines gereiften Follikels sind. Das Zusammentreffen von Follikelberstung und Blutung ist mithin kein nothwendiges. Beide können getrennt von einander auftreten, es kann ein Follikel bersten, ohne dass gleichzeitig eine Menstrualdecidua vorhanden ist und zerfällt, und diese secundäre Folge des zuletzt ausgetretenen Eies, die Menstrualblutung, kann eintreten, ohne dass gleichzeitig ein neuer Follikel berstet. Die Periodicität der Menstrualblutung wird bedingt durch die Dauer der extrafolliculären Lebensfähigkeit des eingebetteten und unbefruchtet gebliebenen Eies. Die Abweichungen von der (generellen oder individuellen) Periodicität hängen ab von der idiopathischen oder durch zwischentretende Einflüsse bedingten Verkürzung, beziehungsweise dem Mangel dieser extrafolliculären Lebensfähigkeit. Zur Befruchtung gelangt stets ein bereits vorhandenes (normal im Uterus, in abnormen Fällen ausserhalb desselben vorhandenes), meist bei Gelegenheit der letzten Menstruation aus dem Follikel getretenes Ei.

Nach *Hensen* sprechen die bisher vorliegenden Thatsachen zu Gunsten der älteren Ansicht, dass die Follikel i u d e r R e g e l gegen Ende der Menstruation platzen. Eine Beschleunigung, resp. Verzögerung der Eröffnung des Follikels (Empfängniss vor oder nach der Menstruation) je nach dem geschlechtlichen Umgang erscheint vorläufig nicht unmöglich.

Die verschiedenen Tabellen über mittlere Schwangerschaftsdauer zeigen zumeist, dass dieselbe sich auf ungefähr 280 Tage nach Eintritt der letzten Menstruation, auf ungefähr 272 Tage nach der fruchtbaren Begattung beläuft.

Am günstigsten für die Befruchtung scheint die Copulation 10—8 T a g e n a c h d e r M e n s t r u a t i o n zu sein. *Hasler* hat bei 248 Fällen mit bekanntem Copulationstage gefunden, dass die Empfängniss in $82^{1}/_{2}$ Percent der Fälle in den ersten 14 Tagen nach Eintritt der letzten Menstruation erfolgte, in $86^{0}/_{0}$ in den ersten 10 Tagen nach dem Ende der letzten Menstruation. Den Juden, welche sich bekanntlich im Allgemeinen durch grosse Fruchtbarkeit auszeichnen, ist rituell der geschlechtliche Umgang erst 7 (zuweilen sogar 12) Tage nach dem Eintritt der Menses gestattet.

Capellmann räth zur Erreichung einer f a c u l t a t i v e n S t e r i l i t ä t Abstinenz vom Coitus 14 Tage nach und 3—4 Tage vor Beginn der Menstruation. Das Verhalten mag die Wahrscheinlichkeit einer Empfängniss mindern, aber auszuschliessen vermag es letztere nicht: denn an jedem Tage kann der Coitus die Befruchtung zur Folge haben.

Die Fähigkeit zur Keimbildung wird im Allgemeinen als mit dem Eintritte der ersten Menstruation b e g i n n e n d und mit dem Aufhören derselben e n d e n d betrachtet, obgleich dies keinesfalls als vollkommen giltig angenommen werden kann.

In dem ganzen Körper gehen um die Zeit der G e s c h l e c h t s r e i f e sichtbare Veränderungen vor. Uterus und Vagina vergrössern sich, die grossen Schamlippen schliessen die Schamspalte vollständiger ab, sie und der Mons veneris werden behaart. Die Brüste turgesciren, die Brustwarzen treten mehr hervor. Das Becken verbreitert sich, Hüften, Schenkel und Waden erhalten ein reichlicheres Fettpolster und runden sich mehr ab. Die psychischen Thätigkeiten werden gewaltig von der sich geltend machenden Gewalt des Geschlechtstriebes beherrscht.

Der Zeitpunkt der G e s c h l e c h t s r e i f e des Weibes ist je nach Race, Klima, Ernährung, individuellen Verhältnissen, psychischer Beeinflussung sehr verschieden.

In Persien treten die Menses schon im 9. bis 10. Jahre auf, in Eboë (Guineaküste) zwischen dem 8. und 9. Jahre; in Smyrna sieht man Mütter von 11 Jahren. *Molitor* erwähnt den Fall, dass ein Mädchen (das mit 4 Jahren menstruirte) mit 9 Jahren und 5 Monaten concipirte. *Rüttel* sah ein 9jähriges Mädchen schwanger.

Kussmaul erzählt von einem Mädchen, welches im 8. Lebensjahre schwanger wurde und nach 9 Monaten niederkam. *Cortis* hat in Boston ein 10 Jahre und 8 Monate altes Mädchen von einem 8 Pfund schweren Knaben entbunden. *Casper* hat in Berlin ein Mädchen gesehen, welches nach eben vollendetem 12. Jahre geschwängert worden war und von einem lebenden Kinde entbunden wurde. *Taylor* berichtet von einem 12 Jahre 6 Monate alten Mädchen, das er im letzten Monate der Schwangerschaft befindlich fand. *Koblanck* sah ein 14jähriges Mädchen, das mit einem $4^{1}/_{2}$ Pfund schweren Kinde niederkam.

Ebenso ist das A u f h ö r e n der Keimbildungsfähigkeit im sogenannten climacterischen Alter nicht genau an einen bestimmten Zeitpunkt gebunden, wie wir dies bei der Erörterung der senilen Sterilität sehen werden, wenngleich es durchschnittlich zumeist zwischen dem 46. und 50. Lebensjahre erfolgt. Mit dem Climacterium, der Cessation der Menses, hört, so viel wir wissen, die periodische Ausstossung der Eier auf, aber es finden sich noch zahlreiche unreife Eier im Eierstock. Im Aeusseren der Frau stellt sich, wenn ihre Fähigkeit zur Keimbildung aufhört, zuweilen, jedoch keineswegs constant, eine Annäherung an den männlichen Habitus her, Behaarung der Oberlippe und des Kinnes, rauhere Stimmbildung u. s. w.

D i e U n f ä h i g k e i t z u r K e i m b i l d u n g kann eine absolute, unveränderbare oder relative, vorübergehende sein. Das erstere ist der Fall, wenn die keimbildenden Organe, die Ovarien gänzlich fehlen oder derartig organisch verändert sind, dass ihre functionelle Thätigkeit unmöglich geworden; relativ und vorübergehend hingegen kann die Keimbildung beeinträchtigt sein durch pathologische Zustände des Ovariums und seiner Umgebung, durch Störungen der Innervation, durch Constitutionsanomalien.

Die weibliche Keimdrüse, der Eierstock, kann durch Entwicklungsstörungen im Fötalleben entweder gänzlich fehlen oder es werden nur die einzelnen Gewebsbestandtheile, besonders die Epithelien, beeinträchtigt. Im ersteren Falle herrscht angeborener, vollkommener einseitiger oder doppelseitiger D e f e c t d e r E i e r s t ö c k e , und dies zumeist mit Fehlen anderer Theile des Sexualapparates oder mit rudimentärer Entwicklung derselben, im anderen Falle ist angeborene A t r o p h i e d e r O v a r i e n vorhanden.

Morgagni berichtet über einen Fall von Defect beider Ovarien bei einer 66jährigen Frau, wo die äusseren Genitalien, Scheide und

Uterus mangelhaft entwickelt, die Tuben von normaler Grösse waren.
Die oberen Ränder der Lig. lata zeigten trotz sorgfältigen Nach-
forschungen keine Spur von Ovarien.

Quain fand bei einem 33jährigen Mädchen eine rudimentäre
Scheide mit schwach gefalteter Schleimhaut, an deren Ende eine halbmondförmige Falte vielleicht ein Uterusrudiment darstellte. Ovarien
waren nicht vorhanden; als rudimentäres Ovarium war vielleicht ein
kleiner drüsenartiger Körper zu betrachten, der in der linken Wand
der Vagina sass. Der äussere Körperbau war weiblich, ebenso die
Neigungen; ferner war regelmässiges monatliches Nasenbluten vorhanden.

Das F e h l e n b e i d e r O v a r i e n hat selbstverständlich Sterilität
zur Folge. Es ist dieser Entwicklungsfehler bekanntlich mit anderen
Anomalien der Sexualorgane vergesellschaftet. Ein Gleiches gilt von
der angeborenen Atrophie der Ovarien. Mangel nur eines Ovariums
bringt keinesfalls Unfähigkeit zur Keimbildung mit sich, es erfolgt
vielmehr auch bei Vorhandensein eines einzigen Ovariums die Ovulation
ganz normal; es kommt erwiesenermassen zur Befruchtung und es
werden, im Gegensatze zu einer früher verbreiteten Theorie der
Geschlechtsbildung, von solchen Frauen Kinder b e i d e r l e i Geschlechtes
geboren.

In derselben Weise wie das Fehlen oder die angeborene Atrophie
beider Ovarien wirkt die nach dem climacterischen Alter eintretende
Atrophie der Ovarien, welche wir als Ursache der s e n i l e n Sterilität
später eingehend besprechen.

U n g e n ü g e n d e E n t w i c k l u n g d e r O v a r i e n u n d h i e-
d u r c h m a n g e l h a f t e K e i m b i l d u n g kann bei Heiraten allzu
jugendlicher, nicht hinreichend entwickelter Mädchen den Anlass zur
Sterilität bieten, eine Thatsache, welche schon *Aristoteles* bekannt
war. Dieser sagt, „frühzeitige Ehen erzeugen eine unvollkommene
Nachkommenschaft ... Dass dies auch beim Menschen der Fall so
gut wie bei anderen Thieren, sieht man an den schwächlichen Be-
wohnern jener Gegenden, wo frühzeitige Ehen überhand nehmen.“

Aus statistischen Daten ist ersichtlich, dass das A l t e r b e i d e r
V e r h e i r a t u n g v o n E i n f l u s s a u f d i e S t e r i l i t ä t ist. Es zeigt
sich hierbei, dass bei Frauen, die zwischen dem 20. und 24. Lebens-
jahre heiraten, Sterilität am seltensten ist; häufiger findet sich diese
schon bei Frauen, die im Alter zwischen 15 und 19 Jahren in die
Ehe traten. Von dem 24. Lebensjahre an nimmt die Häufigkeit der
Sterilität mit dem jeweiligen Alter bei der Verheiratung zu.

Nach meinen in dieser Richtung erhobenen statistischen Daten
über 556 fruchtbare Frauen war die erste Geburt erfolgt:

	bis zu 10 Monaten	bis zu 15 Monaten	bis zu 2 Jahren	bis zu 3 Jahren	in einem Zeitraum von mehr als nach 3 Jahren
			nach der Verheiratung		
Bei 163 Frauen, die im Alter von 15—19 Jahren in die Ehe traten bei	36	53	46	18	10
Bei 313 Frauen, die im Alter von 20—25 Jahren in die Ehe traten bei	98	113	56	32	14
Bei 70 Frauen, die im Alter von 26—32 Jahren in die Ehe traten bei	18	30	12	9	1
Bei 10 Frauen, die im Alter über 33 Jahren in die Ehe traten bei .	4	3	1	1	1

Es erfolgte demnach die erste Geburt bei Frauen:

	bis zu 10 Monaten	bis zu 15 Monaten	bis zu 2 Jahren	bis zu 3 Jahren	im Zeitraum von über 3 Jahren
			nach der Verheiratung		
Die sich im Alter von 15—19 Jahren verheirateten in . . .	22·0%	32·5%	28·2%	11·0%	6·1% der Fälle
Die sich im Alter von 20—25 Jahren verheirateten in . . .	31·3%	36·1%	17·8%	10·2%	4·4% „ „
Die sich im Alter von 26—32 Jahren verheirateten in . . .	25·7%	42·8%	17·1%	12·8%	1·4% „ „
Die sich im Alter über 33 Jahren verheirateten in	40%	30%	10%	10%	10% „ „

Während also bei Frauen, die im Alter von 15—19 Jahren in die Ehe traten, nur bei 54·5 Percenten in den ersten 15 Monaten nach der Verheiratung die erste Geburt erfolgte, war bei Frauen, die im Alter von 20—25 Jahren sich verheirateten, die erste Niederkunft bei 67·4 Percenten in den ersten 15 Monaten eingetreten. Und während bei der ersten Kategorie der Jungverheirateten (zwischen 15 und 19 Jahren) der Percentsatz der Erstgeburten im Zeitraume zwischen 15 Monaten und 2 Jahren nach der Verheiratung 28·2 Percent betrug, fand ein so später Eintritt der ersten Geburt bei den im Alter von 20—25 Jahren Verheirateten nur in 17·8 Percent der Fälle statt.

Aus den Ziffern, die *Duncan* nach Edinburger und Glasgower Berichten aus dem Jahre 1855 zusammenstellte, ergaben sich für 4447 Frauen folgende Daten:

Alter der Frauen bei der Verheiratung	Anzahl der Frauen	Sterilität nach Percenten
15.—19. Lebensjahre	700	7·3
20.—24. „	1835	—
25.—29. „	1120	27·7
30.—34. „	402	37·5
35.—39. „	205	53·2
40.—44. „	110	90·9
45.—49. „	46	95·6
50. Lebensjahr	29	100·0

Auch aus diesen Zahlen ersieht man, dass allzu jugendlich sich verheiratende Mädchen in Bezug auf Fruchtbarkeit den sich in dem 20.—25. Lebensjahre Verheiratenden sehr nachstehen. Man darf dabei nicht ausser Acht lassen, dass ausser der ungenügenden Entwicklung der Ovarien auch die zurückgebliebenen Dimensionen der Vagina und des Uterus zu beachten sind, welche nicht selten beim Cohabitationsacte Insulten ausgesetzt sind, denen sie sich zu wenig widerstandsfähig erweisen und in Folge dessen inflammatorische Zustände auftreten. Im Ganzen stellte sich bei allen diesen Frauen das Percentverhältniss der Sterilität auf 16·3 Percent; es zeigte sich ferner aus diesen Fällen, dass diejenigen Frauen, welche vor dem 20. Jahre geheiratet haben, länger bis zur ersten Gravidität warten mussten als die, welche innerhalb des 20. und 24. Jahres inclusive sich verheirateten, wonach letztere dagegen sehr rasch und in sehr hohem Grade fruchtbar zu werden begannen. Jene, die nach dem 24. Jahre sich verehelichten, wurden später fruchtbar als ihre Vorgängerinnen und diese Verzögerung nimmt mit je fünf Jahren über das 20.—24. Jahr hinaus stets zu.

Es kann aber auch eine vorzeitige Atrophie der Ovarien und hiermit Unfähigkeit zur Keimbildung zu Stande kommen und wurde dieselbe bei Scrophulose, Diabetes, Rhachitis, Phthisis, Wechselfiebercachexie beobachtet, sowie auch bei Gebrauch gewisser Toxica, nach lange fortgesetztem Genusse von Opium, Missbrauch von Alkoholgetränken. Dass der lange fortgesetzte Gebrauch von Chinin die Ovulation beeinträchtige, ist behauptet, jedoch keinesfalls erwiesen worden. Anatomisch lässt sich eine einfache, auf fettiger Degeneration beruhende Follikelatrophie nach acuten oder chronischen Affectionen nachweisen, wie dies *Grohe* bei Kindern als Folge von allgemeiner Atrophie, dann nach käsigen und eitrigen Processen des Respirationsapparates, *Slaviansky* bei Kindern nach chronischer Pneumonie und Colitis und bei Erwachsenen nach Abdominaltyphus und einmal nach puerperaler Septikämie gesehen hat.

Klebs hebt hervor, dass die Hyperplasie des Eierstockstroma in den geringeren Graden dieser Affection Störungen der Menstruation, theils nervöser, theils entzündlicher Art veranlassend, in den höheren Graden Sterilität bedinge, als Folgen der Hindernisse, welche die verdickte Albuginea der Eröffnung der reifen Follikel entgegensetzt. Er hält dafür, dass die Ursache dieser Anomalie jedenfalls auf eine sehr frühzeitige, vielleicht schon in der ersten Anlage des Organes begründete Disposition zurückzuführen sei.

Die Follicularcysten, welche zumeist zur Zeit der Pubertät unter dem Einflusse der menstruellen Blutwallung entstehen und aus den der Reifung nahen Follikeln hervorgehen, führen, indem sie die oberflächlicheren jüngeren Eianlagen comprimiren und zur Atrophie bringen, zur Sterilität. In ähnlicher Weise wie Follicularcysten wirken auch andere Neubildungen des Ovariums, das Adenom, Carcinom, Dermoidcysten, gemischte Cystengeschwülste, Sarcom, Fibrom; indess können bei diesen Neubildungen die Follikel nebst ihrem Inhalte lange Zeit vollständig unverändert bleiben, die Ovulation, sowie auch die Conception kann ungestört vor sich gehen. Selbst dann, wenn die Neoplasmen eine sehr bedeutende Grösse erreichen, wird in den Fällen, wo nur ein Ovarium von ihnen betroffen ist und nicht beide Eierstöcke in gleicher Weise erkrankt sind, es in dem gesunden Ovarium zur normalen Keimbildung kommen und kann dann auch Conception eintreten; ja selbst wenn in dem kranken Ovarium gesunde Partien übrig bleiben, so ist die Keimbildung in diesen nicht ausgeschlossen.

Ein äusserst geringer Rest gesunden Gewebes der Ovarien reicht schon hin, um Conception zu ermöglichen. *Schroeder* hat dargethan, dass ein bei der Ovariotomie zurückgelassener gesunder Rest des Ovariums genügt, um Empfängniss zu gestatten und *Schatz* hat jüngstens einen Fall von Schwangerschaft bei einem 20jährigen Mädchen nach doppelseitiger Ovariotomie (wo ein Rest zurückgeblieben sein muss) veröffentlicht.

Ovarientumoren erscheinen mit Sterilität ziemlich häufig complicirt, wobei jedoch die Frage noch immer offen ist, ob dabei die Sterilität als primäre Ursache oder als die Folge der Ovarialerkrankungen für die Mehrzahl der Fälle angesehen werden muss. *Boinet's* Ziffern über diesen Punkt sind, allerdings von Anderen angefochten, die am weitesten gehenden, indem er angibt, dass von 500 Frauen mit Ovarientumoren 390 kinderlos gewesen seien. *Veit* schätzt nach einer Zusammenstellung der Fälle von *S. Lee, Scanzoni* und *West* die Zahl der sterilen Frauen auf 34 Percent. Hingegen finden sich in der

Zusammenstellung *Negroni's* von 400 derartig Kranken, sowohl Verheirateten als Ledigen, nur 43, die nie concipirt hatten. Bei *v. Scanzoni's* Beobachtungen waren unter 45 Frauen mit Ovarialtumoren 13 kinderlos, bei *Nussbaum* unter 21 Frauen 1 kinderlos, bei *Olshausen* unter 63 Frauen 8 steril. *Winckel* fand in 150 Fällen steriler Frauen 32 Male Ovariengeschwülste, darunter 30 Male einseitig. *Atlee* hat in 15 Fällen von Ovarientumoren frühzeitige Cessation der Menses im 30., 39., 40. und 42. Lebensjahre nachgewiesen.

Eine vorübergehende, relative Beeinträchtigung der Keimbildung kann durch verschiedene pathologische Zustände der Ovarien veranlasst sein. Die acute Oophoritis hebt gewöhnlich die Thätigkeit der Ovulation auf, die chronische Oophoritis hemmt diese zeitweilig, indem durch die tiefen Modificationen des Organes die Bildung der Ovula beeinträchtigt wird, abgesehen davon, dass sie, wie wir später noch erörtern, die Expulsion der Ovula und die Aufnahme derselben durch die Tuben behindert. Die Oophoritis und Perioophoritis kann bei hochgradiger Erkrankung dadurch zur Sterilität führen, dass bei weit vorgeschrittenen Formen dieser Entzündung, namentlich der parenchymatösen Entzündung *(Slavjanski)* der feinkörnige Inhalt der Follikel resorbirt wird, diese collabiren, die zusammenfallenden Wandungen verwachsen und bei Betheiligung aller Follikel sich das Ovarium verkleinert, das Gewebe verhärtet und eine gleiche Beschaffenheit des Eierstockes eintritt, wie bei Frauen nach den climacterischen Jahren.

Die Perioophoritis gibt zu den mannigfachen, sich durch die Exsudation bildenden, bandförmigen oder flächenförmigen Adhäsionen Anlass, zu Verwachsungen der Ovarien mit den breiten Mutterbändern, dem Uterus, den Peritonealfalten der Umgegend. Durch diese Adhäsionen wird das Ovarium zuweilen auch dislocirt oder durch Compression atrophisch.

Ich fand unter 200 sterilen Frauen 46mal chronische Oophoritis und Perioophoritis. *Olshausen* zählte von 12 verheirateten, an chronischer Oophoritis leidenden Frauen 5 sterile, während von den übrigen 7 nur 3 wiederholt geboren haben. *M. Duncan* sah selbst bei doppelseitiger Erkrankung mit erheblicher Vergrösserung beider Ovarien Gravidität. Zuweilen ist die chronisch-entzündliche Induration, bei welcher das Eierstockstroma derber und fester wird, eine Folge der Veränderung der Gefässe und durch Herzklappenfehler verursacht, welche eine venöse Stauung bedingen. In solcher Weise kann also selbst eine Herzkrankheit Sterilität durch Behinderung der Keimbildungsfähigkeit veranlassen.

Auch syphilitische Erkrankungen der Ovarien können chronischentzündliche Processe veranlassen, welche meist frühzeitig zur Schrumpfung des Gewebes, sowie zur Bildung zahlreicher Adhäsionen führen.

Dass Syphilis eine häufige Ursache der Sterilität durch Behinderung der Keimbildungsfähigkeit abgibt, darauf haben schon *Rosen, Suchanek, Behrend, Bock* u. m. A. hingewiesen. Nach *Parent-Duchatelet* kamen in 12 Jahren bei einer Durchschnittszahl von 2625 syphilitischen Mädchen von 18—25 Jahren jährlich nur 63 Geburten vor; nach *Marc d'Espine* gebären 2000 öffentliche Mädchen zusammen jährlich nur 2—3 Kinder. (Dass die Unfruchtbarkeit der öffentlichen Dirnen ausser der Syphilis noch andere Gründe hat, wird später erörtert werden). Bei Thieren soll in ähnlicher Weise die Syphilis die Fruchtbarkeit beeinträchtigen.

Die Art und Weise, in welcher gewisse Blutanomalien (Chlorosis), allgemeine Nervenstörungen, fieberhafte Processe, Constitutionsanomalien, wie Scrophulosis, auf die Keimbildung zeitweilig oder dauernd beeinträchtigend einwirken, ist schwer nachweisbar — das Factum steht jedoch durch zahlreiche Beobachtungen fest. Man weiss, dass schwere Fieber, besonders Typhus, die Ovarialfunction beheben, dass durch chronische, die Kräfte aufreibende Erkrankungen, ebenso bei Chlorose, das periodische Auftreten der Menstruation ausbleibt, dass gewisse Ernährungsstörungen, wie z. B. Fettsucht, das Aufhören der Menses zur Folge haben; es sind hinreichend Fälle bekannt, dass plötzliche Alterationen des Nervensystems die Ovarialfunction wie mit einem Schlage hemmten.

Die nach Typhus, Recurrens, acuten Exanthemen, Cholera entstandene Sterilität lässt sich zumeist auf parenchymatöse Oophoritis und dadurch bedingtes Zugrundegehen der Follikel zurückführen.

Nach den Untersuchungen von *Slavjanski* kommt bei acuten fieberhaften Krankheiten häufig eine Entzündung der *Graaf*'schen Follikel vor. Diese Entzündung kann, wenn sie hochgradig ist, mit der Zerstörung sämmtlicher Follikelanlagen enden und dann Sterilität zur Folge haben.

Dass übermässige Fettbildung die Fruchtbarkeit beeinträchtigt, ist ein im Pflanzen- wie im Thierreiche sich bestätigender Erfahrungssatz, der auch beim Weibe sich giltig erweist. Von Thieren wissen die Viehzüchter genau, dass Ueberfütterung und Fettproduction der Fruchtbarkeit schadet. So hört bei sehr starker Fütterung und Mästung von Trutbühnern und gewöhnlichem Federvieh die Henne mit der Production von Eiern meist vollständig auf.

Bei hochgradig fettleibigen Frauen ist Amenorrhoe oder spärliche Menstruation eine der häufigsten Folgeerscheinungen. Unter 215 Fällen meiner Beobachtung fand ich 49mal Amenorrhoe und 116mal Menstruatio parca, also fast bei drei Viertheilen dieser Fettleibigen waren die Menses spärlicher oder ganz cessirt. Auffallend ist das Percentualverhältniss, in dem die Sterilität zur Obesitas der Frauen steht. Unter

meinen 215 Beobachtungsfällen waren 48 sterile Frauen, was ungefähr
ein Percentualverhältniss von 24 beträgt.

In einzelnen dieser Fälle war das Eintreten der Sterilität in
frappanter Weise coincidirend mit der raschen Zunahme der Fettmasse
im Körper, so in den folgenden:

Frau S., 28 Jahre alt, war stets gesund, vollkommen regelmässig
menstruirt, seit 6 Jahren verheiratet, Mutter eines Kindes. Aeussere
Verhältnisse brachten vor 4 Jahren eine Aenderung ihrer Lebensweise
mit sich, wodurch sie viel zu Hause sass oder im Wagen fuhr, statt
zu Fusse zu gehen, dabei reichliche, besonders süsse Kost genoss.
Seit 3 Jahren hat ihr Embonpoint auffallend zugenommen. Sie wiegt
jetzt 136 Pfund und seit jener Zeit wurde auch die Menstruation unregelmässig und spärlich, bis sie seit mehr als Jahresfrist gänzlich
ausblieb. Sie hat nicht mehr concipirt. Die Untersuchung der
Sexualorgane ergibt ausser einer leichten Anteversio uteri nichts Abnormes.

Mme. C., 32 Jahre alt, war bis vor 5 Jahren vollständig gesund,
regelmässig menstruirt, Mutter von 2 Kindern. Eine Distorsion im Fuss-
gelenke nöthigte sie vor 5 Jahren durch mehrere Monate das Bett zu
hüten. Seitdem hatte die bis zu jener Zeit schlanke Frau an Fettleibigkeit auffallend zugenommen und jetzt hat sie ein Körpergewicht von
172 Pfund. Von jener Zeit an sind auch die Menses spärlicher geworden, traten in grösseren Pausen auf und sind nun seit mehr als
2 Jahren gänzlich weggeblieben. Concipirt hat die Frau seit damals
nicht mehr. Die Untersuchung der Sexualorgane ergibt nichts Abnormes.

Wir sehen hier das Fehlen der Menstruation als ein
Symptom der Unfähigkeit zur Keimbildung an, indess muss ausdrücklich hervorgehoben werden, dass sich diese beiden Begriffe keinesfalls
decken. Es ist erwiesen, und wir selbst kennen mehrere solche Fälle,
dass Frauen, die nie menstruirt hatten, concipirten, ebenso solche,
bei denen die Menses jahrelang cessirt hatten. Das letztere sogar bei
Frauen im höheren Alter.

Ein einschlägiger Fall meiner Beobachtung ist folgender: Frau B.,
26 Jahre alt, seit sechs Jahren verheiratet, hat nie menstruirt, auch
keine anderweitige Blutung aus den Genitalien bemerkt. Der Körper
ist zart gebaut, die Brüste ziemlich gut entwickelt, die äusseren
Genitalien bieten nichts Abnormes. Seit einigen Wochen bemerkt die
kinderlose, mit ihrem Gatten normal cohabitirende Frau, dass ihr Unterleib in auffälliger Weise an Umfang zunimmt. Ein deshalb consultirter
Arzt hatte einen Ovarientumor angenommen und eine Operation in Aussicht gestellt. Die genaue Untersuchung des Uterus und seiner Adnexa
führte jedoch zur Diagnose der Gravidität im sechsten Monate und

wurde dieselbe durch die rechtzeitige Niederkunft der Frau von einem lebenden Kinde bestätigt.

Ich behandelte ferner eine Frau, welche im 45. Lebensjahre heiratete, nachdem ihre Menses bereits zwei Jahre cessirt hatten. Dieselbe wurde gravid und gebar normal einen Knaben.

Cleveland, Godefroy, Haschek, Ritschie, Sommerus, Stark, Taylor, Young haben ähnliche Fälle mitgetheilt. *Szukits* hebt hervor, dass er von 8000 geschlechtsreifen Frauen 14 nicht menstruirt fand, von denen 4 wiederholt geboren hatten.

Krieger citirt einen von *Mayer* beobachteten Fall, der eine Arbeiterfrau betraf, welche vom 17. bis 28. Jahre fünf Kinder geboren und einmal abortirt hatte. Vom 22. Jahre hatte dieselbe keine Spur eines Menstrualflusses und doch nachher noch drei Kinder geboren. *Krieger* selbst sah eine Frau, die das letzte ihrer acht Kinder vor 15 Jahren geboren hatte, als die Menses im 48. Lebensjahre cessirten. Zwei Jahre später stellten sich unregelmässige Menstrualblutungen ein, und als diese wieder aufhörten, war die Frau gravida und kam rechtzeitig mit einem Mädchen nieder.

Puech berichtet von einer Frau, welche ihre Menses im 40. Jahre verlor, diese blieben bis zum 46. Jahre aus, dann traten sie durch ein Jahr auf und verschwanden definitiv in Folge einer Schwangerschaft, welche mit der normalen Geburt eines gesunden Kindes endete. *Loewy* sah bei einer Frau im 31. Jahre, nach der sechsten Entbindung, die bis dahin vollkommen fehlende Menstruation zum ersten Male eintreten. *Ahlfeld* berichtet aus seiner Praxis von einer Frau, die, obgleich Mutter von acht Kindern, noch nie im Leben Menstruation gehabt hat.

Wenn also aus diesen Fällen genügend hervorgeht, dass Amenorrhoe durchaus nicht gleichbedeutend mit Unfähigkeit zur Keimbildung ist, so muss doch die erstere als ein höchst wichtiges Symptom der gestörten Keimbildung betrachtet werden. Ausbleiben der Menstruation, ohne dass Molimina auftreten, über das 20. Lebensjahr hinaus, lässt in den meisten Fällen mit grosser Wahrscheinlichkeit auf gänzliche oder theilweise mangelhafte Entwicklung der Ovarien, sowie des Sexualapparates schliessen. Zuweilen zeigt die Untersuchung, dass dabei ein infantiler Uterus vorhanden. Wo es gelingt, in solchen Fällen die Menstruation wieder regelmässig zu gestalten, ist auch Hoffnung vorhanden, die durch relative Beeinträchtigung der Keimbildung bedingte Sterilität zu beheben. Eine allgemeine roborirende Behandlung, durch welche die Amenorrhoea chlorotica behoben wird, trägt ebenso häufig dazu bei, dass solche Frauen wieder concipiren, wie ein curatives Verfahren, welches gegen die Fettsucht und die mit ihr verbundene Amenorrhoe ankämpft, die Conceptionsfähigkeit restituirt. Weit seltener gelingt es, die Sterilität scrophulöser Individuen zu be-

heben, weil hier meist in früher Jugend durch die scrophulöse Constitutionsanomalie pathologische Veränderungen in den Ovarien gesetzt
wurden, die schwer oder gar nicht zu beheben sind.

Die Scrophulose ist jene Constitutionsanomalie, welche am häufigsten und am schwersten eine relative Beeinträchtigung der Keimbildung
verschuldet und es scheint, dass in den Ovarien ähnliche die Function
beeinträchtigende Veränderungen wie in den übrigen drüsigen Organen
vorgehen. In Fällen, wo sich keine Ursache von Sterilität nachweisen
lässt, geben zuweilen die scrophulösen Drüsennarben einen Fingerzeig,
dass die Fähigkeit zur Keimbildung bereits in früher Jugend durch
Scrophulose beeinträchtigt oder vernichtet wurde.

Unter den ätiologischen Momenten der Sterilität spielen Chlorose
und Scrophulose eine wesentliche, in ihrer Häufigkeit noch lange nicht
genügend gewürdigte Rolle; und es lässt sich ein grosser Theil der
Erfolge der verschiedenen Brunnen- und Badecuren „gegen Unfruchtbarkeit der Frauen" auf die durch solche Curen erzielte Verbesserung
jener Constitutionsanomalien zurückführen.

Hofmeier hebt einen Fall hervor, welcher beweist, dass Diabetes
auch beim weiblichen Geschlechte die Zeugungsfähigkeit aufhebt. Er
fand bei einer 20 Jahre alten Patientin, die seit dem 14. Jahre regelmässig menstruirte, nun aber seit einem Jahre über Ausbleiben der
Menses klagte, den Uterus sehr klein, kaum 5 Cm. lang, hochgradig
atrophisch, die Ovarien an dem atrophirenden Processe theilnehmend,
ausserordentlich klein, im Urin reichliche Menge von Zucker. Es war hier
sicher die Atrophie der Genitalien eine secundäre in Folge des Diabetes.

In England, wo der übermässige Genuss alkoholischer
Getränke auch bei Frauen so sehr häufig zur Beobachtung kommt,
hat man auch den chronischen Alkoholismus als Ursache der Sterilität
wiederholt anzusprechen Gelegenheit gehabt. *Duncan* führt Fälle an,
welche zu dem Glauben an eine specifisch schädliche Wirkung des
Alkoholgenusses auf die Fruchtbarkeit führen. Der Alkoholgenuss hat
übrigens, abgesehen von den durch ihn hervorgerufenen allgemeinen
oder constitutionellen Störungen, einen in manchen Fällen wohl er-
kannten, krankheiterregenden Einfluss auf die weiblichen Sexualorgane
und lässt sich am leichtesten und genauesten die chronische Oophoritis
als davon abhängig nachweisen. Die durch den reichlichen Alkoholgenuss bewirkte grössere Fettleibigkeit ist auch ein die Conception
erschwerendes Moment.

Auch der Einfluss gewisser Gehirnleiden und psychischer
Krankheiten auf die Behinderung der Keimbildung ist nach-
gewiesen worden. So hat jüngstens *de Montyel* dargethan, dass
Familien mit hereditären Geisteskrankheiten sich durch ein häufigeres
Vorkommen unfruchtbarer Ehen (1 : 7) auszeichnen.

Es gibt übrigens eine Reihe von Momenten, von denen wir wissen, dass sie bei Thieren die Keimbildung hindern oder beeinträchtigen und von denen wir berechtigt sind, mit Wahrscheinlichkeit anzunehmen, dass sie in gleich ursächlicher Weise beim Weibe Sterilität verursachen. Es sind dies vorzugsweise äussere Einflüsse, welche auf die Ernährung und die Innervation und hiermit auf die Ovulation sehr ungünstig einwirken. Bei Thieren wurden Gefangenschaft, Kälte, Strapazen, schlechte Ernährung und Inzucht als Ursachen der Unfruchtbarkeit nachgewiesen.

Nach *Darwin* schiebt beschwerliches Leben den Zeitpunkt, an dem Thiere concipiren, länger hinaus.

Einen klaren Beweis, sagt *Spencer* (in seiner Schrift über Ernährung und Entstehung), dass reichliche Nahrung die Nachkommenschaft vermehrt und vice versa finden wir bei den Säugethieren; wir dürfen nur den Wurf des Hundes mit dem des Wolfes und des Fuchses vergleichen; während wir bei ersterem zwischen 6 bis 14 Junge antreffen, weisen letztere 5, 6 oder hie und da 7, beziehungsweise 4, 5 oder selten 6 auf. Die wilde Katze hat 4 oder 5 Junge, die zahme hingegen 5 oder 6 zweimal oder dreimal im Jahre. Den schlagendsten Gegensatz sehen wir an den verschiedenen Arten der zahmen und wilden Schweine. Während letztere je nach ihrem Alter jährlich einmal 4—8—10 Junge zur Welt bringen, werfen erstere häufig 17 in einem Wurfe oder sie pflegen innerhalb 2 Jahren 5 Würfe von je 10 Ferkel zu haben. Hierbei ist noch zu constatiren, dass diese übermässige Fruchtbarkeit sich bei Thieren zeigt, die ganz unthätig sind, die reichliches Futter bekommen und keinerlei Arbeiten zu verrichten haben. Ebenso deutlich kann man sehen, dass unter den gezähmten Säugethieren selbst die gutgefütterten fruchtbarer sind als die schlechtgefütterten.

Wenn *Doubleday* die Lehre aufgestellt hat, „dass überreichliche Ernährung ein Hinderniss der Vermehrung bildet, während auf der anderen Seite eine beschränkte oder mangelhafte Ernährung die letztere begünstigt und steigert", so hat *Spencer* mit Recht eingewendet, dass in jenen Fällen die Unfruchtbarkeit keine Folge von Prosperität, sondern von unnatürlicher Fettleibigkeit war.

Ebenso interessant sind die Beobachtungen von Sterilität bei Thieren, welche eingesperrt sind. Solche Thiere zeigen dabei mancherlei Verschiedenheiten. Die einen verschmähen die Cohabitation oder haben ihren Geschlechtstrieb verloren; andere wieder zeigen vermehrte Geschlechtslust und cohabitiren übermässig viel, ohne dass eine Befruchtung erfolgt; oder, wenn diese eintritt, so hat sie doch nur selten Erfolg. Andere wiederum, die wirklich befruchtet werden, abortiren jedesmal, oder ihre Jungen kommen entweder todt oder schwäch-

lich und missgestaltet zur Welt. Eingesperrte Vögel legen bisweilen gar
keine oder nur sehr wenig Eier, oder sie vernachlässigen dieselben
oder letztere können trotz regelrechter Fürsorge nicht ausgebrütet
werden. In Frankreich wurden in dieser Richtung Versuche mit Haus-
hühnern angestellt. Wurde den Hühnern grosse Freiheit gestattet, so
blieben nur 20 Percent der Eier unausgebrütet, bei weniger Freiheit
40 Percent und sobald sie vollkommen eingesperrt wurden, 60 Percent.

„Vollgiltige Beweise, sagt *Darwin*, haben dargethan, dass Thiere
unmittelbar nach dem Verluste ihrer Freiheit ungemein leicht an ihrer
Fortpflanzungsfähigkeit Einbusse erleiden. Die Zeugungsorgane sind dabei nicht krankhaft entartet. Es gibt eine grosse Menge verschiedener
Thiere, die sich in der Gefangenschaft ohne Zwang paaren, doch niemals concipiren oder, wenn sie concipiren und gebären, sicherlich eine
geringere Anzahl Junge werfen, als sonst bei der Species der Fall ist."

Interessant sind einige einschlägige Beobachtungen, die man bei
der Taubenzucht zu machen Gelegenheit hat. So bekommen Tauben,
die in demselben Neste aufgewachsen sind, wenn sie sich paaren, gewöhnlich nur wenige Nachkommen. Sind die Taubenschläge warm gelegen, befinden sie sich z. B. an der Wand einer geheizten Wohnung,
so fangen die Tauben zuweilen schon im Januar an Eier zu legen und
können innerhalb eines Jahres sogar bis achtmal Junge haben. In kalten
Taubenschlägen brüten sie dagegen weniger.

Ebenso ist der Einfluss u n g ü n s t i g e r T e m p e r a t u r v e r h ä l t-
n i s s e , zu grosser Kälte oder Hitze auf die Sterilität der Thiere ein
sehr grosser. Im Allgemeinen ist die Conceptionscapacität im Sommer
grösser als im Winter.

Betreffs der I n z u c h t von Thieren sind viele Thatsachen feststehend,
dass durch jene Missbildungen und Sterilität hervorgerufen werden.
„Wenn wir," sagt *Darwin*, „Bruder und Schwester einer reinen Race,
die irgenwie zur Sterilität neigt, paaren würden, so würde die Race
sicherlich in wenigen Generationen zu Grunde gegangen sein." Wenn
verwandte Thiere sich begatten, so ist die Zahl der Jungen eine geringere als gewöhnlich. Es wurde hierfür die Vermuthung ausgesprochen,
dass die Verminderung der Fruchtbarkeit auf eine verringerte Ovulation
und diese auf eine Einwirkung des Nervensystems in Folge der instinc-
tiven Abneigung zurückzuführen sein. Nach *Nathusius* producirte ein
durch Inzucht erhaltenes Schwein mit seinem eigenen Onkel (der mit
Sauen von anderen Racen als productiv bekannt war) Würfe von 5 bis
6 Junge. Er paarte dieses Schwein, welches zu der grossen Yorkshirer
Race gehörte, mit einem Eber einer kleinen schwarzen Race, der mit
Weibchen seiner eigenen Race 7—6 Junge zeugte; nun ergab das
Schwein einen Wurf von 21 und später einen solchen von 18 Jungen.
Dasselbe fand *Crampe* bei seinen Zuchtversuchen mit der Wanderratte.

Aehnliche Thatsachen findet man auch beim Menschen und zeigen statistische Daten, dass Ehen unter nahen Verwandten minder fruchtbar sind; indess sagt *Darwin* mit Recht: „Bezüglich des Menschen wird sich die Frage, ob auch hier die Inzucht von üblen Folgen begleitet ist, wahrscheinlich niemals direct beantworten lassen, da der Mensch sich so langsam fortpflanzt und nicht zum Gegenstand von Experimenten gemacht werden kann. Indess die fast allgemeine Abneigung sämmtlicher Racen gegen Heiraten unter nahen Verwandten, welche zu allen Zeiten bestanden hat, fällt hier sehr in's Gewicht. Wir können somit unsere über die höhere Thierwelt gemachten Annahmen ohne Weiteres auf den Menschen übertragen."

Durch die Statistik ist erwiesen, wie sehr die Fruchtbarkeit beim Menschen von der Ernährung abhängig ist. Nach fruchtbaren Jahren werden erheblich mehr Kinder geboren, als unter normalen Verhältnissen, während nach einer Hungersnoth das Entgegengesetzte der Fall ist. Bei Thieren wurde erwiesen, dass eine gute Ernährung die Folgen der Inzucht compensiren kann. Aehnliches scheint auch für den Menschen giltig zu sein. Die ungünstige Wirkung der Ehen zwischen Blutsverwandten auf die Fruchtbarkeit treten um so mehr hervor, je schlimmer die äusseren Umstände des Daseins dieser Menschen sind. *Mitchell* kam bei seinen Untersuchungen zu dem Resultate, dass unter günstigen Lebensbedingungen die sichtbaren üblen Wirkungen der Ehen unter Blutsverwandten häufig fast Null wären, während schlechte Ernährung, Kleidung und Wohnung das Uebel sehr hervortreten liessen. Strapazen und beschwerliches Leben mindern die Fruchtbarkeit des Weibes oder führen zur Sterilität. Nach den von *Spencer* citirten Beobachtungen des Reisenden *Barrow* sind die Boers am Cap der guten Hoffnung verdrossen zu arbeiten und der Ausschweifung hingegeben. Ihre Frauen führen ein Leben der sorglosesten Unthätigkeit. Die Hottentotten dagegen müssen, trotzdem sie arm und schlecht genährt sind, alle Arbeit für sie verrichten. Dem entspricht die Vermehrungsfähigkeit dieser Völker. Während die Boers zahlreiche Kinder, haben die Hottentotten selten mehr als drei Kinder und viele ihrer Frauen sind unfruchtbar. Im Gegensatze hierzu steht die aussergewöhnliche Fruchtbarkeit der Kaffern, welche, reich an Vieh, ein sorgloses Leben führen.

Auch ein gewisser Einfluss des Klimas und der Jahreszeiten macht sich auf die Conceptionsfähigkeit des Weibes besonders in der Landbevölkerung geltend, und zwar in der Weise, dass die Wärme die Keimbildung fördert und die Kälte sie beeinträchtigt. Aus den für die acht grossen Städte Schottlands von *Haycraft* zusammengestellten Tabellen ersieht man deutlich, wie mit der Temperatur auch die Zahl der Conceptionen steigt und fällt. Aus den Zahlen lässt sich leicht berechnen, dass eine Temperatursteigerung um 1° F. eine Ver-

mehrung der Conceptionen um 6% bewirkt. Diese ist nach *Haycraft*
nicht darauf zurückzuführen, dass eine verstärkte Coitusfrequenz stattfindet, sondern darauf, dass die Conceptionsfähigkeit der weiblichen
Individuen zunimmt. Je weniger der Mensch in Folge der verminderten
Wärmeproduction Stoffe ausgibt, desto mehr erübrigt er für die Repro-
duction. Aehnliches ist auch von dem Einflusse des Klimas bei Thieren
bekannt. In wärmere Gegenden gebrachte Thiere sollen eine früher
eintretende und häufiger wiederkehrende Brunst zeigen.

Jede starke unvermittelte A e n d e r u n g   d e r   L e b e n s b e d i n -
g u n g e n übt einen ungünstigen Einfluss aus, der sich auch in den Re-
productionsorganen geltend macht und es ist wohl als wahrscheinlich
anzunehmen, dass die Befruchtungsfähigkeit der Eizellen von einer
genügenden Reife und Gesundheit derselben abhängt. *Darwin* berichtet,
dass Stuten, welche mit trockenem Futter im Stalle aufgezogen und dann
auf Grasweiden gebracht wurden, anfangs sich nicht fortpflanzten.

Nicht leugnen lässt sich, dass auch I n n e r v a t i o n s s t ö r u n g e n
eine Beeinträchtigung der Keimbildung herbeizuführen geeignet sind.
Plötzliches Aufhören der Menstruationsfunction in Folge überstandener
grosser Angst und Schrecken, oder nach schweren Gemüthsaffectionen,
wie z. B. Tod des Mannes oder Kindes, gehören nicht zu den allzu
seltenen Beobachtungen. In einem mir bekannt gewordenen Falle
verlor eine Frau, welche zweimal geboren hatte, in Folge des Schrecks,
dass ein Kind überfahren wurde, die Menses und blieb seitdem
(10 Jahre) steril.

In *Hippokrates'* Schriften finden wir folgende auf die constitutionelle
Neigung zur Sterilität bezügliche Stellen: Praedictorum, II, 130: Parvae
(mulieres) grandioribus ad conceptum praestant. tenues crassis, candidae
rubris, nigrae liventibus Praestant item, quibus venae extant, iis quibus
minime apparent. — Weiters: Aphorismen, Sect. V, 46: Quae praeter
naturam crassae existentes non concipiunt in utero, his omentum os
uteri comprimit et, priusquam attenuentur, praegnantes non fiunt.

Zuweilen ist die Unfähigkeit zur Keimbildung und die hierdurch
bedingte Sterilität, so paradox dies klingen mag, h e r e d i t ä r. Wir
finden nämlich nicht selten folgendes Verhältniss von Beispielen aus
meiner Praxis: Von drei Schwestern, deren Familienverhältnisse mir ganz
genau bekannt sind, hat eine ein Kind (Mädchen), die anderen beiden
sind kinderlos. Dieses Mädchen verheiratet sich und bleibt steril. Oder
in einer Familie sind durch zwei Frauengenerationen regelmässig die
Sprösslinge sehr vereinzelt (jede Frau hat nur zwei Kinder), die dritte
Generation ist ganz steril. In England ist es bekannt, dass die weiblichen Sprösslinge einer Ehe mit „Ein-Kind-Sterilität" keine grosse Aussicht auf Nachkommenschaft bieten. *Galton* fand, dass bei 14 solchen

„Erbinen"-Heiraten 8mal absolute Sterilität und 2mal nur ein Sohn als Nachkomme vorhanden war.

Diese Ein-Kind-Sterilität (only-child-sterility) kommt in England ziemlich häufig vor, denn *Ansell* fand unter 1767 fruchtbaren Ehen bei einem Durchschnittsalter von 25 Jahren bei der Verheiratung 131 Fälle von Ein-Kind-Sterilität oder 1 unter 13 fruchtbaren Ehen. Sie tritt in zwei Formen auf: Entweder als eine Erschöpfung der Zeugungskraft, während im Allgemeinen die Kraftfülle des Körpers keinen Schaden erlitten hatte oder als gleichzeitige Schwächung der sexuellen Kräfte in der gesammten Körperconstitution *(Duncan)*. Indess ist zur Erklärung dieser Art der Sterilität nicht zu übersehen, dass die erste Geburt für die Frau überhaupt die am meisten Gefahr mit sich bringende und dass die Consequenzen der schweren Geburt und ihren Nachkrankheiten an der hierauf folgenden Sterilität Schuld tragen.

In früherer Zeit wurde die Unfruchtbarkeit der Frauen, welche als Zwillinge zugleich mit einem Kinde männlichen Geschlechtes geboren wurden, als eine Thatsache angenommen und mit ungenügender Entwicklung ihres Genitalapparates in Verbindung gebracht. Bekanntlich hat *John Hunter* (Animal Economy) nachgewiesen, dass von Zwillingskälbern verschiedenen Geschlechtes die Geschlechtstheile des anscheinend weiblichen Kalbes fast immer unvollkommen entwickelt sind. Man glaubte an ein ähnliches Verhalten beim Menschen. Die Erfahrung bestätiget diese Annahme jedoch durchaus nicht. Ich kenne mehrere Frauen, welche als Zwillinge mit einem Bruder zur Welt kamen und normale Kinder gebaren; allerdings ist in allen diesen mir bekannten Fällen die Zahl der Kinder eine auffallend geringe, nur 1 oder 2. *J. Simpson* in Edinburg hat zur Entscheidung dieser Frage Erhebungen veranstaltet. Er sammelte 113 Fälle von mit Knaben als Zwillinge geborenen Frauen und von diesen hatten 103 geboren, 10 aber, also etwa $1/11$ der Totalzahl, nicht, obwohl die Eine von ihnen über 5, 9 aber 10 bis 40 Jahre verheiratet gewesen waren. *Simpson* theilt auch die Geschichte von 4 Frauen mit, die von Drillingsgeburten herstammten, bei denen entweder 2 Knaben oder 2 Mädchen geboren wurden. Alle 4 gebaren Kinder. Ebenso gebar eine mit 3 Knaben zugleich geborene Vierlingsschwester später selbst Drillinge. *Cribb* berichtet von 7, *Meckel* von 1 unter den fraglichen Umständen geborenen Frau. Letztere wurde Mutter und von ersteren blieb nur Eine trotz langer Verheiratung unfruchtbar. Nach dieser statistischen Zusammenstellung sind daher ungefähr 10 Percent der betreffenden Frauen als steril zu betrachten, was ja dem gewöhnlichen Verhältnisse der sterilen Frauen entspricht.

Eine specielle Betrachtung wollen wir noch der durch Unfähigkeit zur Keimbildung im höheren Alter bedingten senilen Sterilität widmen.

Als histologisches Charakteristikon der Veränderung
der Ovarien, die sich gradatim von der Zeit des Climacteriums bis zu
jener des Greisenalters verfolgen lässt, habe ich (Arch. f. Gynäkologie,
Bd. XII, Heft 3) die stetig zunehmende Entwicklung und Neubildung des Bindegewebsstromas auf Kosten der zelligen
Schicht neben regressiver Metamorphose des *Graaf*'schen Follikels
nachgewiesen: Die bindegewebige Grundsubstanz des Ovariums nimmt
in der Richtung von der Peripherie zum Centrum zu und erdrückt, allmälig vorschreitend, die epithelialen Gebilde. In der äusseren Schicht
des Ovarialstromas der sogenannten Albuginea (welche nach *Henle* eine
meist dreischichtige Lage ist) nimmt die Zahl der aus kurzen, derben
Bindegewebsfasern bestehenden Strata wesentlich zu, so dass sich
mehrere, sechs bis acht Schichten derselben unterscheiden lassen, aber

Fig. 5

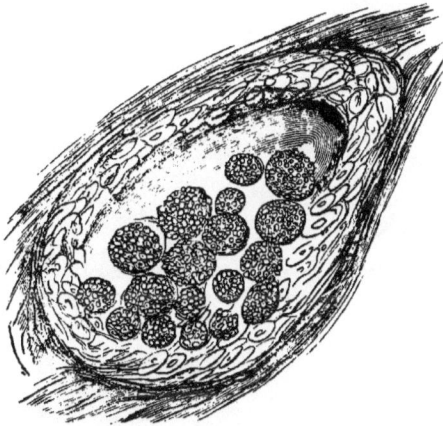

auch das übrige Stroma des Ovarium wird derb, durch vielfach sich
durchkreuzende Bindegewebsbündel schärfer markirt.

Die erste regressive Veränderung, welche sich in dem *Graaf*'schen
Follikel kund gibt, besteht in der fettigen Degeneration, in der Bildung
von Körnchenkugeln. Während die Membrana propria des Follikels
ganz unverändert erhalten ist, finden sich in der Granulationsschicht
neben unveränderten Zellen dieser Schicht und Eizelle, Mengen kugel-
förmiger Aggregate von Fetttröpfchen, Körnchenkugeln, welche
stetig zunehmen, so dass schliesslich in dem ganzen *Graaf*'schen
Follikel von dem zelligen Inhalte nichts übrig bleibt und derselbe nun
von Körnchenkugeln und flüssigem Inhalte ganz erfüllt erscheint. Die
vollständig erhaltene Tunica propria verliert in diesem Falle dadurch
ihre runde Gestalt und wird mehr oval, länglich gestreckt, eckig (Fig. 5).

Im weiteren Stadium des Zugrundegehens des *Graaf*'schen Follikels erscheint dieser als ein vielfach zusammengefalteter, oblonger, blasenförmiger Körper. Die Tunica propria erscheint als ein vielfach in Falten zusammengesunkener glänzender Streifen. Die Höhle des Follikels ist auf eine mit durchsichtiger Substanz erfüllte Spalte zusammengeschrumpft, und der Raum zwischen ihr und der Tunica propria wird von runden Zellen und einer faserigen Intercellularsubstanz erfüllt, in welcher auch zahlreiche Gefässzüge verlaufen. Solche blasenförmig degenerirte Follikel, wie ich dieses zweite Stadium des retrograden Follikels bezeichnen möchte, weisen meine Präparate in grosser Menge auf (Fig. 6).

Als letzte Stufe auf dieser regressiven Metamorphose finden wir den Follikel ganz zu einer Art fibrösen Masse umgewandelt. Er

Fig. 6.

erscheint als ein längliches, ovales, vielfach gelapptes, mit dem umgebenden Stroma durch dicke Faserzüge in Zusammenhang stehendes Corpus, in dem sich noch eine Spur der früheren Höhle als feine Spalte ohne deutlichen Inhalt zeigt. Das Gewebe dieses Corpus zeigt deutliche Zellgewebsfasern mit Kernen und Kernfasern (Fig. 7). In einem mir vorliegenden Präparate aus dem Ovarium einer 73jährigen Frau ist dieses ganz von solchen fibrösen Körpern erfüllt.

Nach den von mir beobachteten und eben im Kurzen angegebenen drei Stadien des Zugrundegehens des Follikels glaube ich den Verlauf dieses Processes derartig angeben zu können:

Um die Zeit, da die Sexualthätigkeit des Weibes aufhört, gehen die *Graaf*'schen Follikel die regressive Metamorphose ein, indem in den Granulationszellen und der Eizelle fettige Degeneration eintritt, welche weiter zur gänzlichen Atrophie des Granulationsepithels führt.

Es erfolgt hierauf eine b l a s e n f ö r m i g e Umgestaltung des Follikels
mit Schrumpfung seiner Höhle und Neubildung eines jungen Gewebes,
das sich wohl als Bindegewebe manifestirt. Diese B i n d e g e w e b s-
n e n b i l d u n g nimmt später in immer grösserem Massstabe zu, so dass
der ganze Follikel in eine feste fibröse Masse umgewandelt erscheint.

Der Z e i t p u n k t, wann diese normale mit dem climacterischen Alter
beginnende Veränderung in der weiblichen Keimdrüse, welche zur
Functionsunfähigkeit der letzteren führt, eintritt, ist sehr unbestimmt.
Er hängt im Allgemeinen mit der Menopause zusammen, fällt demgemäss
am gewöhnlichsten in das Alter zwischen 46 und 50 Jahren und kann
sich in einzelnen Fällen ausserordentlich spät, sogar bis in's 60. Lebensjahr erstrecken.

Fig. 7.

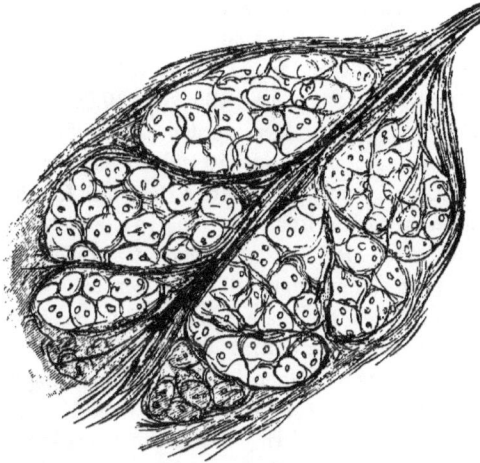

Der frühere oder spätere Eintritt dieser normalen Sterilität ist
von mehrfachen Umständen abhängig, und zwar nach meinen Unter-
suchungen *(Kisch*, D a s c l i m a c t e r i s c h e A l t e r i n p h y s i o l o g i-
s c h e r u n d p a t h o l o g i s c h e r B e z i e h u n g, Erlangen 1874) besonders von folgenden Momenten:

1. Von der N a t i o n a l i t ä t der Frau.

2. Von dem Umstande, ob die Pubertätsreife früh oder spät zu
Tage getreten, ob die e r s t e M e n s t r u a t i o n sich demnach in einer
früheren oder späteren Lebenszeit zeigte.

3. Von der grösseren oder geringeren s e x u e l l e n T h ä t i g k e i t
der Frau, besonders der häufigeren oder selteneren Zahl von Geburten,
und dann dem Umstande der Lactation.

4. Von den socialen und äusseren Lebensverhältnissen der Frau.

5. Von allgemeinen constitutionellen und krankhaften Zuständen.

Die senile Sterilität tritt in Europa im Allgemeinen in den nördlichen Ländern später ein als in den südlichen. Die Dauer der Keimbildungsfähigkeit des Weibes ist im Norden länger, im Süden hingegen auf kürzere Zeit bemessen. Es scheint, dass in jenen Klimaten, wo die Keimbildungsfähigkeit zeitlich auftritt, dieselbe auch in einem früheren Alter cessirt, hingegen dort, wo die Keimbildungsfähigkeit erst später eintritt, ihr Aufhören auch erst in späterer Zeit zu Stande kommt. Von den arabischen Frauen in Afrika sowohl wie im eigentlichen Arabien erzählt *Bruce*, dass die Frauen schon mit 11 Jahren anfingen, Kinder zu haben, dass es aber ein seltenes Ereigniss sei, wenn 20jährige Frauen noch Mütter würden. Hingegen erzählt *Thibaut de Chauvalon* in seinen Reisebeschreibungen, dass Weiber von Martinique und Guadeloupe manchmal noch sehr spät concipiren; so berichtet er von einer 95jährigen Frau (?), deren 5jährige Tochter er selbst gesehen.

Für den Norden Europas sind die Ziffern später Geburten im höheren Alter nicht selten. In Dänemark weisen die officiellen statistischen Tabellen nach, dass 465 von 10.000 Frauen im Alter von 50 bis 55 Jahren entbunden worden sind. In Schweden sind 300 von 10.000 Müttern mehr als 50 Jahre alt zur Niederkunft gekommen. In Irland war dieses Alter bei der Entbindung bei 345 von 10.000 Müttern nachweisbar. In England waren nach dem officiellen Berichte unter 483.613 entbundenen Frauen 7022 im Alter zwischen 45 und 50 Jahren und 167 im Alter über 50 Jahre.

Frauen, bei denen die erste Menstruation im Alter zwischen 13 bis 16 Jahren, also frühzeitig auftrat, treten später in die climacterische Zeit und haben eine längere Dauer der Keimbildungsfähigkeit als Frauen, bei denen die ersten Menses sich zwischen dem 17. bis 20. Lebensjahre (also spät) zeigten. Frauen, deren Sexualorgane in genügender Thätigkeit waren, die mehrere Kinder geboren und selbst gestillt haben, treten später in das climacterische Alter und haben eine längere Dauer der Keimbildungsfähigkeit, als wo die entgegengesetzten Verhältnisse vorherrschten. Sehr frühzeitiger sexueller Umgang beschleunigt den frühen Eintritt des climacterischen Wechsels und somit die senile Sterilität.

Die letztere tritt bei Frauen der niederen, schwer arbeitenden Gesellschaftskreise früher ein als bei Wohlhabenden und Reichen; körperliche Strapazen, wie geistige Anstrengung, Kummer und Sorgen bewirken früheres Enden der Keimbildungsfähigkeit.

Schwächliche, stets kränkelnde Frauen gelangen früher in das climacterische Alter und werden früher keimbildungsunfähig, als kräftig gebaute, immer gesunde Individuen.

In Ausnahmsfällen tritt die senile Sterilität in einem weit höheren als dem Durchschnittsalter von 46—50 Jahren ein.

Die Pariser chirurgische Akademie führt in einem Gutachten 1754 als Beweise für die späte Conceptionsfähigkeit des Weibes an, dass Cornelia aus der Familie der Scipionen mit 60 Jahren den Volusius Saturninus geboren habe, dass der Arzt *Marsa* in Venedig bei einer 60jährigen Frau eine bestehende Schwangerschaft verkannt habe, dass *de la Motte* von einem 51jährigen Mädchen erzählte, welches in diesem Alter schwanger wurde und dass es in Paris für gewiss gelte, dass eine bestimmte Frau mit 63 Jahren ein Mädchen geboren und selbst gestillt hat.

Unter 4925 Gebärenden der Prager Gebäranstalt befanden sich nach einer Zusammenstellung *Schwing's* 9, welche in einem Alter ü b e r 40 J a h r e n z u m e r s t e n M a l e geboren hatten, und zwar:

im Alter von 41 Jahren 3
„   „   „   42   „   2
„   „   „   43   „   1
„   „   „   44   „   2
„   „   „   47   „   1

Haller erzählt zwei Fälle, in denen Frauen, die eine im 63., die andere im 70. Jahre Kinder geboren hatte. *Meissner* hat eine Frau in ihrem 60. Jahre von ihrem siebenten Kinde entbunden, *Rush (Burdach's* Physiologie) sah eine Frau, die im 60. Jahre niedergekommen war. *Dewees* sah eine 61 Jahre alte Wöchnerin. *Mende* und *Bernstein* führen Fälle von Geburten in den Sechsziger-Jahren an. *Fielitz* berichtet von einer gesunden Taglöhnerfrau, die im 60. Jahre noch einmal geboren hat.

In anderen Ausnahmsfällen tritt die senile Sterilität in einem s e h r f r ü h e n A l t e r ein, indem sich die Keimbildungsunfähigkeit durch Aufhören der Menstruation bekundet, ohne dass eine organische Erkrankung der Ovarien oder eine allgemeine constitutionelle Krankheit sich als Ursache nachweisen lässt.

So behandelte ich eine Dame aus Smyrna, welche seit ihrem 13. Lebensjahre, aber stets spärlich, menstruirt war, im 16. Jahre heiratete und i m 20. J a h r e i h r e M e n s e s f ü r i m m e r v e r l o r; sie war steril und in ihren Sexualorganen liess sich nichts Abnormes nachweisen.

Courty und *Brierre de Boismont* führen einige Beispiele von Frauen an, bei denen die Menstruation zum letzten Male im 21. Jahre stattfand. *Mayer* berichtet 2 Fälle von Menopause im 22. Jahre, *Krieger* 1 Fall im 23. Jahre, *Brierre de Boismont* 1 Fall im 24. Jahre, *Mayer* 2 Fälle im 25. Jahre, *B. de Boismont* 1 Fall im 26. Jahre und 1 Fall im 27. Jahre, *Guy* und *Tilt* je 1 Fall im 27. Jahre, *Boismont, Courty* und *Guy* je 1 Fall im 28. Jahre, *Boismont, Courty* und *Mayer* je 1 Fall im 29. Jahre, *Guy* und *Tilt* je 1 Fall im 30. Jahre und *Mayer* 5 Fälle im 30. Jahre.

II. Sterilität durch Behinderung des Contactes von normalem Sperma und Ovulum.

Literatur.

Anderson, Conception under mindre vanliga förhällanden. Törh. Svensk. Läk. Sällsk. Sammank. Stockholm 1869.

Aneshänsel, Schwangerschaft bei unzerstörtem Hymen. Aerztl. Mittheilungen aus Baden. Karlsruhe 1868. Bd. XXII.

Bandl, Casuistische Mittheilungen aus der Poliklinik des Prof. *Bandl* in Wien von Dr. *J. Heitzmann*. Wiener med. Presse. 1884.

Bandl Ludwig, Die Krankheiten der Tuben, der Ligamente und des Beckenperitoneums. Erlangen 1882. (Im Handbuch d. allg. und spec. Chirurgie von *Pitha-Billroth.*)

Barnes R., On Dysmenorrhoa, metrorrhagia ovaritis and sterility depending upon a peculiar formation of the cervix uteri. Transactions of the obstetrical society of London 1866.

Beigel, Pathologische Anatomie der weiblichen Unfruchtbarkeit. Braunschweig 1878.

Börleben, Schwangerschaft ohne Immissio membri. Vierteljahrssch. f. gerichtl. u. öffentl. Medicin. Berlin 1855. Bd. VII.

Bourgeoise, Observation d'une grossesse malgré la préseuce de la membrane hymen. Journ. univ. d. sc. méd. Paris 1824. Bd. XXXII.

Braun C. v. Fernwald, Ueber Flexionen des Uterus. Wiener med. Wochenschrift. 1869.

Braun-Fernwald C. v., Ueber Conception bei Imperforatio hymenis und bestimmt nachgewiesener Unmöglichkeit der Immissio penis. Wiener med. Wochenschr. 1872.

Braun G., Ueber Schwangerschaft und Geburt bei unversehrtem Hymen. Wiener med. Wochenschrift. 1876.

Breisky, Die Krankheiten der Vagina in *Billroth's* Handb. d. Frauenkrankheiten. 1879.

Breisky, Stenosis vaginae bei einer Schwangeren. Prager med. Wochenschr. 1883.

Brill, Zwei Fälle von Schwangerschaft mit unverletztem Hymen. Wratsch. St. Petersburg 1882.

Burgess E. J., Pregnancy with unruptured and imperforate hymen. Lancet. London 1876.

Carter, Pregnancy occuring with apparently complete occlusion of the vagina. Lancet. London 1845.

Casper, Schwängerung ohne Defloration. Wochenschrift für die gesammte Heilkunde. Berlin 1835.

Costé, Embryogénie. Production des sexes in Comptes rendus. 1856 u. ff.

Champion, Observation sur une femme devenue grosse de deux enfants malgré la presence de la hymen etc. Journ. un. d. sc. méd. Paris 1819.

Charrier, Du traitement par les alcalins d'une cause peu connue de stérilité. Société de médecine de Paris. 1880.

Chiari, Ueber Entzündung der weiblichen Hydrocele. Wiener med. Blätter. 1870.

Davizac, Case of occlusion of the vagina in a pregnant woman. N. Orl. M. a. S. J. 1844—45.

Dohrn, Ein Fall von Atresia vaginalis. Archiv f. Gynäkologie. 1876.

Ducelliez, Influence de l'erection utéro-tubaire sur la mécanisme de l'introduction du sperme dans les organes génitaux internes de la femme. Strassbourg 1854.

Duncan, Case of pregnancy with unruptured hymen. Tr. Edinb. Obst. Soc. 1875. III.

Eichstedt, Zeugung, Geburtsmechanismus etc. 1859.

Emmet, Risse des Cervix uteri als eine häufige und nicht erkannte Krankheitsursache. Uebersetzt von *Vogel*. 1874.

3*

Emmet A., Fall von Atresie. Verhandl. der amerikanischen gynäkol. Gesellschaft. 1878.

Engelmann, Schwangerschaft bei Atresia vaginae. Deutsche Klinik. Berlin 1852.

Fehling, Casuistischer Beitrag zur Mechanik der Conception. Archiv für Gynäkologie. Berlin 1873.

Fischel Wilh, Ein Beitrag zur Histologie der Erosionen der Portio vagin. uteri. Arch. für Gyn. Bd. XV u. XVI.

Fleischmann, Erfahrungen über Schwangerschaft ohne vollständig vollzogenen Beischlaf. Zeitschr. f. Staatsarzneikunde. Erlangen 1839. Bd. XXXVII.

Francis, Impregnation without rupture of hymen. Indian M. Gaz. Calcutta 1871.

Frankenberg, Schwangerschaft bei gänzlich unverletztem Hymen. Organ f. d. gesammte Heilkunde. Aachen 1853.

Frankenhäuser, Die Bewegungsnerven der Gebärmutter. Jena'sche Zeitschrift f. Medicin und Naturwissenschaften. 1864.

Franque O. v., Schwangerschaft bei mangelhafter Immissio des Penis. Wiener Medicinalhalle. 1864.

Fritsch H., Die Lageveränderungen der Gebärmutter in *Billroth's* Handb. d. allgemeinen und speciellen Chirurgie. 1884.

Fritsch H., Zur Lehre von der Tripperinfection beim Weibe. Archiv für Gynäkologie. Bd. X. 1876.

Fürst Livius, Ueber Bildungshemmungen des Utero-Vaginalcanales. Monatsschrift für Geburtskunde. Bd. XXX. 1868.

Gallard, Leçons cliniques sur les maladies des femmes. Paris 1873.

Grünwaldt O. v., Ueber die chron. Endometritis mit zähem Secret. St. Petersburger med. Zeitschrift. 1875.

Hausmann, Ueber das Verhalten der Samenfäden in den Geschlechtsorganen des Weibes. 1879.

Heddäus, Die Contraction der Gebärmutter. Würzburg 1851.

Heidenheim, Studien des physiol. Instituts in Breslau. Bd. III.

Heim E., Ist Empfängniss ohne vollzogenem Beischlaf möglich? Wochenschrift für die gesammte Heilkunde. Berlin 1835.

Hennig, Der Katarrh der inneren weiblichen Geschlechtstheile. 1862.

Hennig, Die erworbenen Verengerungen der Scheide. Archiv f. Gynäkologie. 1874.

Hennig, Ueber Hydrocele muliebrum. Tagblatt der Naturforscherversammlung in Magdeburg. 1884.

Hensen, Physiologie der Zeugung in *Hermann's* Handbuch der Phys. 1881.

Herzfeld, Fall von Atresie der Scheide und Schwangerschaft. Wiener med. Presse. 1868.

Hildebrand, Ueber Krampf des Levator ani beim Coitus. Archiv f. Gynäkologie. 1872.

Hofmeier M., Folgezustände des chronischen Cervixkatarrhs und ihre Behandlung. Zeitschrift für Geburtshilfe u. Gynäkologie. Bd. IV. 1879.

Holst, Schwangerschaft, Geburt u. Wochenbett bei Uterusknickungen. Mon. f. Geb. 1863.

Horwitz, Ueber Scheideanomalien. Verhandlungen der St. Petersburger Section für Geburtshilfe und Gynäkologie. 1875—76.

Jung, Ueber Unfruchtbarkeit der Frauen, bedingt durch Anomalien des Vaginalsecretes. Wiener med. Presse. 1883.

Kaltenbach, Gynatresien. In *Hegar* und *Kaltenbach's* operativer Gynäkologie. 1881.

Keber, De spermatozoorum introitis in ovula. Königsberg 1853.

Kehrer, Beiträge zur vergl. experim. Geburtsh. 1. Heft. Giessen 1864.

Kirchstein, Graviditas sine immissione penis. Med. Ztg. Berlin 1855.

Klebs, Handbuch der pathol. Anatomie. 1876.

Klotz, Gynäkologische Studien über pathologische Veränderungen der Portio vaginalis uteri. Wien 1879.

Kroner, Ueber die Beziehungen der Urinfisteln zu den Geschlechtsfunctionen des Weibes. Archiv f. Gynäkologie. 1882.

Krüger, Atresie mit Conception. Mag. f. d. gesammte Heilk. Berlin 1820.

Kussmaul, Von dem Mangel der Verkümmerung und der Verdoppelung der Gebärmutter. Würzburg 1859.

Küstner Otto, Untersuchungen über den Einfluss der Körperstellung auf die Lage des Uterus. Archiv f. Gynäkologie. Bd. XV.

Lebedjeff, Ueber Hypospadie beim Weibe. Centralbl. für Gynäkologie. 1880.

Leopold, Zwei Fälle von Schwangerschaft bei vollständiger Impotentia coeundi. Verhandlungen der Leipziger geburtsh. Gesellsch. 1885.

Leuckart, Artikel Zeugung in *Wagner's* Handwörterbuch der Phys. Braunschweig 1853.

Lomer, Ueber die Bedeutung und Diagnose der weiblichen Gonorrhoe. Deutsche med. Wochenschrift. 1885. Nr. 42.

Lott, Zur Anatomie und Physiologie des Cervix uteri. Erlangen 1872.

Martin Ed, Ueber Dysmenorrhoe und Sterilität. Zeitschr. für Geburtshilfe u. Frauenkrankheiten. Bd. I, 1876.

Maurer, Von der Ueberwanderung des menschlichen Eies. Erlangen 1862.

Mayer Louis, Atresia vagin. aquis. Verhandlungen der Gesellschaft für Geburtshilfe. Berlin 1866.

Möller, Fall von Conception bei verschlossener Mutterscheide. Zeitschrift f. Staatsarzneikunde. Erlangen 1843. 32. Ergänzungsheft.

Morton, Pregnancy with hymen unbroken. Med. et Surg. Reporter. Philadelphia 1869.

Moughton, Occlusion of the vagina rendering penetration impossible but not obstructing impregnation and child bearing. Dublin Q. J. M. Sc. 1862. XXXIII.

Müller P., Ueber utero-vaginale Atresien. *Scanzoni's* Beiträge. 1869.

Nöggerath, Ueber den Einfluss der latenten Gonorrhoe auf die Fruchtbarkeit des Weibes. Transactions of the americain gyn. society. 1874.

Oakman, Pregnancy with a perfect hymen. Lancet. London 1866.

Ogier, Case of conception with occlusion of the vagina. Charleston. M. Journ. 1854.

Olshausen, Conception unter ungewöhnlichen Verhältnissen. Archiv für Gynäkologie. Berlin 1871.

Paullini, Quaedam vulva clausa, sponte tamen rupta, concipiens et pariens. Misc. Acad. nat. curios. Lipsiae 1688.

Pflüger E., Ueber die Eierstöcke der Säugethiere und des Menschen. Leipzig 1863.

Ploss, Ueber die Geschlechtsverhältnisse der Kinder bedingenden Ursachen. Monatschrift für Geburtskunde. Berlin 1858.

v. Preuschen, Artikel Vagina und Vulva in *Eulenburg's* Real-Encyclopädie. 1883.

Puech, De l'atresie des voies génitales. Paris 1864.

Rae, Case of pregnancy with unperforate uterus. Lancet. London 1851.

Richmond, Atresie der Vagina. Centralbl. f. Gynäkologie. 1877.

Röbbelen, Gravidatio sine immersione membri. Deutsche Klinik. Berlin 1854.

Rouget, Des mouvements eröctiles. Journal de *Brown-Séquard*, *Charcot &* *Vulpian* 1868.

Rouget, Journal d. Physiologie von *Brown-Séquard*. 1858.

Ruge & *Veit*, Zur Pathologie der Vaginalportion. Zeitschr. für Geburtsh. u. Gynäkologie. Bd. II. 2. Heft. 1878.

Säxinger v., Krankheiten des Uterus. Prager Vierteljahrsschrift f. Heilkunde. 1866.

Scanzoni v., Eine Schwangerschaft mit bestimmt nachgewiesener Unmöglichkeit der Immissio penis. Wiener allg. med. Ztg. 1864.

Schauta, Gravidität bei Hymen intactus bifenestratus. Wiener med. Blätter. 1880.

Schenk, Das Säugethierei künstlich befruchtet. Wien 1878.

Schön, Vaginalverschluss, Conception und Geburt. Allg. Wiener med. Ztg. 1868.

Schrön, Fall von Schwangerschaft bei unverletztem Scheidenhäutchen. Zeitschrift für
   Staatsarzneikunde. 1840.
Schwabe, Conception bei verwachsener Scheide. Mag. f. d. ges. Heilk. Berlin 1824, Bd. XVI.
Schwarz A., Ueber Conglutinatio orificii uteri externi. Memmingen 1880.
Siebold v., Schwangerschaft bei unverletztem Hymen. Journal für Geburtshilfe. Frank-
   furt a. M. 1824.
Simmons, A. singular case of complete closure of the vagina with subsequent conception.
   St. Louis, M. and S. J. 1847—48.
Sims, Gebärmutter-Chirurgie, übersetzt v. *Beigel*. 1866.
Sippel, Conception ohne Immissio penis. Centralbl. f. Gynäkol. Leipzig 1881.
Sorbait de, De ingravidatione sine membri virilis intromissione. Misc. Acad. nat. cur.
   Lipsiae 1672.
Spiegelberg, Experimentelle Untersuchungen. *Henle und Pfeuffer's* Zeitschrift. 1857.
Squire, A. case of impregnation in a woman, whose vagina was scarcely permeable.
   Tr. Med. Soc. London 1817.
Stern, Beitrag zur Casuistik einer Schwangerschaft trotz bestimmter Unmöglichkeit der
   Immissio penis. Wiener med. Presse. 1876.
Thury, Mémoire sur la production des sexes chez les plantes, les animaux et l'homme.
   Paris et Genève 1864.
Todd's Cyclopaedia of Anat. a. Phys. Vol. V. Artikel v. *Farre*. 1859.
Tuppert, Ein Fall von Atresia uteri congenita mit nachfolgender Schwangerschaft.
   Beitr. z. Geburtsk. u. Gynäkol. Würzburg 1858. Bd. III.
Tyler Smith, The pathologie and treatment of leucorrhoea. London 1855.
Varges, Conceptio sine immissione. Mag. f. d. ges. Heilk. Berlin 1825. Bd. XIX.
Wagner R., Ist Empfängniss ohne vollzogenem Beischlaf möglich? Zeitschr. f. Staats-
   arzneikunde. Erlangen 1838. 25. Ergänzungsheft.
Waldeyer, Artikel Eierstock in *Stricker's* Handbuch der Gewebelehre. Leipzig 1870.
Ward, A. case, in which conception followed very imperfect connection. Am. J. Obst.
   New-York. 1879.
Weiss M., Einige seltenere Fälle von Atresia vaginae. Prager med. Wochenschr. 1878.
Wernich, Verhalten des Cervix ut. während der Cohabitation. Berliner klin. Wochen-
   schrift. 1873.
West, Pregnant uterus with occluded vagin. Cincin. Lancet and Obs. 1871.
Wolff, Ueber die physiol. und therap. Bedeutung des Coitus. Deutsche Klinik. 1869.

Vergegenwärtigen wir uns den normalen Vorgang im weiblichen Sexualcanale während des Coitus, wie jener sich
nach den gegenwärtigen physiologischen Anschauungen darstellt (Fig. 8).

Es beginnt die Einwirkung schon im Vorhofe, indem die *Bartho-
lini*'sche Drüse, die unter der Druckwirkung des Constrictor cunni steht,
beim Coitus ihr Secret ergiesst, welches nach Lage der Mündung nur
die äusseren Genitalien zu überziehen vermag. Die Clitoris erigirt, das
Blut wird aus dem Bulbus vestibuli, dem Venenplexus rings an den
Seiten des Vorhofes, an den Grenzen zwischen grossen und kleinen
Schamlippen, in die Glans gedrängt und die Erection und Empfindlichkeit derselben erhöht. Die Muskeln Constrictor cunni und Ischio-caver-
nosus drücken die rechtwinklig nach abwärts geknickte Clitoris auf den
Penis herunter.

Am Eingange der Vagina wirkt der Sphincter vaginae, sowie in der Scheide selbst die in der Tunica media circulär verlaufenden organischen Muskeln. Nach der Constellation der männlichen und weiblichen Sexualorgane entleert der Penis das Sperma unmittelbar am Os uteri. Für die Aufnahme des Samens in das Cavum uteri ist wahrscheinlich eine Muskelthätigkeit der Vagina oder des Uterus wirksam. Während der Ejaculation des Spermas findet eine peristaltische Zusammenziehung der Scheide statt, wodurch die Samenmasse unter einem gewissen Drucke am Muttermunde stehen bleibt. Diese Contraction und dieser Druck mögen vielleicht noch nach dem Coitus einige Zeit nachwirken.

Fig. 8.

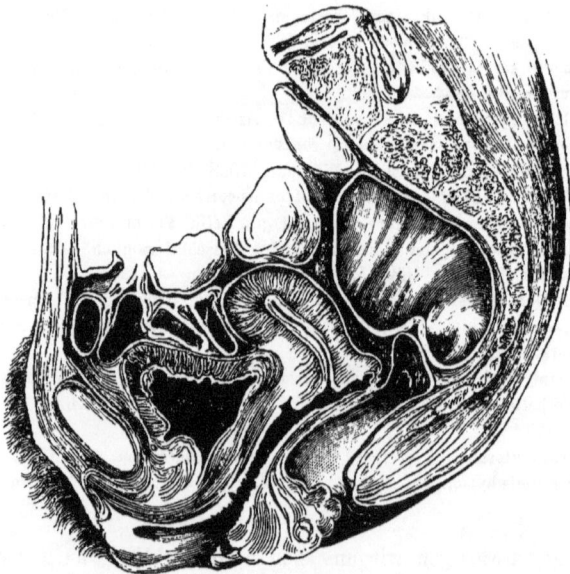

Sagittaler Beckendurchschnitt nach Breisky.

Brundell hat solche lebhafte Contractionen und Pressungen der Scheide, durch welche der Same in den Uterus hineingetrieben werden kann, bei brünstigen Kaninchen beobachtet.

Auch die Uterusmuskulatur tritt in gewisser Weise in Action. Der Uterus steigt bei starker Erregung, unterstützt von der Bauchpresse, tiefer in's Becken hinab, der Muttermund wird durch die Muskeln des Uterus eröffnet, es tritt eine Rundung des bis dahin flachen Ausganges ein, hiermit in Verbindung auch eine Austreibung des Secretes der Cervicaldrüsen und Einsaugung von geringen Spermamengen in den Cervix uteri, wo die Plicae palmatae dem Eindringen einige Hinder-

nisse entgegenstellen. Dieses Hinderniss wird aber, wie ich auf Grundlage meiner Untersuchungen über die Drüsen des Cervix uteri annehmen
zu dürfen glaube, durch die in Folge der sexuellen Erregung lebhaft
eintretende Secretion dieser Drüsen überwunden. Ebenso scheint es
höchst wahrscheinlich, dass durch die Erregung beim Coitus sich die
sonst ziemlich verschlossenen inneren Mündungen der Tuben weit öffnen
und so den Eintritt der Spermatozoen fördern.

     J. Beck beobachtete das Muskelspiel des Uterus bei einer Frau
mit Uterusvorfall. In der sexuellen Erregung schnappte das Os uteri
fünf- bis sechsmal auf und zu, das Ostium zog sich schliesslich ein.
Ebenso haben *Basch* und *Hofmann* an brünstigen Hündinnen ein Herabsteigen der Vaginalportion des Uterus in der Scheide, ein Oeffnen des
Os uteri, Herauspressen von Schleim und eine Retraction des Os beobachtet.

     Hohl, Litzman u. A. haben hervorgehoben, dass bei nervösen reiz-
baren Frauen durch das Touchiren der Vaginalportion mit dem Finger
geschlechtliche Sensationen, Abrundung des Muttermundes, Tiefertreten
des Uterus und Hartwerden des Scheidentheiles hervorgerufen werden,
welches letztere *Grailly-Hewitt* und *Wernich* für eine nothwendige
Begleiterscheinung der Cohabitation halten. *Henle* führt dieses Hart-
und Prallwerden der Vaginalportion auf den wechselnden Contractions-
grad der feineren, stark musculösen und besonders widerstandsfähigen
Gefässe der Vaginalportion zurück und *Rouget* hält den Mechanismus
für einen der Erection des Penis analogen. Es wird also für die
Erection der Vaginalportion eine geschlechtliche Erregung vorausgesetzt.

     Während *Ducelliez* durch die Erection eine Höhle im Cervix ent-
stehen lässt, nimmt *Wernich* an, dass durch die Erweiterung der
Cervicalgefässe im erigirten Zustande der Portio eine angemessene
Menge des Cervicalschleimes gebildet und in die Scheide ausgestossen
werde; mit dem Nachlasse des erigirten Zustandes und der ausstossen-
den Kraft werde durch die Saugkraft des Uterus der ejaculirte und
inzwischen mit Spermatozoen vermischte Schleimballen in den Cervix
aufgesogen. Nach *Sims* soll die Saugkraft des Uterus daher kommen,
dass der Cervix durch Contractionen des Constrictor vaginae superior
gegen die Eichel gepresst wird und in Folge dieses Druckes seinen
Inhalt entleert, die Theile sodann erschlaffen, der Uterus plötzlich in
seinen früheren Zustand zurückkehrt und auf solche Weise die die
Vagina erfüllende Samenflüssigkeit in die Cervicalhöhle getrieben wird.

     Auch *Eichstedt* nimmt eine Saugkraft des Uterus an, welche, her-
vorgerufen durch den Coitus, das ejaculirte, vor dem Muttermunde
befindliche Sperma in die Gebärmutter einzutreten zwingt. Die hierzu
nöthigen Veränderungen der Gebärmutter, dass durch den vermehrten
Blutandrang die plattgedrückte Form in eine rundliche übergeht und

die Gebärmutterhöhle vergrössert wird, sollen nach diesem Autor in der Regel nur dann eintreten, wenn das Weib durch den Coitus den Gipfel des Wollustgefühles erreicht hat und die Gebärmutter zu jener Veränderung geneigt ist.

Kehrer, welcher übrigens auch die Anschauung vertritt, dass der Modus coeundi und das active Verhalten des Weibes hierbei wesentlichen Einfluss auf die Befruchtung besitze, nimmt selbstständige Contractionen des Cervix uteri an, um den zähen Schleimpfropf auszutreiben, welcher den Cervicalcanal ausfüllt und dem Eintritt des Samens in die Uterushöhle hinderlich ist. Er glaubt, dass die Dauer der Copula, das mechanische Verhältniss zwischen Membrum und Vagina, das Verhalten der Uterusmuskulatur, die Secretion der Utero-Vaginal-mucosa während des Actes, sowie die Position des Weibes post coitum nicht unwichtige Momente in Bezug auf Sterilität und Conception seien, so dass z. B., wenn während der Copula Uteruscontractionen fehlen, welche den zähen Cervicalschleim nicht austreiben können, das Sperma sofort wieder abfliesst, wenn eine unpassende Position eingenommen wird, das Weib steril bleibt, während es sofort befruchtet werden kann, wenn die richtige Vorsicht eingehalten wird.

Hausmann hat constatirt, dass bei ein und derselben Frau zuweilen unter gleichen Umständen Sperma im Cervix uteri gefunden wird, zuweilen nicht, und dass bei einigen Frauen die Spermatozoen im Cervix vermisst werden unter Umständen, wo sie bei anderen Frauen dort regelmässig gefunden werden können.

So wenig vollständig wir demnach noch über die einzelnen Momente im Klaren sind, so steht doch zweifellos a l s c o n d i t i o s i n e q u a n o n d e r B e f r u c h t u n g d a s E i n d r i n g e n d e r S p e r m a t o z o e n i n d e n M u t t e r m u n d fest. Ja, es scheint die Annahme *Mayrhofer's* recht acceptabel, dass die Befruchtung nur dann möglich sei, „wenn der Same direct an den Muttermund, nämlich an die Grenze des alkalisch reagirenden Cervicalschleimes gelangt — es wäre denn, der Coitus erfolgte während der Catamenien, wo der Blutgang die saure Reaction in der Scheide aufhebt oder bei Erkrankungen, welche dasselbe leisten". Die Annahme *Joh. Müller's* von der Stempelwirkung des Penis beim Coitus, wodurch das Sperma direct in den äusseren Muttermund getrieben wird, ist eben so wenig stichhältig, wie die Theorie von *Holst*, welcher die Ejaculation des Sperma direct durch den während der Copulation erweiterten Cervix in den Uterus hinein erfolgen lässt; es scheint vielmehr eine nothwendige Bedingung zu sein, dass das Sperma in die o b e r s t e n P a r t i e n der Vagina ejaculirt wird, so dass ein Contact des Os externum mit dem Sperma leicht ermöglicht werde: sei es, dass dann die Saugkraft des Uterus in Thätigkeit trete, vermöge welcher das Sperma in die Gebärmutterhöhle eingesogen werden soll.

sei es, dass *Beigel* mit seiner Annahme eines Receptaculum seminis im Rechte ist, wonach der von den beiden Muttermundlippen und den oberen Endabschnitten der Vaginalwände gebildete Raum einen Theil der Spermaflüssigkeit zurückhält und gegen den äusseren Muttermund treibt.

Es ist also im Ganzen sehr wahrscheinlich, dass während des Coitus auf reflectorischem Wege eine dahin zielende Thätigkeit der Muskulatur des Uterus eintritt, die zu einer Eröffnung der inneren Mündungen der Tuben, einem Herabsteigen der Vaginalportion in die Scheide, zu einer Eröffnung des Muttermundes, einer Rundung des bis dahin flachen Ausganges, vielleicht auch zu einem Austreiben des ziemlich dicken Cervicalschleimes und nachher zu einer Einsaugung geringer Spermamengen

Fig. 10.

Fig. 9.

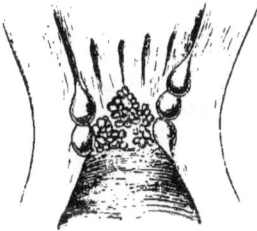

Cervix einer 72jährigen Frau mit cystös entarteten Drüsen.

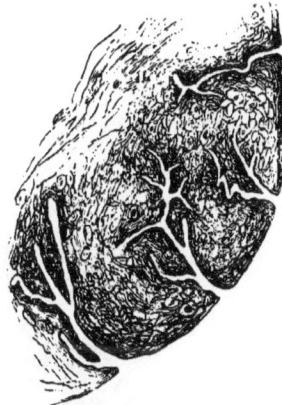

Sagittaler Durchschnitt des Cervix einer 26jährigen Frau.
Baumförmig verzweigte Drüsen.

führen kann. Ich nehme ferner als ein wichtiges Moment an, dass zu gleicher Zeit auf reflectorischem Wege eine Absonderung von Seiten der im Cervix befindlichen Drüsen zu Stande komme, welche eine alkalisch gallertige Masse secerniren, die sehr geeignet ist, die Bewegungsfähigkeit der Spermatozoen zu erhöhen und so dazu beizutragen, dass diese sich, gefördert von den Flimmerepithelien des Cervix, durch eigene Kraft in die Höhle des Uterus weiter vorwärts bewegen und den Weg in die Tuben nehmen.

Die Bedeutung der im Cervix befindlichen Drüsen nach dieser Richtung ist bisher noch allzuwenig gewürdigt worden. Ich habe durch eine Reihe von histologischen Untersuchungen mich über die Veränderungen dieser Drüsen im climacterischen und höheren Alter, sowie bei verschiedenen pathologischen Veränderungen des Uterus zu orientiren bemüht. Das wesentlichste Resultat lässt sich kurz dahin zusammenfassen, dass besonders im climacterischen Alter die Cervicaldrüsen die Neigung haben, cystös zu entarten und so jene als Ovula Nabothi bekannten Cysten zu bilden. Im höheren Alter gehört das Vorkommen dieser Cysten zur Norm und füllen dieselben zuweilen traubenartig zusammenhängend fast das ganze Lumen des Cervix aus (Fig. 9). Erkrankungen der Uterinschleimhaut bringen aber auch im geschlechtsreifen Alter mannigfache pathologische Veränderungen der Cervicaldrüsen zu Stande. Es können diese letzteren durch Verlegung ihres Ausführungsganges cystös entarten und mit Schleim und Epithel gefüllte Follikel bilden oder bluthaltige Höhlen, welche den ganzen

Fig. 11.

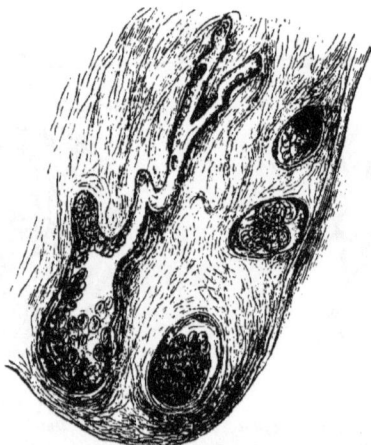

Sagittaler Durchschnitt des Cervix einer 65jährigen Frau.
Cystös entartete Drüsen.

Cervix nach verschiedenen Richtungen durchziehen; oder sie geben den Anlass zur Entstehung von allmälig wachsenden Drüsenpolypen und anderen glandulären Neubildungen (Fig. 10 und 11). Die pathologischen Veränderungen der Cervixdrüsen beeinträchtigen auch die Function ihres Secretes, die Bewegungsfähigkeit der Spermatozoen zu erhöhen und mögen also auch einen Conception hindernden Einfluss üben.

Die Vereinigung von Sperma und Ei, welche zur Befruchtung führt, dürfte in der Regel beim Menschen im Anfangstheile der Tuben stattfinden. ein Verhalten, welches bei Thieren constatirt ist.

In die Tuba gelangt der zur Reife gelangte Keim des Ovulum, aus dem Ovarium durch fördernde Bewegungen der Fimbrien (welche *Hensen* bei Meerschweinchen in lebhaftester Weise über die ovuliren-

den Ovarien hin und her gleiten sah). Sobald das Ei in die Tube eingetreten ist, wird es durch die Wimperung weiter befördert (Fig. 12).
His hat die Theorie aufgestellt, dass die menschlichen Eier nur
im obersten Theile der Tuba von dem dort vorräthigen Sperma befruchtet werden können, eine Annahme, welche sehr wahrscheinlich,
jedoch keinesfalls sichergestellt ist. Eine Analogie würde dann allerdings sich in der Thierwelt finden, denn *Coste, His* und *Oelschlaeger*
haben nachgewiesen, dass der Keim eines den Eileiter unbefruchtet
durchwandernden Eies sich erheblich verändert. *Coste* hat bezüglich des
Keimes des Hühnereies gezeigt, dass das Ei nach Verlassen des obersten
Abschnittes des Eileiters nicht mehr befruchtungsfähig ist. Es ist aber

Fig. 12.

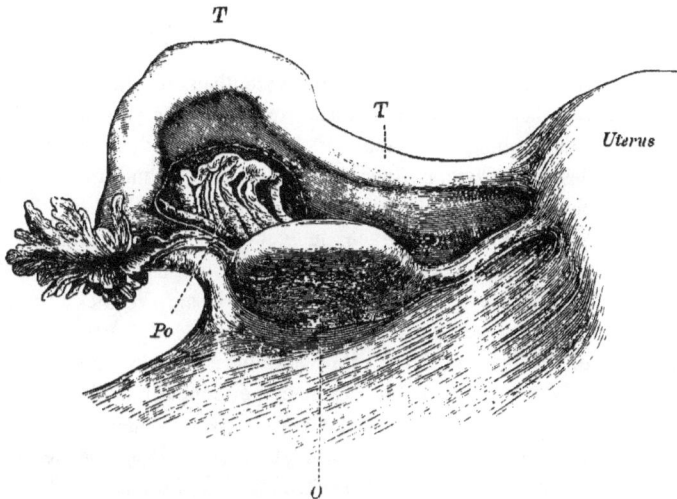

Orarium mit Tuba. O Ovarium. *T* Tuba. *Po* Parovarium.

immerhin möglich, dass im Gegensatze zu dem, was über die Eiver-
änderungen im Thiere nachgewiesen wurde, das menschliche Ei seine
Befruchtungsfähigkeit selbst in den tiefen Leitungswegen, ja selbst im
Uterus bewahrt. Andererseits ist aber auch die Möglichkeit gegeben,
dass die menschlichen Spermatozoen eine weit grössere Lebensdauer
haben, als man sie allgemein schätzt und demnach lange Zeit im obersten
Theile der Tuba verweilen können, ohne ihre Befruchtungsfähigkeit zu
verlieren.

Zur Befruchtung gehört eine materielle Vereinigung der Geschlechts-
stoffe des Weibes und Mannes. „Der Same — sagt *Hippokrates* —
den sowohl Mann wie Weib besitzen, strömt von allen Theilen des

Körpers her zusammen, die Frucht bildet sich, wenn beiderlei Samen sich mischen." Und in der That bewirken alle Momente, welche verhindern, dass Ei und Sperma zusammentreffen, Sterilität.

Was nun die Behinderung des Contactes des Ovulum mit dem Sperma (von normaler Beschaffenheit) betrifft, so kann sie durch eine Reihe der verschiedensten pathologischen Verhältnisse veranlasst sein. Es muss nämlich der zur Reife gelangte Keim, das Ovulum, aus dem Ovarium austreten, in die Tuba gelangen und dann in Contact mit dem männlichen Sperma gebracht werden. Die Behinderung eines jeden einzelnen dieser Momente kann zur Conception unfähig machen.

Diese Hindernisse können in der Beschaffenheit des Ovulum selbst liegen, oder beim Austritte des Ovulum und bei der Passage derselben in die Tuben beginnen, und sind gerade in diesen ersten Stadien am allerhäufigsten und bedeutungsvollsten.

Nach *Schenk's* Versuchen mit künstlicher Befruchtung des Säugethiereies ausserhalb des Mutterthieres hängt die Befruchtungsfähigkeit des Kaninchens und Meerschweinchens wesentlich davon ab, ob die das Eichen umgebenden Zellen, welche aus dem *Graaf'*schen Follikel stammen, locker genug an einander hängen, um den Samenfäden, welche das Bestreben zeigen, zwischen dieselben einzudrängen, kein unüberwindliches Hinderniss entgegen zu setzen.

Wenn die Keimbildung auch in gehöriger Weise erfolgt, die Follikel normal reifen, so kann bereits eine abnorme Beschaffenheit der Tunica albuginea des Ovarium, Verdickung derselben als Rest eines inflammatorischen Vorganges, oder Bindegewebsneubildung, die Dehiscenz der Ovula verhindern und hiermit Sterilität verursachen. Es sind namentlich Residuen perioophoritischer Processe, welche solche Verdickungen um das Ovarium verursachen.

Es hängt von den Umständen ab, ob dieses Hinderniss der Conception ein dauerndes oder vorübergehendes und hiermit die Sterilität eine absolute oder relative ist. In gleicher Weise wirken entzündliche Zustände, welche die Peritonealüberzüge des Uterus, die Ligamenta lata, sowie die den Beckenboden auskleidende Peritonealpartie betreffen, Perimetritis, Perisalpingitis, Pelveoperitonitis, indem sie durch das Zurückbleiben dicker, weitausgedehnter, pseudomembranöser Schwarten oder auch nur durch geringere Adhäsionen und Filamente die Ovarien oder Tuben in abnorme Lagen und Verhältnisse bringen und so die Conception beeinträchtigen.

Durch perimetritische Adhäsionen werden Dislocationen der Tuben nach vorn und nach hinten, am meisten in den *Douglas'*schen Raum hinein veranlasst, welche Anlass zur Sterilität geben. Sowohl *Rokitansky* als *Virchow* haben bereits die grosse Bedeutung der perimetritischen Processe für die Sterilität betont.

Dass angeborene B i l d u n g s f e h l e r d e r T u b e n den Anlass zur
Sterilität geben, ist wohl sehr selten, aber immerhin möglich. Die
Tuben können auf beiden Seiten oder nur einseitig fehlen, oder es
kann nur ein Theil der Tuba fehlen. Der doppelseitige Tubenmangel
ist gewöhnlich mit Verkümmerung des Uterus vorhanden, während die
Ovarien erhalten sind. Einen solchen Fall beschreiben *Foerster* und
Kussmaul: Die Vagina mündet in die Urethra, der Uterus ist solid
und geht in zwei Hörner über, an welche sich die runden Muttermünder
und die Eierstöcke ansetzen. Auf einen Fehler der ursprünglichen Anlage, welche Sterilität verursachen kann, hat *Klebs* hingewiesen, dass
nämlich manchmal die einzige Verbindung, die zwischen Tube und
Ovarium besteht und welche durch eine bis an den Eierstock heran-
reichende Fimbrie des Eileiters hergestellt wird, fehlen kann, wodurch
die beiden Gebilde auf eine weite Entfernung getrennt werden.

Bietet schon zuweilen die unregelmässige Gestaltung des O s t i u m
a b d o m i n a l e d e r T u b e n mit den Fimbrien, durch welche der Rand
der Fimbrien von der Ovarialoberfläche getrennt, das Ligamentum tubo
ovariale verlängert wird oder das letztere perforirt erscheint, mehrfach Momente, welche ein Eintreten des Eies in die Tuben erschweren,
so gilt das noch mehr von den Erkrankungen der Tubarschleimhaut.
Der ausgefranzte Rand der Tubarmündung hat eine gewisse Neigung
zu selbstständiger Erkrankung. Es treten hier, wie *Klebs* eingehend
erörtert, Entzündungen auf, die sehr häufig zur Schrumpfung führen.
Der freie Tubarrand erscheint dann eingeschnürt durch bindegewebige
Neubildungen der serösen Fläche, die Oeffnung verringert oder auch
verschlossen, die Fimbrien selbst in die Höhlung eingestülpt. In anderen
Fällen verwächst der Ring der Fimbrien mit den Nachbartheilen, namentlich mit der Oberfläche des Ovariums, wenn dieses gleichzeitig erkrankt
ist. Ferner kommen an den Tubarfranzen noch papilläre Wucherungen,
Gefässectasien, Oedem mit Bildung cystischer Hohlräume vor. Im Tubar-
canale selbst finden pathologische Processe statt, catarrhalische Entzündungen, Blutergüsse, Eiterungen, durch welche die Mündungen
fester geschlossen werden oder ganz obliteriren und es zur Ausdehnung
der Tuben oder zum Aufbruche derselben kommt. Specielle Erwähnung
verdient auch die gonorrhoische Salpingitis. Es ist weiters darauf
Bedacht zu nehmen, dass die Tuberculose des Genitalcanales überwiegend
häufig in den Tuben auftritt und dass man in dieser miliare Tuberculose
und noch viel häufiger diffuse käsige Massen findet, welche das Lumen
des Canales vollständig erfüllen.

Wenn man bedenkt, wie unendlich häufig, allerdings auch oft
ohne stürmische Symptome hervorzurufen und darum minder beachtet,
während des Geschlechtslebens des Weibes perioophoritische Entzündungen mehr minder intensiver Art auftreten, wie sowohl der Ovulations-

process an und für sich, als das Puerperium Gelegenheit zu leichten und schweren Pelveoperitonitiden gibt, wenn man auch die Bedeutung der gonorrhoischen Pelveoperitonitis in Anschlag bringt, so wird man gewiss zugeben, dass die aus diesen Processen resultirenden Residuen, wie Verlöthung von Ovarium und Tubenmündung, Verschliessung der Tuba mit nachfolgender Hydro- oder Pyosalpinx zu den beachtenswerthesten Sterilitätsursachen gehören. Wenn ihre Häufigkeit und Dignität noch nicht allgemein anerkannt ist, so glauben wir dafür zwei Momente geltend machen zu können: Erstens, dass die leichteren Processe dieser Art sich, wie erwähnt, der Diagnose häufig entziehen und zweitens, dass sie ebenso häufig auch bei exspectativer Behandlung heilen. die Exsudate resorbirt werden, die Adhäsionen sich lockern und die Conceptionsfähigkeit so allmälig wieder hergestellt wird.

Ein Verschluss des Ostium tubae kann ferner auch durch chronische Metritis und Endometritis, durch chronischen catarrhalischen Zustand der Gebärmutterschleimhaut oder überhaupt durch pathologische Alteration der Structur dieser Schleimhaut, welche mit localer Hyperplasie oder abnormer Secretion einhergeht, zu Stande kommen.

Dasselbe Hinderniss für das Einrücken des Ovulum in den Uterus geben zuweilen Polypen oder Myome ab, die, vom Fundus ausgehend, das ganze Uterincavum derart erfüllen, dass die Tubenostien vollständig verschlossen erscheinen.

Cystenbildungen im Bereiche der Ligamenta rotunda (Hydrocele) geben auch zuweilen Anlass zur Sterilität. Sie füllen bisweilen als eigrosse längliche Geschwülste den ganzen Leistencanal aus und gelangen selbst bis in die Schamlippen herab. Sie geben dann zu operativen Eingriffen Anlass. *Hennig* erwähnt eines Falles, wo die Hydrocele Sterilität verursachte und durch Operation dieses Wasserbruches die 14jährige Unfruchtbarkeit geheilt wurde.]

Der Uterus selbst bietet durch sein pathologisches Verhalten eine Fülle von ursächlichen Momenten der Sterilität. Er kann die Unfähigkeit zur Befruchtung veranlassen, sowohl dadurch, dass einerseits dem Einrücken des Ovulum Hindernisse entgegengestellt werden, andererseits eine abnorme Beschaffenheit der Vaginalportion den Eintritt des Sperma aus der Vagina in den Cervix hindert, als auch durch Lageveränderungen und pathologische Structurveränderungen, welche die Entwicklung des in die Uterinhöhle gelangten befruchteten Ovulum beeinträchtigen.

Der Uterus kann vollkommen fehlen oder, was ungleich häufiger ist, rudimentär entwickelt sein. Im letzteren Falle stellt er entweder ein knotiges Rudiment dar oder ist zapfenförmig oder zweihörnig, in jedem Falle solid aus Bindegewebe und Muskeln zusammengesetzt. Dabei kann die Vagina fehlen oder nur einen kurzen Blindsack bilden,

während die Tuben entwickelt oder nur rudimentär sind. Die Zahl
derartig beobachteter Fälle ist eine grosse *(Kussmaul, Klebs, Cusco,
Klinkosch-Hill, Cruise, Freund, Fürst, Engel, Gusserow, Nega, Kiwisch,
Rokitansky, Braid, Jackson, Lucas, Duplay, Dupuytren, Renauldin,
Credé, Saexinger* u. m. A.).

Uterus und Vagina können bei vollständig normaler Entwicklung
der Vulva, Prominenz und Behaarung des Mons veneris fehlen. *Ormerod*
und *Quain* haben solche Fälle beobachtet, in denen äusserlich scheinbar
alle Zeichen weiblicher Reife vorhanden waren, wo sich aber dann
herausstellte, dass Uterus und Ovarien vollkommen fehlen.

Zur Feststellung, ob in solchen Fällen ein Uterus nebst Vagina vorhanden, eignet sich die folgende Methode *(Hewitt)*: Ein Catheter wird
in die Blase, welche zur Untersuchungszeit nicht entleert werden darf,
eingeführt und darin zwar leicht, jedoch sicher festgehalten. Hierauf werden 1 oder 2 Finger der linken Hand gut eingeölt und in das Rectum
gebracht. Diese Finger können den Catheter leicht fühlen und so ist
ein Mittel zur Beurtheilung der zwischen beiden gelegenen Gewebe
gegeben. Fehlt der Uterus, dann kann der Catheter mittelst der Finger
hoch oben im Becken gefühlt werden, während sie in der Gegend, in
welcher sich der Uterus zu befinden pflegt, die den letzteren darstellende
harte Substanz vermissen. Um diesen Punkt zur Evidenz festzustellen,
ist es nothwendig, dass Finger und Catheter soviel als möglich vordringen.
Denn dringt letzterer eben nur in die Blase ein, dann wird wohl das
Ende des Instrumentes im Rectum von den Fingern gefühlt werden,
allein dieses Zusammentreffen würde unterhalb des Uterus geschehen.
Beim Aufsuchen dieses Organes wird man sich zunächst an die Mittel-
linie halten, bleibt das Suchen aber vergebens, dann muss man rechts
und links gehen. In manchen Fällen ist es zweckmässiger, statt des
Catheters eine Uterussonde in die Blase einzuführen, weil die Hand
über das letztere Instrument eine grössere Gewalt hat und dasselbe
sich den Bedürfnissen gemäss biegen lässt.

Diese Untersuchungsmethode wird auch über das Vorhandensein
von Rudimenten der Vagina belehren, wenn z. B. ein Blindsack, welcher
die Einführung einer Sonde oder selbst des kleinen Fingers gestattet,
Alles ist, was an die Vagina erinnert. Ist die zwischen Catheter und
Finger befindliche Lage dünn, so gibt das einen Grund für die Annahme, dass keine Vagina dazwischen ist, allein sichere Entscheidung
hierüber ist erst nach sorfältiger Erwägung zu fällen.

Selbstredend ist durch diese Bildungsfehler absolute Sterilität bedingt.
Zuweilen wird die Ursache derselben im Leben gar nicht erkannt und
nur durch zufällige Untersuchung oder erst bei der Obduction entdeckt.

Interessant ist folgender einschlägige Fall meiner Beobachtung,
welcher die Frau eines Arztes betraf, der trotzdem in vollkommener

Unkenntniss der Sachlage war. Die betreffende 26jährige Frau ist mittelgross, fettreich, hat ziemlich entwickelte Brüste, behaarte äussere Scham. Die Frau gibt an, vor der Ehe regelmässig menstruirt gewesen zu sein und erst seit der Verheiratung (vor 4 Jahren) haben die Menses cessirt, eine Angabe, welche offenbar vollkommen unwahr ist. Sie consultirt wegen Amenorrhoe und Sterilität, welche ihr Gatte als in Verbindung mit der zunehmenden Fettleibigkeit stehend betrachtet. Bei der vorgenommenen Untersuchung zeigt sich die Vagina für zwei Finger permeabel, 10 Centimeter lang, endet nach oben vollkommen blind, die Schleimhaut auffallend glatt. Durch bimanuelle combinirte Untersuchung lässt sich nur ein etwa haselnussgrosses Rudiment eines Uterus tasten, Ovarien nicht nachweisbar.

Ein beachtenswerther Fall wurde von *Heppner* mitgetheilt: Eine 31 Jahre alte finnische Bäuerin stellt sich wegen Sterilität und Amenorrhoe vor. Sie ist seit 12 Jahren verheiratet, ohne bisher die Menses oder sonstige vicariirende periodische Blutungen gehabt zu haben. Pubes und grosse Labien sind schwach behaart, letztere äusserst schlapp und wenig prominirend, Nymphen schürzenförmig auf etwa 1 Zoll aus der Schamspalte hervorhängend, sonst ebenfalls sehr dünn, Clitoris schwach entwickelt. Die Harnröhrenpapille hat normale Dimensionen, die Lacunen um dieselbe sind sehr ausgesprochen; die Urethralöffnung stellt einen zickzackförmigen Längsspalt dar. Hinter demselben befindet sich eine von strahligen Falten umgebene Oeffnung, die in einen etwa 2 Zoll langen Blindsack führt und insofern mit dem Introitus vaginae nicht identisch ist, als ihr jegliche Andeutung des Carunculae myrtiformes und überhaupt die dem Scheideneingang eigenthümliche Callosität der Schleimhaut fehlt. Dagegen ist die Fossa navicularis hinter der stark vorspringenden Commissura labiorum als gesonderte Grube ersichtlich. Der vaginale Blindsack ist mit einer weichen blassrothen Schleimhaut ausgekleidet und enthält keine Spur von Columnae rugarum: an seinem Grunde befindet sich keine Narbe oder Verhärtung. Durch die Exploration per anum ist keine Spur von Gebärmutter, Scheide und Eierstöcken zu entdecken, wobei die Untersuchung des Beckenraumes noch durch die Schlaffheit der Bauchwand erleichtert wird. Der Habitus der Frau ist weiblich, die Brüste sind schlaff und hängend, Taille und Hüften weiblich proportionirt.

Tauffer berichtet über eine 25 Jahre alte, seit 2½ Jahren verheiratete Frau, bei der völlige Amenorrhoe war und Atresia vaginae mit rudimentärer Entwicklung des Uterus nachgewiesen wurde. Er fand die Brüste klein, den Mons veneris fettarm, stark behaart, normale Schamlippen und Clitoris.

R. Levi beschreibt jüngstens (Gaz. med. Ital. Lombard., 1884) einen Fall, wo es sich um einen Defectus uteri bei normalem weiblichen Habitus der 19jährigen Patientin handelt. Die Brüste waren gut entwickelt, ebenso die äusseren Genitalien, die Vagina stellte einen für zwei Finger durchgängigen 4 Cm. langen Blindsack dar. An Stelle der Ovarien fühlte man zwei Körper, die sich wohl als Ovarien ansprechen lassen. Menstruationsmolimina waren nicht vorhanden.

Hoffmann fand bei der Section einer alten verheirateten Frau eine Scheide, welche in einer Tiefe von 6 Centimeter blind endete und anstatt des Uterus nur einige pyramidenförmig angeordnete Faserzüge im Ligatum latum. Lissner berichtet einen Fall, in welchem erst der Arzt den Ehemann aufmerksam machte, dass seiner Frau der Uterus fehle. Ziehl fand bei einer 57jährigen Frau vollständiges Fehlen des Uterus, die Scheide endete einen halben Zoll tief, Tuben und Eierstöcke waren vorhanden. Boyd fand bei einer 72jährigen Frau die Scheide einen halben Zoll tief, ein knotiges Uterusrudiment am hinteren Umfange der Blase.

Die Literatur kennt sogar seltene Fälle, wo bei vollständigem Mangel des Uterus normale Ovarien vorhanden sind, in denen es zum periodischen Reifen der Graaf'schen Follikel kommt, wie so einen Fall Burggraeve beschrieb.

Absolute Sterilität bedingt auch der Uterus foetalis, der als Bildungsfehler aus der zweiten Hälfte des Fötallebens noch die Form dieser Periode beibehalten hat. Er besitzt eine nur wenig prominirende Vaginalportion, auf welcher das Orificum externum als eine enge runde Oeffnung erscheint. Der Cervix ist relativ lang und weit mit den völlig entwickelten Faltenbildungen der Schleimhaut. Der Uteruskörper ist mangelhaft entwickelt, dreieckig und dünnwandig, von geringerer Länge als der Cervix und besitzt auf seiner Innenfläche Faltungen der Schleimhaut, welche vom Fundus gegen das Orificum externum convergiren. Die Menstruation fehlt in diesen Fällen oder ist sparsam, die übrigen Sexualorgane, sowie die Mammae sind zumeist in der Entwicklung zurückgeblieben. Frauen mit Uterus foetalis können den Coitus ausüben, scheinen in Bezug auf Sexualfunction ganz regulär zu sein, bleiben aber stets steril.

Einen ähnlichen Grund der Sterilität bietet der als Uterus infantilis bezeichnete Zustand, wenn die Gebärmutter auch nach der Pubertätszeit auf der Entwicklungsstufe stehen bleibt, welche sie um die Zeit der Geburt hat. Charakteristisch hierfür ist die überwiegende Entwicklung des Cervix, der verlängert ist, während das Corpus uteri meist eine walzenförmige Gestalt immer mit glatter Schleimhautfläche hat. Die Muskelsubstanz ist verdünnt. Die Vagina kann dabei normal sein, bisweilen ist sie enge, ihre Schleimhaut wenig gefaltet. Mit dem infantilen Uterus geht gewöhnlich, aber keineswegs constant eine geringere Entwicklung der äusseren Genitalien, der Labien, Clitoris und der Vagina einher, der Mons veneris ist spärlicher behaart. die Brüste sind nicht stark entwickelt, die Menses fehlen gewöhnlich gänzlich. In einzelnen Fällen fand man die Ovarien fehlend. Das Vorkommen des Uterus infantilis ist durchaus kein so seltenes, als selbst die Ziffern Beigel's, der unter 155 sterilen Frauen 4mal Uterus infantilis fand, zu erweisen scheinen. Unter 200 Fällen von Sterilität, deren Ursachen ich genauer erforschen konnte, fand ich 16mal Uterus infantilis. Weder der äussere Habitus dieser Frauen, noch die Menstrualfunction bot hiebei eine Abnormität; bei der Untersuchung konnte man den wohlgebildeten, aber in jeder Richtung kleinen, zurückgebliebenen Uterus tasten.

Madame Boivin, Dugès, Lumpe, Pfau behaupten, dass die Umwandlung des infantilen Uterus zum jungfräulichen des geschlechtsreifen Weibes oft auffallend spät und langsam erfolge, so dass Frauen, bei denen man einen derartigen Uterus infantilis constatirte, später zu menstruiren anfingen und sogar concipirten. Es scheint, dass in diesen Fällen eine Verwechslung mit erworbener primärer Atrophie des Uterus vorlag.

Der Uterus unicornis ist, wenn er ohne andere Bildungsfehler vorkommt, keine Ursache der Sterilität. Frauen, welche einen Uterus unicornis mit oder ohne Nebenhorn haben, menstruiren, concipiren und gebären normal, ja es sind sogar Beispiele, dass sie Zwillinge geboren haben. Die Annahme, dass der Uterus unicornis zum Abortus disponire, ist nicht immer stichhältig. Bei Schwängerung des rudimentären Hornes erfolgt stets Ruptur des Fruchtsackes mit Austritt des Eies oder der Frucht in die Bauchhöhle und tödtlicher Blutung. Die Ruptur tritt meistens zwischen dem 3. und 4. Monate ein.

Der Uterus bicornis, welcher mit einfacher oder doppelter Vagina verbunden sein kann, ist auch im Allgemeinen kein Hinderniss der Conception, ebenso der Uterus bilocularis oder septus. Frauen, welche solche Bildungsfehler besitzen, haben wiederholt und sogar zugleich aus beiden Hälften des Uterus selbst Zwillinge geboren. Indess sind immerhin die Geburten bei doppeltem Uterus und Scheide sehr selten. Jüngst wurden solche Fälle von Lasarewitsch, Litschkus und Készmarsky veröffentlicht.

Wohl zu unterscheiden von dem angeborenen Zustande des infantilen Uterus, der angeborenen Atrophie (Fig. 13 und 14). ist die erworbene Atrophie des Uterus welche das ganze Organ oder blos eines seiner Segmente, den Körper oder das Collum betreffen und ein vorübergehendes, heilbares Hinderniss der Befruchtung bilden kann.

Physiologisch tritt eine Atrophie des Uterus nach dem Climacterium mit dem Erlöschen der Geschlechtsthätigkeit ein. Der Uterus wird dann wesentlich kleiner, fest, zäh und besteht fast nur aus Bindegewebe.

4 *

die Schleimhaut ist dünner, locker, weich, die Drüsen verschwinden theilweise oder vollständig. Die Portio verkleinert sich oder verstreicht gänzlich, so dass die sich verengende Vagina kuppelförmig endet und am oberen Ende nur ein Loch, der äussere Muttermund, sich vorfindet.

Die erworbene primäre Atrophie des Uterus findet sich bei schwächlichen Mädchen, welche vor der Entwicklungsperiode an constitutionellen Krankheiten, Chlorose, Anämie oder anderen erschöpfenden Affectionen gelitten haben. Der Uterus ist dann klein, welk, schlaff, gewöhnlich anteflectirt, mit kleiner, oft nur angedeuteter Vaginalportion, deren vordere Lippe im Scheidengewölbe völlig verstrichen erscheint, bei gewöhnlich kurzer, enger Scheide. Vom fötalen und infantilen Uterus unterscheidet sich dieser Uterus besonders dadurch, dass das Missverhältniss zwischen Corpus und Cervix uteri nicht nachzu-

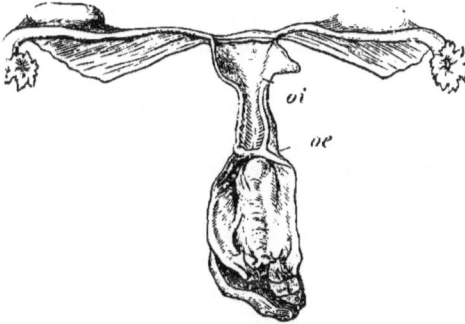

Fig. 13.

Fig. 14.

Angeborene Atrophia uteri nach Virchow.
oi Ostium internum. *oe* Ostium externum.

weisen ist, und dass er auch eine mehr entwickelte Muskulatur seiner Wände, sowie überhaupt mehr Form und Gestalt des normalen Uterus beim geschlechtsreifen Weibe hat. Die Personen mit primärer Atrophie des Uterus sind übrigens in der äusseren Entwicklung ihres sexuellen Charakters zurückgeblieben, haben kleine Brüste, spärliche Pubes, wenig oder gar keine Menstrualblutung, zumeist mit heftigen dysmenorrhoischen Erscheinungen.

Diese primäre Atrophie des Uterus kann unter günstigen Verhältnissen bei Kräftigung des Gesammtorganismus sich bessern, der Uterus nimmt eine weitere Entwicklung vor, die Menstruation wird dann reichlicher und solche Frauen können concipiren. Solch' günstige Aussicht ist nicht vorhanden, wenn mit der Atrophie des Uterus zugleich starke Flexion desselben verbunden ist, oder wenn gleichzeitig die Ovarien atrophirt sind.

Zur Sterilität gibt auch die puerperale Atrophie des Uterus
Anlass, wie diese nach schweren puerperalen Erkrankungen besonders
bei constitutionell früher geschwächten Individuen vorkommt und sich
dadurch bekundet, dass trotz Absetzen des Kindes die Menses Monate
lang ausbleiben. Der Uterus büsst dabei seine Festigkeit ein, er kann
sehr verkürzt oder auch normal lang sein, stets sind jedoch die
Wandungen sehr verdünnt, so dass man, wie *Schroeder* hervorhebt, die
Sonde leicht durch die Bauchdecken fühlt. Die puerperale Atrophie
kann heilen und dann wieder Conception eintreten. So sah *P. Müller*
eine Frau, bei der nach einer Zwillingsgeburt hochgradige Atrophia
uteri mit den ausgesprochensten objectiven und subjectiven Symptomen
vorhanden war, bereits $1\frac{1}{2}$ Jahre nach dem ersten Wochenbette auf's
Neue gravid werden.

Die Lageveränderungen des Uterus, sowie die Abnormitäten
der Beschaffenheit des Cervix uteri gehören zu jenen, den
Contact zwischen Ovulum und Sperma hemmenden Momenten, welche
in einer grossen Zahl von Fällen die Sterilität verursachen, freilich
nicht so vorwiegend häufig, als es die Anhänger der mechanischen Con-
ceptionstheorie annehmen.

Schon in frühester Zeit hat sich die Aufmerksamkeit der Aerzte
den abnormen Gestaltungen des Cervix uteri zugewendet, als einem
Hindernisse, welches sich dem Eindringen des Sperma in den Uterus
entgegenstellt.

Wir finden in *Hippokrates'* „Buch über die weibliche Natur"
(*Hippokrates'* Werke. Aus dem Griechischen übersetzt von Dr. *Grimm.*
Glogau 1838) folgende hierauf bezügliche Stellen:

„Wenn die Gebärmutter widernatürlich offen steht, so tritt
die Menstruation reichlicher als gebührlich ist, klebriger und häufiger
ein und die Samenflüssigkeit bleibt nicht in der Gebärmutter. Wenn
der Muttermund verschlossen ist, so wird er derb, die Menstruation bleibt aus, die Samenflüssigkeit wird zu dieser Zeit nicht
aufgenommen. Wenn die Gebärmutter schief steht, so steht auch
der Muttermund schief. Die Samenflüssigkeit bleibt nicht im Uterus, es
findet keine Conception statt. Bei Verdrehung der Gebärmutter
bleibt die Menstruation aus, es findet keine Conception statt. Wenn
der Muttermund mehr, als der Natur gemäss ist, klafft, so tritt
die Menstruation reichlicher, meist färbiger und wässeriger ein und hält
längere Zeit an. Die Samenflüssigkeit gelangt nicht hinein, bleibt nicht
darin, sondern fliesst vielmehr heraus."

Der Cervix uteri stellt in der Norm (Fig. 15) einen plattellipsoiden,
in seiner Längsachse durchbohrten Körper dar. Die Wände des Cervical-
canals sind am inneren Muttermunde am schmälsten, verbreitern sich
gegen die Mitte zu, um am äusseren Muttermunde abermals schmäler

zu werden, haben also eine pfriemenförmige Form. Der äussere Muttermund stellt demnach normal einen Querspalt dar, der sich umsomehr
der Rundung nähert, je kleiner er ist oder je weiter seine Ränder
von einander abstehen. In der Kindheit erscheint der äussere Muttermund wegen der Faltung seiner Ränder meist strahlig, wird dann
rundlich, dann breiter. Während des geschlechtsreifen Lebensalters
besteht er als Querspalte und wird dann nach dem Climacterium durch
Auseinandertreten der Wände wieder rund.

Bezüglich der vielfach wechselnden Grösse und Form der Portio
vaginalis lässt sich im Allgemeinen sagen, dass ihre vordere Lippe
kürzer erscheint, da die Vagina sich hier tiefer inserirt, während die
vordere Cervicalwand in der That länger ist als die hintere Lippe; sie

Fig. 15.   Fig. 16.

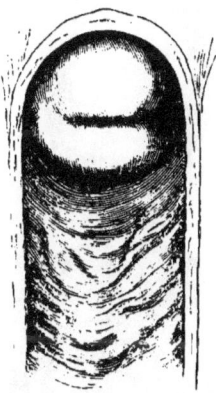

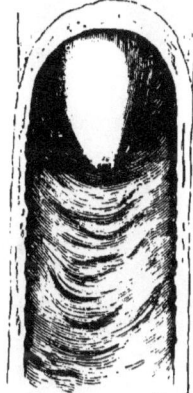

Normale Form der Portio vaginal.   *Conoide Form der Vaginalportion.*

misst durchschnittlich am jungfräulichen Uterus $1/2$—1 Cm., während die
hintere Lippe wegen der höheren Scheideninsertion $1^1/2$ Cm. und darüber
misst. Ihre Stellung ist derart, dass die Ebene der Muttermundslippen
bei dem schrägen Stande des ganzen Uterus und der absolut grösseren
Länge der vorderen Lippe fast ganz nach rückwärts sieht.

Die Achse der Vaginalportion bildet mit der Achse der Vagina
einen rechten Winkel, der Cervicalcanal hingegen ist meist etwas
S-förmig gekrümmt. Die Länge des Cervicalcanales beträgt durchschnittlich für den jungfräulichen Uterus 3 Cm. *(Lott)*.

Als „I d e a l“ der Beschaffenheit des Cervix und des Muttermundes
bezeichnet *Sims:* „Die Vaginalportion soll etwa den fünften oder nicht
mehr als den vierten Theil seiner ganzen Länge, d. h. ein viertel bis
ein drittel Zoll vorn und einen Bruchtheil mehr hinten messen. Der
Cervicalcanal muss gerade sein oder eine Curve nach vorne haben und

endlich muss die Achse des ganzen Organes zur Vaginalachse im rechten
Winkel stehen und in keinem merklichen Grade weder antevertirt noch
retrovertirt sein." *Sims* behauptet, jede Frau, deren Uterus sich in diesem
Zustande befindet, wird innerhalb drei oder vier Monate nach ihrem
ersten Beischlafe concipiren; er setzt aber wohlweislich hinzu, „vorausgesetzt, dass sonst Alles in Ordnung ist."

Der Cervix uteri hat bei der Conception die wichtige Rolle, den
Spermatozoen die freie Passage in den Uterus zu vermitteln und wenn
wir die Vorgänge bei der Cohabitation und Befruchtung berücksichtigen und namentlich uns vergegenwärtigen, dass unter normalen
Verhältnissen der von den beiden Muttermundlippen und den oberen

Fig. 17.

Fig. 18.

„Schürzenförmige" Vaginalportion.
a die viel längere, vordere, b die viel
kürzere, hintere Muttermundlippe.

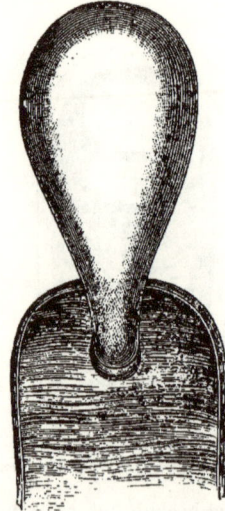

„Schnabelförmige" Vaginalportion.
Hintere Ansicht.

Abschnitten der Vaginalwände gebildete Raum einen Theil der Spermaflüssigkeit zurückhält und gegen den äusseren Muttermund treibt.
so liegt es sehr nahe, anzunehmen, dass eine ungünstige Beschaffenheit und Lage der Portio vaginalis, dass eine Stenose
des Cervix, ja dass überhaupt Veränderungen der normalen
Lage des Uterus mechanische Hindernisse der Conception bieten.
Und in der That ist diese Annahme auch berechtigt, zunächst bezüglich gewisser conischer Verlängerung der Vaginalportion (Fig. 16),
schürzenförmiger oder schnabelförmiger Hypertrophie der vorderen
Muttermundlippen (Fig. 17 und 18) und Aufwärtskrümmung des ver-

längerten Cervix, sowie Stenose und Obliterationen des Os externum, respective internum, obgleich zugegeben werden muss, dass es keine noch so ungünstige Form der Portio gibt, keine noch so hochgradige Verengerung des Cervix existirt, wo nicht in exceptionellen Fällen Conception beobachtet wurde.

Am häufigsten kommt der conische Cervix vor, das ist jene Abnormität der Vaginalportion, wodurch diese nicht blos verlängert ist, sondern auch eine conisch zulaufende Gestalt hat, womit zumeist eine wesentliche Verengerung des Orificium externum verbunden ist.

Nach *Sims* ist ein „conischer Cervix in 85 Procent aller Fälle natürlicher Sterilität" vorhanden. Mit der indurirten conischen Gestalt ist fast beständig ein contrahirter Muttermund vorhanden. Abgesehen aber von der blossen Form, ist nach demselben Autor, wenn der Cervix einen vollen halben Zoll in die Vagina hineinragt, wahrscheinlich Sterilität vorhanden; wenn die Verlängerung aber mehr als einen Zoll beträgt, dann muss in einem solchen Falle fast nothwendigerweise Sterilität bestehen, und wenn die Verlängerung noch grösser, etwa einen und einen halben oder zwei Zoll, dann ist die Sterilität unzweifelhaft.

Umgekehrt ist aber auch die angeborene Kleinheit der Portio, wo diese als kurzer Zapfen aus dem oberen Theile der vorderen Scheidenwand hervorragt, vor sich fast gar keinen, hinter sich einen sehr weiten Cul de sac im Scheidengewölbe lassend, für die Conception ungünstig; vielleicht deshalb, weil durch diese Deformität das in das hintere Scheidengewölbe ejaculirte Sperma die hintere Scheidenwand entlang herabfliesst, ohne dass die zu kurze Vaginalportion mit der Spermaflüssigkeit in Berührung kommt.

Als eine ebenfalls häufige Veranlassung der Sterilität sieht *Beigel* die sogenannte „schürzenförmige" Vaginalportion an, wenn die eine Muttermundslippe, sei es von Geburt an, sei es durch Hypertrophie oder andere Erkrankungen derartig gestaltet ist, dass sie die andere Muttermundlippe an Länge bedeutend übertrifft.

Durch Hypertrophie kann die Vaginalportion die mannigfachsten Formveränderungen erfahren, sie kann an Masse derart zunehmen, dass sie als dicke, harte Kugel in die Vagina ragt und somit der Aufnahme des Sperma Schwierigkeiten bereitet, oder es kann der v er - längerte schmale Cervix sich vollständig umbiegen und dadurch den Eintritt des Sperma behindern (Fig. 19 und 20). Die durch Hypertrophie veranlassten Formenveränderungen der Vaginalportion sind sehr selten Ursache von congenitaler, sondern meist von erworbener Sterilität; denn die Hypertrophie kommt fast gar nicht angeboren, nur selten im jungfräulichen Zustande und zumeist bei Frauen vor, welche schwere Entbindungen und in Folge dessen Erkrankungen des Uterus überstanden haben.

Eine in Bezug auf Sterilität wichtige Deformität der Vaginalportion ist die rüsselförmige, indem die Portio dicht an ihrer
Insertion in das Scheidengewölbe am dünnsten ist und sich nach unten
allmälig verdickt, einem Schweinsrüssel ähnlich. Zumeist kommt diese
Missbildung durch diffuse Hypertrophie des Bindegewebes im Collum,
besonders in Folge von chronischer Endometritis und Cervicitis, zu
Stande.

Pajot hat speciell auf die Schwierigkeiten hingewiesen. welche
Stellungsanomalien des Uterushalses dem Eindringen des Sperma
bieten. Die Spitze der Glans penis trifft hier bei dem Coitus nicht auf

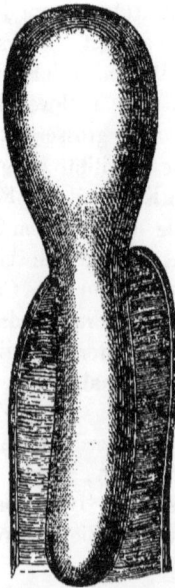

Reine Hypertrophie der bis aus der Vulva
herrorragenden Vaginalportion.

Aufwärtskrümmung des elongirten Cervix.

den äusseren Muttermund, sondern gelangt in eine Art Cul de sac der
Scheide, der bei Retroversion durch das hintere Gewölbe. bei Anteversion durch das vordere, bei Lateralversionen durch die der Richtung
des Cervix entgegengesetzte Partie der Scheide gebildet wird.

Der vollkommene Mangel der Vaginalportion muss als ein, wenngleich nicht hochgradiges, Hinderniss der Conception betrachtet werden.
da der Theil des Uterus, welcher in das Receptaculum seminis ein-
tauchen soll, fehlt. Wie wichtig der Umstand für die Befruchtung ist,
dass ein genügender Contact des Orificium externum der Vaginalportion

mit dem ejaculirten Sperma unmittelbar bei der Cohabitation stattfindet, dafür scheint mir auch meine Beobachtung zu sprechen, dass Frauen von kleiner Statur, die mit normal grossen Männern verheiratet sind, sich durchschnittlich durch eine ganz a u f f a l l e n d g r ö s s e r e F e r t i l i t ä t auszeichnen, als Frauen von Mittelstatur. Es ist offenbar hier bei der Cohabitation ein so günstiges Verhältniss, dass Glans penis und Vaginalportion sehr nahe auf einander treffen. Ich habe wiederholt die Gatten solcher Frauen darüber klagen gehört, dass schon der einmalige Coitus genüge, eine Befruchtung herbeizuführen, und wiederholt von solchen Frauen vernommen, dass sie 10-, 12-, 16mal geboren haben. In einem derartigen, mir bekannten Falle hatte die Frau sogar 23mal concipirt und 19mal normale Kinder geboren. Hingegen concipiren Frauen mit sehr langer Vagina und hoher Stellung der Portio vaginae nicht so leicht.

Von besonderer ätiologischer Wichtigkeit für die Sterilität ist die S t e n o s e d e s C e r v i x. Dieselbe kann angeboren sein und betrifft dann gewöhnlich den ganzen Cervix, oder erworben durch Entzündungen der Schleimhaut, indem die angeschwollenen Follikel des Cervix platzen und die granulirenden Wände derselben mit einander verwachsen: ferner durch Traumen bei der Geburt, puerperale Entzündungen, syphilitische Ulcerationen, gegenseitige Verwachsung der Geschwürsflächen nach operativen Eingriffen und Narbenbildung aller Art.

Die a n g e b o r e n e A t r e s i e des Uterus ist meist mit anderen Entwicklungsanomalien der Sexualorgane combinirt. Sie kann darin ihren Grund haben, dass der Schleimhautüberzug der Vaginalportion von einer Muttermundslippe ununterbrochen zur andern hinüberzieht, oder es ist dabei der ganze Cervix unperforirt und die Vaginalportion nur wenig entwickelt.

Die e r w o r b e n e n O b l i t e r a t i o n e n können den äusseren oder inneren Muttermund sammt einem längeren oder kürzeren angrenzenden Stücke des Cervicalcanales einnehmen. Bei sehr ausgedehnter puerperaler Gewebsnecrose greift die Verwachsung auch auf das angrenzende Scheidengewölbe über (Utero-Vaginal-Atresie).

Allgemeine Gewebsschwellung als Ursache von Stenose kommt bei hyperplastischen Uteris von jungfräulicher Beschaffenheit am äusseren Muttermund vor, bei denen das kleine runde Orificium durch die Gewebsschwellung der Vaginalportion verengert oder selbst ganz verschlossen wird. Eine eigentliche Verwachsung kommt dabei nicht zu Stande, allein das Epithel füllt den engen Rest des Canals aus, so dass nur eine blinde Grube an der Oberfläche zurückbleibt. Dasselbe geschieht namentlich häufig an prolabirten Vaginalportionen und wurde als epitheliale Verwachsung des äusseren Muttermundes bezeichnet *(Klebs)*. Endlich kann eine Stenose des Cervix durch Geschwülste veranlasst sein, sowie durch die weiter unten zu besprechenden Beugungen und Neigungen der Gebärmutter.

Je grösser die Stenosirung des Cervix, je kleiner die Eingangs-öffnung von der Vagina in den Cervicalcanal ist um so schwieriger wird es, dass, wie es die Norm ist, die Millionen am Os uteri anlangenden Spermatozoen durch diese Passage weiter gelangen, bis Tausende den Weg in die Tuba finden. Umsomehr ist daher das Zusammentreffen von Sperma und Ovulum behindert und umsomehr erscheint die Conception erschwert. Die nachtheilige Wirkung der Cervixstenose auf die Conception wird ferner unterstützt durch die bisweilen damit verbundene wahrscheinlich ebenfalls auf der schrumpfenden Entzündung beruhende conische Gestalt und Verlängerung der Portio vaginalis und durch eine die Stenose zuweilen begleitende Version oder Flexion des Uterus.

Bei welchem Grade der Kleinheit der Muttermund als pathologisch eng bezeichnet werden muss, ist schwer präcis zu definiren und nur bezüglich der extremen Fälle pathologischer Verengerung wird kein Zweifel herrschen. Bei angeborener Stenose des Cervicalcanales ist die Diagnose sehr leicht. denn der äussere Muttermund ist dann stets von ganz abnormer Kleinheit, oft nur ein kleines stecknadelkopfgrosses Grübchen, in das auch ein feiner Draht nur mit Mühe eindringt und bis zum inneren Muttermund den gleichen Widerstand hat. Bei acquirirten Stenosen mittleren Grades ist die Diagnose oft schwierig. Bei den kleinen Dimensionen und der Erweiterbarkeit der von Weichtheilen gebildeten Oeffnung sind genaue Messungen unthunlich. Ein Muttermund, den man sich Mühe geben muss mit den Fingern zu fühlen, an welchem die von geübter Hand geführte Sonde erst wiederholt vorbeischiesst und endlich nur mit einem tüchtigen Ruck hineingleitet — ein solcher Muttermund ist, wie *Olshausen* hervorhebt, immer pathologisch. Ein normaler virginaler Muttermund lässt eine dicke Gebärmuttersonde mit 3—4 Mm. starkem Knopf noch ohne Widerstand passiren: aber es gibt Fälle, wo dies wie gewöhnlich noch geschieht und doch dem untersuchenden Finger die Oeffnung abnorm klein erscheint. Besteht dann gleichzeitig eine deutlich mechanische Dysmenorrhoe neben Sterilität, so hält *Olshausen* es für berechtigt, eine wirklich pathologische Enge des Orificium anzunehmen und danach zu handeln.

Nach *Winckel* wird eine Stenose des äusseren, respective des inneren Muttermundes nur dann Ursache der Sterilität, wenn sie durch eine folliculäre Entzündung der Cervicalschleimhaut entsteht: in diesem Falle ist nämlich der durch die zahlreichen Retentionscysten verengte äussere oder innere Muttermund zugleich eine Barrière für das zähe Secret der noch offenen Follikel. Letzteres dehnt den Mutterhals immer mehr aus und kann den Spermatozoen ein unüberwindliches Hinderniss

werden, während, wenn kein Catarrh jener Art am Cervix besteht, das
Uterinblut leicht abfliessen und der Samen auch in und durch den
Uterus dringen kann.

Für die Bedeutung der Cervixstenosen als ätiologisches Moment
der Sterilität sprechen auch die Erfahrungen der Thierzüchter, wie
André, Böhm, Boaley, Collin, Fuchs u. A., bei unfruchtbaren Stuten und
Kühen. So wenden die Araber gegen die Unfruchtbarkeit der „zu-
geknöpften Stuten" ein Verfahren an, welches vorzugsweise darin besteht, dass mit der Hand und harten Gegenständen eine Erweiterung
des verengten Mutterhalses vorgenommen wird und haben diese Dilatationsversuche öfter günstige Erfolge. Gleiche Resultate erzielen nicht
selten Tiroler Bauern, indem sie bei unfruchtbaren Kühen eine künstliche Erweiterung des Muttermundes mittelst Schnitt vornehmen.

In gleicher Weise wie die Stenosen des Cervix wirken die bei
Cervicalcatarrh so häufig vorkommenden geschwollenen Follikel des
Cervix und der Körperschleimhaut, welche, indem sie die Schleimhaut
vor sich herstülpen und zu einem Stiele ausziehen, den Cervical- und
Uterinhöhlenpolypen bilden, der den Uterincanal vollständig ausfüllen
und fast unwegsam machen kann.

Alte C e r v i c a l c a t a r r h e tragen leicht zur Stenosirung des Cervix
uteri und hierdurch zur Sterilität bei. Die Schwellung und Hypersecretion
der Schleimhaut des Cervix behindert den Eintritt des Sperma umso
leichter, als die Schleimhautfalten der Palma plicata an der hinteren und
vorderen Wand des Cervix schon im normalen Zustande ziemlich hoch
hervorragend sind; bei catarrhalischer Schwellung jedoch greifen sie
so gegen einander über, dass sie den Canal vollständig verlegen können.
Dazu kommt als ein weiteres Hinderniss für das Eindringen des Sperma
die Stagnation des Secretes durch Eindickung, dann durch Versperrung
des Abflusses mittelst der narbigen Verengerung des Orificium externum.
Endlich tritt auch durch solche chronische Catarrhe leicht eine Flexion
des ausgedehnten und schlaffen Corpus uteri ein und hiermit eine neue
Schwierigkeit der Conception.

Darin liegt auch der Grund, dass Frauen, welche als Mädchen
durch längere Zeit an Cervixcatarrh gelitten haben, fast ausnahmslos
kinderlos bleiben. Es tritt bei ihnen zunächst profuse Menstruation auf.
später, wenn die Ulcerationen schon einige Zeit bestanden haben,
kommt es zu Verengerungen des Orificium externum. Eine Folge davon
ist unausbleiblich, dass das an sich zähe, schwer abfliessende Secret der
Cervicaldrüsen stagnirt, anfangs den Canal des Cervix, später aber auch
die Höhle des Corpus uteri durch Rückstauung ausdehnt. Dann erscheint
der ganze Uterus gewöhnlich in seiner ganzen Länge wie Breite vergrössert, ein dünn- und schlaffwandiger Ballon, aus welchem von Zeit
zu Zeit das Secret ausgetrieben wird. Ein solcher dünner, schlaffer

Uterus hält weiter dem Drucke der darüberliegenden Eingeweide nicht
Stand, sondern weicht meist nach hinten in den *Douglas*'schen Raum
aus und eine gewöhnliche Secundärkrankheit des Cervixcatarrhs ist
daher die Retroflexion *(Hildebrandt)*. Zuweilen ist es nur der zähe
Schleim bei Cervicalcatarrh, welcher dem Sperma den weiteren Eintritt
verwehrt. *B. Schultze* führt einen Fall an, da bei einer 13 Jahre in
kinderloser Ehe lebenden Frau nach einmaliger Beseitigung des Schleimes
Schwangerschaft eintrat.

Die Bedeutung des chronischen Cervixcatarrhs für Entstehung von
Sterilität macht es erklärlich, dass in vielen Fällen als der Grund der
sterilen Ehe der Umstand beschuldigt wird, dass der Mann in diese
mit kleinen, unscheinbaren Resten von Gonorrhoe trat und die Frau
gonorrhoisch ansteckte. Ein solch' gonorrhoischer Catarrh hat
bekanntlich ganz besonders bei Frauen die Tendenz, den chronischen
Verlauf anzunehmen und erzeugt dann alle oben besprochenen secundären, die Conception behindernden krankhaften Zustände.

Frauen, welche gonorrhoisch inficirt sind, werden dadurch häufig
steril. Der Grund liegt zum Theil darin, dass der Cervicalcatarrh dem
Eindringen der Spermatozoen hinderlich ist, anderseits aber auch in
den mit der gonorrhoischen Infection so häufig einhergehenden entzündlichen Erscheinungen im Peritoneum, Perimetrium und parametranen
Gewebe, ferner in den durch den Catarrh gesetzten Veränderungen in
der Tuba (Salpingitis, Hydro- oder Pyosalpinx), welche den Contact
zwischen Ovulum und Sperma behindern oder durch pathologische Um-
gestaltungen der Wandungen und des Canales der Tuben zu dauernden
mechanischen Störungen der Conception führen. Jung verheiratete Frauen,
deren Gatten mit noch nicht vollkommen geheilter Gonorrhoe in die
Ehe treten, und welche bald darauf an Cervicalcatarrh erkranken, wo
nicht selten die Absonderung jene suspecte grünliche Farbe, ähnlich
dem Secrete der frischen männlichen Gonorrhoe, aufweist, bleiben in
Folge solcher gonorrhoischer Cervicalcatarrhe, Endometritiden und Tuben-
catarrhe oft längere Zeit steril. Zur Feststellung der Diagnose, ob man
es in solchen Fällen mit Gonorrhoe zu thun hat, wird nebst Beachtung
der virulenten Erscheinungen an der Vulva, Urethra und Vagina auch
die mikroskopische Untersuchung des Cervixsecretes auf Gonococcen
nothwendig sein (das Vaginalsecret eignet sich nicht zur Untersuchung
nach Gonococcen) und wird man sich nur dann für Gonorrhoe aus-
sprechen, wo in den Eiterzellen eingeschlossene Diplococcen sich finden.
Aber in der weitaus grössten Zahl der Fälle ist die gonorrhoische
Infection der Frau sehr schwer, zuweilen gar nicht mit Sicherheit zu
stellen und darum mag in der That die Gonorrhoe eine bedeutend
häufigere Sterilitätsursache bilden, als dies im Allgemeinen noch zugestanden wird.

E. Nöggerath hat besonders den Einfluss der „latenten Gonorrhoe" auf die Fruchtbarkeit der Frauen hervorgehoben und — übertrieben. Er leitet aus dem Umstande, dass circa 90 Percent steriler Frauen an Männer verheiratet sind, die an Gonorrhoe vor oder während ihres ehelichen Lebens gelitten haben, die Folgerung ab, dass die hierdurch bei der Frau gesetzte latente Gonorrhoe den Anlass zur Sterilität gebe. Wäre dieser Schluss wirklich gerechtfertigt, dann müsste Sterilität eine weit häufigere Erscheinung sein, als sie es in der That ist. Den Namen latente Gonorrhoe wählte *Nöggerath*, weil die Patientin Schritt für Schritt inficirt wird, ohne dass sich sofort deutliche Symptome entwickeln und weil die Krankheit im Weibe nicht erlischt, sondern nur latent wird. Radicale Heilung sei erst durch die Menopause zu erwarten. Die Krankheit entwickelt sich nach *Nöggerath* in vier Formen: als acute, recurrirende und chronische Perimetritis und als Ovariitis, stets begleitet von Catarrh der Schleimhaut der Genitalorgane. Den schädlichen Einfluss auf die Fruchtbarkeit weist *Nöggerath* aus folgenden Ziffern nach: Unter 66 derart leidenden Frauen wurden nur 20 schwanger, von denen 7 abortirten; von den 13 hatten 10 nur 1 Kind, je eine hatte 2. 4 und 6 Kinder.

Auch *Saenger* hat jüngstens wieder die Behauptung aufgestellt, dass ¹/₅ aller dem Gynäkologen zur Behandlung kommenden Fälle gonorrhoischen Ursprunges sei, ja, er ist sogar der Ansicht, dass die Gonorrhoe mit ihren Folgezuständen für die Frauen im Allgemeinen gefährlicher und verderblicher sei als die Syphilis.

E. Martin hat gleichfalls auf Grund seiner zahlreichen Erfahrungen die Ansicht ausgesprochen, dass die zu einer Stenose des Muttermundes und Canales führenden Entzündungen bei der Mehrzahl der sterilen jungen Frauen die Folge des Residuum eines infectiösen Trippers bei dem Ehemanne sei. Ferner erscheint es ihm nicht unmöglich, dass vielfache mechanische Reizung, z. B. bei der intravaginalen Onanie, unter bestimmten Bedingungen eine die Stenose veranlassende Entzündung hervorrufen kann.

Entschieden zu weit gehen aber jene Autoren, welche, *Sims* an der Spitze, die Dysmenorrhoe als Zeichen der Stenose des Cervix ansehen und daraus den Rückschluss ziehen, dass die Sterilität in den betreffenden Fällen durch jenes mechanische Moment veranlasst sei, eine Anschauung, welche von *Schultze* auf Grundlage anatomischer Thatsachen siegreich bekämpft worden ist. Die Dysmenorrhoe gibt kein entscheidendes Zeichen dafür ab, dass der Cervixcanal so verengt ist, dass die Conception behindert sei, und die Behauptung von *Sims*, dass die Dysmenorrhoe in der überwiegenden Mehrzahl der Fälle ein mechanisches Hinderniss anzeigt, findet man durch die Erfahrung nicht bestätigt. Denn es concipiren Frauen, die an ausgesprochener Dysmenorrhoe leiden, sehr häufig, wenn auch vielleicht später als solche Frauen, bei denen die Menstruation normal, schmerzlos erfolgt. Die Dysmenorrhoe hängt ja nicht blos von der Enge des Cervixcanales ab, sondern von verschiedenen anderen pathologischen Zuständen. Die Anomalien der Genitalien, welche die Dysmenorrhoe bedingen, sind meistens keine entschiedenen Conceptionshindernisse, und es kann wiederum Stenose des Cervix vorhanden sein, ohne dass es zu dysmenorrhoischen Beschwerden kömmt.

Zur Prüfung der *Sims*'schen Behauptung von der gegenseitigen Abhängigkeit der Dysmenorrhoe und Sterilität untersuchte *Kehrer*, wie sich die Regel bei denselben Frauen vor und nach der Verheiratung verhielt, je nachdem die Ehe steril geblieben oder mit Kindern gesegnet war. Es ergibt sich hier, dass bei sterilen Frauen die virginale Dysmenorrhoe nur um ein geringes Procenttheil häufiger war als bei solchen, welche Kinder hatten. Es können also die Veränderungen der Genitalien, welche zur Dysmenorrhoe führen, nicht zugleich als Hindernisse für die Conception angesehen werden. Aus den Tabellen *Kehrer's* über die Frage, ob diese Anomalien der Genitalorgane den Eintritt einer Conception verzögern können, ergibt sich die jedenfalls bemerkenswerthe Thatsache, dass 82·5 Procent der Eu- wie der Dysmenorrhoischen 240—500 Tage nach der Hochzeit niederkommen, und dass die weniger verspäteten Erstgeburten sich ungleichmässig auf beide vertheilen.

Im Gegensatze zu den deutschen Autoren wird von den englischen Gynäkologen die Dysmenorrhoe und namentlich die spasmodische Form der Dysmenorrhoe in engen causalen Zusammenhang mit der Sterilität gebracht. Es wird angenommen, dass die Contractionen des Uterus, welche durch ihre Intensität heftige wehenartige Schmerzen verursachen, auch während der Cohabitation eintreten. Durch diese schmerzhaften uterinen Spasmen werde der Eintritt des Spermas in den Cervicalcanal behindert oder dasselbe, wenn es in diesen Canal bereits eingedrungen ist, wieder herausgetrieben. Diese spasmodische Dysmenorrhoe wird auch als mechanische oder obstructive bezeichnet, um dadurch anzuzeigen, dass die krampfhaften Contractionen die Expulsion der in der Höhle des Uterus angesammelten menstruellen Flüssigkeit bezwecken, obgleich *Duncan* selbst zugeben muss, dass weder die mechanische Obstruction, noch die Ansammlung der Menstrualflüssigkeit, noch die Dilatation der Uterushöhle nachgewiesen werden kann.

Duncan geht in seinen Behauptungen so weit, dass keine andere wirkliche oder nur vermuthungsweise locale Störung für die Lehre von der Sterilität eine solche Bedeutung habe, wie die spasmodische Dysmenorrhoe. Diese Bedeutung besitzen letztere wegen der Häufigkeit, mit welcher sie neben der Sterilität angetroffen wird und wegen des wahrscheinlichen Zusammenhanges der dysmenorrhoischen Neurose mit dem Vorfliessen des Samens, mit der Alteration des Geschlechtstriebes und der Geschlechtslust und mit anderen Störungen der sexuellen Erregung beim Coitus. Mit der Beseitigung der Dysmenorrhoe sei zugleich ein Schritt auf dem Wege zur Heilung der Sterilität gemacht. Unter 332 verheirateten Frauen, welche an absoluter Sterilität litten, fand *Duncan* bei 159, also fast in der Hälfte der Fälle, spastische Dysmenorrhoe.

Burton hat jüngstens (British. med. Journ. 1884), um über die Fragen, ob Stenosen des äusseren oder inneren Muttermundes zu dysmenorrhoischen Beschwerden Veranlassung geben, Gewissheit zu erlangen, sechs Frauen während der Menstruation zur Zeit der höchsten Schmerzen untersucht und gefunden, dass sich zu dieser Zeit keine Spur von Verengerung des Canales findet. Durch die stärkere Blutfülle werde der Uterus aufgerichtet und eine etwaige Knickung ausgeglichen. Die Sonde konnte stets mit grosser Leichtigkeit eingeführt werden.

Wir können bei der nicht gerechtfertigten Ueberschätzung des Zusammenhanges der dysmenorrhoischen Beschwerden mit Sterilität nur hervorheben, dass wir wiederholt Dysmenorrhoe, auch die sogenannte spastische Form, bei Frauen beobachtet haben, welche sich zahlreicher Nachkommenschaft erfreuten und dass auch objectiv nicht jene Rigidät des Cervix vorhanden war, auf die *Duncan* Gewicht legt und die Einführung der Sonde nicht mit grosser Kraftanwendung oder bedeutender Schmerzhaftigkeit verbunden war.

Ein nicht seltenes Conceptionshinderniss bietet das E c t r o p i u m d e r M u t t e r m u n d s l i p p e n , veranlasst durch tiefe seitliche Risse des Cervix. Das Klaffen des Cervicalcanales, welches durch solche alte oft übersehene Cervicalrisse und die mit ihnen verbundenen parametranen Narben bewirkt wird, bringt verschiedenartige Reizerscheinungen mit sich, Blennorrhoen, Blennorrhagien, cystische Entartung der Mucosa, die auch den Grund zur Sterilität abgeben können; aber auch schon m e c h a n i s c h bildet das Lacerationsectropium ein Hinderniss zur geeigneten Bildung eines Receptaculum seminis und zur Aufnahme des Spermas in den Cervix (Fig. 21).

Wir haben ja früher betont, dass der Musculatur des Cervix bei der Conception im gewissen Sinne eine active Rolle zukomme und diese auszuüben behindert eben die Zerreissung des Cervix. Auch die Cervixdrüsen leiden beim Ectropium und wird ihre Function, das Sperma besser in den Uterus zu fördern, wohl auch eine Beeinträchtigung erfahren. Die Fälle sind nicht selten, dass man bei Frauen, welche ein- oder zweimal geboren haben und dann lange Zeit kinderlos geblieben sind, tiefe Cervixlacerationen findet. *Breisky, Spiegelberg* und *Schultze* haben in solchen Fällen operirt und kurze Zeit nach erfolgter Vereinigung Schwangerschaft eintreten gesehen.

Weniger berechtigt als bezüglich der eben erörterten pathologischen Verhältnisse des Cervix erscheint betreffs der Lageveränderungen des Uterus die Behauptung, dass sie eine sehr häufige Ursache mechanischer Conceptionsbehinderung und dadurch der Sterilität bilden. Es ist allerdings nicht in Abrede zu stellen, dass bei sterilen Frauen sich Lageveränderungen des Uterus in grosser Häufigkeit nachweisen lassen, und das Procentverhältniss der sterilen ist unter den pathologisch flectirten Gebärmüttern ein weitaus grösseres als unter den normal gestalteten und gelagerten — aber dennoch darf hieraus noch kein allgemeiner Schluss auf das Vorhandensein eines hierdurch gegebenen mechanischen Conceptionshindernisses gezogen werden. Der causale Zusammenhang ist nur in seltenen Fällen der, dass durch die Lageanomalie die Sterilität mechanisch bedingt wird, sondern es sind zumeist mit den Lageveränderungen entweder diese veranlassend oder auch durch sie

Fig. 21.

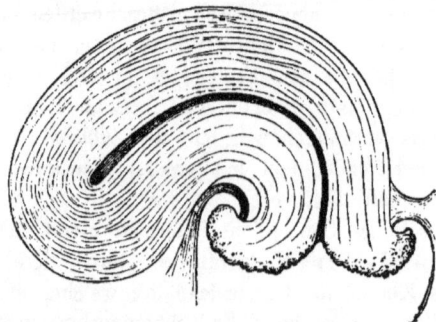

Ectropium bei doppelseitigen Cervixrissen. Nach *A. Martin.*

hervorgerufen, pathologische Zustände des Uterusgewebes, Exsudatreste in der Umgebung des Uterus und seiner Adnexa vorhanden, welche eigentlich die schuldtragenden Momente sind. Als Beweis, dass diese Anschauung die richtige ist, dienen ja die dem Gynäkologen nicht seltenen Fälle, dass auch bei Fortbestand der angeschuldigten Lageanomalie, wenn nur die anderen Conceptionshindernisse beseitigt sind, die Sterilität oft genug behoben wird.

Wie schwierig ist, eine Entscheidung zu treffen, ob in einem speciellen Falle die pathologische Anteflexion das Conceptionshinderniss ist oder die derselben vorangehende Parametritis posterior und die sie begleitende Metritis und Endometritis! Wie lässt es sich entscheiden, ob eine Retroflexion blos mechanisch Sterilität bedingt oder ob diese nicht weit mehr durch die Begleiterscheinung der Perimetritis und Oophoritis veranlasst ist?

Indess darf man auch nicht in das andere Extrem verfallen und
jede durch Lageveränderungen des Uterus gesetzte mechanische
Ursache der Sterilität leugnen. Es kommen Fälle vor, wo man ganz
entschieden annehmen muss, dass die durch die Flexion bedingte Verlegung des Orificium externum den Austritt des Blutes und den Eintritt
des Sperma behindert. Es gilt dies nicht blos von der spitzwinkligen
Flexion, die mit infantiler Enge des Canales oder eines der Ostien oft
gleichzeitig existirt, sondern auch von jenen vorgeschrittenen Graden
der Flexion, wo sich, allerdings auch begünstigt durch den bestehenden
Catarrh, vollkommene Stenosirung des Orificium externum nachweisen
lässt. Die Combination der Lageveränderungen des Uterus mit Stenose
des Cervix ist eben hier das eigentlich wichtigste Hinderniss der Conception. Bei gehörig weitem Muttermund hindern die mässigen Neigungen
des Uterus nach vorne, hinten oder zur Seite die Conception nicht so
häufig, weil die entsprechende Action der Muskelzüge in den verschiedenen Mutterbändern die nöthige Einstellung des Muttermundes bewirkt.
Ist jedoch die Oeffnung ungewöhnlich klein, so gelingt dies seltener —
kaum jemals aber, wenn eine Fixation durch Exsudatschrumpfung an
dem einen oder anderen Ligament stattgefunden hat.

Von den Lageveränderungen des Uterus haben die Versionen:
die Anteversionen, Retroversionen, Lateroversionen, einen schädigenderen
Einfluss auf die Befruchtung als die Flexionen, weil es bei den ersteren
sich immer um Bewegungen des ganzen Uterus handelt und somit eine
leichte Aenderung der Richtung des Fundus in entsprechender Weise
eine Bewegung der Portio vaginalis nach entgegengesetzter Richtung
zur Folge hat. Die Spitze des Glans penis trifft bei Stellungsanomalien
des Uterushalses während des Coitus nicht auf den äusseren Muttermund, wie es in Norm sein soll, sondern gelangt in einen Cul de sac
der Scheide, der bei Retroversion durch das hintere Gewölbe, bei Anteversion durch das vordere, bei Lateralversionen durch die der Richtung
des Cervix entgegengesetzte Partie der Vagina gebildet wird. In den
höheren und höchsten Graden dieser Malpositionen deckt das Scheidengewölbe der einen oder anderen Seite ganz klappenförmig das Os externum und tritt nach verschiedenen Richtungen hin als Conceptionshinderniss auf *(Beigel)*.

v. Scanzoni hat besonders die Häufigkeit der Sterilität in Folge
von chronischer Metritis, combinirt mit Anteversio uteri, betont.
Er hat bei 59 Sterilen, an chronischer Metritis leidenden Frauen, 34 Mal
eine mehr oder weniger ausgesprochene Anteversion vorgefunden, so
dass er glaubt behaupten zu können, dass gerade diese letztere Combination bei der Sterilität eine grosse Rolle spielt.

Besonders häufig ist Sterilität bei Anteversio uteri, wenn damit
eine, wenn auch nur mässige Verengerung der Orificialöffnung einher-

geht, eine für das Eindringen des Sperma in den Cervix absolut sehr ungünstige Combination.

Die Flexionen des Uterus bieten weniger als die Versionen ein Hinderniss dem Eintritte des Sperma, weil die Verhältnisse der Vaginalportion zur Vagina trotz der Flexion normal bleiben können. Hingegen kann, wenn die Flexion einen bedeutenden Grad erreicht hat, dadurch an irgend einer Stelle des Cervical- oder Uteruscanales Impermeabilität für das Weiterdringen des Sperma zu Stande kommen, ebenso kann dadurch zur Entstehung von Parametritiden und Perimetriden Anlass gegeben werden. Im Allgemeinen sind die Flexionen jedoch lange nicht so häufig Ursache der Sterilität, als man dies früher annahm, von der Anschauung ausgehend, dass durch die Flexion eine Verengerung des Orificium externum veranlasst werde, die den Austritt des Blutes und den Eintritt des Samens behindern soll. Dass infantil spitzwinklige Flexion mit infantiler Enge des Canals oder eines der Ostien oft gleichzeitig existirt, ist richtig, ebenso, dass hochgradige Flexion bei bestehendem Catarrh das Entstehen von Stenose und Obliteration des Orificium externum begünstigt; aber mit Recht betont *B. Schultze*, dass die grosse Mehrzahl der am geknickten geschlechtsreifen Uterus diagnosticirten Stenosen sich auf die Schwierigkeit reducirt, die übliche starre Uterussonde über den Kniekungsmuskel vorzuschieben. Die Thatsache soll dadurch indess nicht in Abrede gestellt werden, dass unter den pathologisch flectirten Gebärmüttern verhältnissmässig mehr sterile sind als unter den normal gestalteten.

Dass pathologische Anteflexion (Fig. 22) mit Sterilität oft gleichzeitig vorkommt, hat seinen Hauptgrund in der die Parametritis posterior, deren Folge die Anteflexion ist, meist begleitenden Metritis und Endometritis. *Fritsch* erklärt den Umstand, dass Frauen mit Anteflexionen schwerer concipiren, aus der dadurch bedingten Constellation zur Aufnahme des Sperma: „Die Scheide ist bei Anteflexio uteri auffallend lang, die Portio oft übel geformt, das ergossene Sperma wird aus der engen Scheide sofort wieder ausgestossen, gelangt vielleicht gar nicht in die Gegend der Portio."

„Das Krankheitsbild: Schmerzhaftigkeit beim Nachvornziehen der Portio, starke Anteflexio uteri vereint mit Dysmenorrhoe und Sterilität ist ein auffallend häufiges," sagt *Fritsch*. Er betont auch als ätiologisches Moment der Sterilität vorzugsweise, dass bei Anteflexionen sehr häufig eine Hypersecretion der Uterusschleimhaut existirt. Da wegen der Enge des äusseren Muttermundes der Schleim nicht nach aussen gelangen kann und sich eindickt, so liegt er wie eine feste Decke auf der Schleimhaut; es sei wohl möglich, dass dadurch die Implantation des Eies erschwert wird, wenn auch die Spermatozoiden vordringen könnten.

Schröder betont, dass. obgleich Sterilität bei der Anteflexion sehr
häufig ist, er doch Fälle kennt, in denen bei hochgradiger Flexion
unmittelbar nach der Hochzeit Conception eintrat. Der Umstand, dass
es sich bei der Anteflexion nicht um die Unmöglichkeit, sondern nur
um die Erschwerung der Conception handelt, erklärt es, dass bei demselben Grade der Knickung einmal die Conception schnell erfolgt.
während im anderen Falle bleibende Sterilität auftritt.

Zuweilen findet man bei sterilen Frauen die Anteflexio uteri mit
Elongatio supravaginalis der Portio verbunden und scheinen dann beide

Fig. 22.

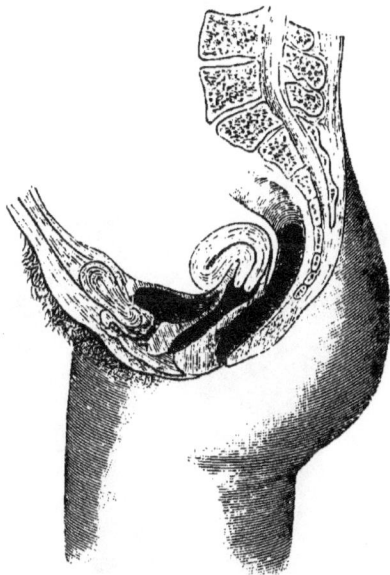

Anteflexio uteri. Nach *A. Martin.*

Zustände Folge der catarrhalischen Schleimhauterkrankung des Uterus
zu sein.

Retroflexion bietet (Fig. 23) in den ersten Jahren ihres Be-
stehens der Conception überhaupt kein Hinderniss. Viele Frauen mit
Retroflexion concipiren und abortiren sogar mehrmals des Jahres. Wenn
schliesslich auch bei Retroflexion Sterilität sich einstellte, so sind daran
Schuld der Uteruscatarrh, das durch denselben und die profusen Men-
struationen herbeigeführte Allgemeinleiden und die Perimetritiden und
Oophoritiden, häufige Folgezustände der Retroflexion *(B. Schultze).*

Retroflexionen und Retroversionen kommen hauptsächlich bei Frauen
vor, die schon geboren haben; die Knickung ist meist stumpf- oder

rechtwinklig, der Canal weiter; die meist acquisite Sterilität gibt. wenn sie hier vorhanden ist, Aussicht auf Heilung. Sterilität scheint nur dann bei Retroflexionen constant zu sein, wenn der flectirte Uterus fixirt ist. Vielleicht, dass durch den retroflectirten Uterus die Tubarmündung vom Ovarium weggedrängt wird, so dass das austretende Ovulum nicht in die Tuba gelangen kann *(Kehrer)*.

Die Inversion bringt schon in ihren niedrigen Graden, selbst wenn die Ausübung des Coitus möglich ist, Unwegsamkeit der Ostia uterina der Tuben zu Stande und bietet somit einen fast sicheren Anlass zur Sterilität. Auch nimmt das Os externum des Cervix bei In-

Fig. 23.

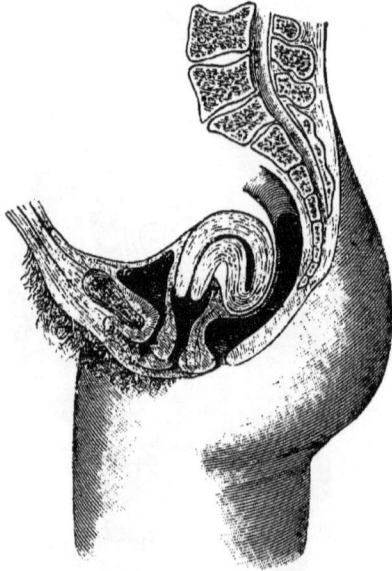

Retroflexio uteri. Nach *A. Martin.*

version des Uterus eine solche Lage ein. dass ein Eindringen des Sperma fast unmöglich wird.

Senkung und Prolapsus des Uterus veranlassen selten Sterilität, indem durch den Coitus selbst eine Reposition vollzogen wird. Im Allgemeinen aber leidet die Conceptionsfähigkeit bei diesen Zuständen umsomehr, je mehr sich der Uterus dem Scheideneingange genähert hat, weil dann die Ejaculation an einer vom Os uteri mehr oder minder entlegenen Stelle stattfindet. Bei dem vollkommenen Prolapsus uteri ist es vorgekommen, dass die Copulation unmittelbar durch das evertirte Os uteri stattgefunden hat und Conception eingetreten ist. wie *Hervey* einen solchen Fall mittheilt.

Die unbefangene gynäkologische Erfahrung bestätigt also im Ganzen keinesfalls die Behauptung *Sims'* und *Hewitt's* von der überaus grossen Häufigkeit der Lageveränderungen des Uterus als mechanischen Ursache der Sterilität. *Sims* führt nämlich zur Stütze seiner Behauptung die Ziffern der von ihm behandelten Fälle an, welche er in folgender Tabelle zusammenfasst:

		Zahl der Fälle	Ante-versionen	Retro-versionen	Gesammtzahl der Lageveränderungen
I.	Classe:	250	103	68	171
II.	„	255	61	111	172
	Summe	505	164	179	343

Hieraus ergäbe sich, dass in der I. Classe unter 250 verheirateten Frauen, welche niemals geboren hatten, bei 103 Anteversion und bei 68 Retroversion bestanden hat, während in der II. Classe unter 255, welche geboren, aber aus irgend einem Grunde von der natürlichen Zeit zu gebären aufgehört hatten, 61 an Anteversion und 111 an Retroversion gelitten hatten.

Das Gesammtresultat dieser Tabelle wäre, dass zwei Drittel aller sterilen Frauen, ohne Rücksicht auf die besonderen Ursachen der Lageveränderungen, an irgend einer Form uteriner Malposition leiden, und dass die Anteversionen und Retroversionen im umgekehrten Verhältnisse zu einander stehen, da die Anteversionen in der ersten Classe den Retroversionen in der zweiten, und die Retroversionen der ersten nahe den Anteversionen der zweiten Classe gleichkommen.

In gleicher Weise hat *Hewitt* auch die uterinen Malpositionen als häufigste Ursache der Sterilität beschuldigt. Derselbe nimmt eine Analyse von 296 Fällen von Flexionen und Versionen des Uterus vor, welche von ihm vom Jahre 1865 - 1869 im Hospital des University College theils stationär, theils ambulant behandelt worden sind, aus welchen sich ergibt, dass von den 296 Patientinnen 235 verheiratet waren und Kinder geboren hatten. Sie umfassen 100 Fälle von Retroflexion und 135 von Anteflexion. Von diesen 235 waren 81 in dem Sinne steril, dass sie entweder keine Kinder hatten oder es nur zu Frühgeburten gebracht haben. Von diesen 81 Fällen waren 57 steril und 24 hatten nur Frühgeburten. In einer beträchtlichen Anzahl von Fällen hatten die Patientinnen ein- oder mehrmal geboren, wurden aber darauf steril.

Diese Ziffern können jedoch einer unbefangenen Beurtheilung gegenüber höchstens insofern von Werth sein, als sie erweisen, dass Abweichungen des Uterus von seiner normalen Lage die Conception zwar erschweren können oder neben anderen bestehenden pathologischen Verhältnissen häufig bei Sterilen vorkommen — aber an und für sich bieten Lageveränderungen keinesfalls ein so intensives oder so häufig vorkommendes Hinderniss für den Eintritt der Conception.

Eine mechanische Behinderung der Conception in der Art, dass der Contact von Sperma und Ovulum gehemmt ist, bieten ferner die Myome des Uterus, welche daher hier unter den veranlassenden Momenten der Sterilität hervorgehoben werden müssen.

Je nach der Anzahl, der Grösse und dem Sitze bringen die Uterusmyome verschiedene mannigfache mechanische Störungen hervor. Bei zahlreichen intramuralen Myomen selbst mässiger Grösse wird die Uternshöhle verbogen und verengt, so dass es zu Retention der Secrete kommen kann, oft in die Länge ausgezogen. Extramurale Fibromyome können bei tiefem Sitze am inneren Muttermunde diesen ganz verschliessen, bei höherer Lage aber Knickungen des Uterus veranlassen. Grosse gestielte Fibromyome des Uterus können die Vagina erfüllen und die Passage derselben beengen.

Aber nicht blos, dass die Myome mechanisch durch Verschluss und Verlagerung der Tuben und Ovarien, durch Ausfüllung der Uterushöhle den Austritt des Ovulum und den Zutritt des Sperma hemmen, so können sie auch, und das sei gelegentlich gleich hier erwähnt, noch nach mehrfacher Richtung Anlass zur Sterilität geben. wie dies besonders *Winckel* nachgewiesen hat. Bei den kleineren extraparietalen Myomen kommt nämlich durch ihr stetes Wachsthum öfter ein dem Vaginismus ähnlicher hyperästhetischer Zustand der Genitalien vor, welcher den Coitus behindert. Grosse Myome aber beeinträchtigen den Raum der Uterushöhle, bewirken catarrhalische Zustände und Schleimhauthyperplasien, welche ein Hinderniss der Conception abgeben, führen überdies auch sehr häufig zu Perimetritis, Perisalpingitis und Perioophoritis, die theils durch abnorme Fixation des Uterus, theils durch Verschluss der Tuben und Ovarien Sterilität veranlassen.

Die bisher vorliegenden, allerdings an Genauigkeit noch unvollkommenen statistischen Daten der Gynäkologen über das Verhältniss der Myombildung zur Conception zeigen, dass die Fruchtbarkeit der an Myomen leidenden Frauen in Folge dieser Geschwulstbildung bedeutend herabgesetzt ist, namentlich dass, wenn auch die Zahl der Myomkranken, die einmal geboren haben, beträchtlich ist, doch die Zahl der Mehr- und Vielgebärenden weit hinter der gewöhnlichen Durchschnittszahl zurückbleibt. Es stellt sich dabei als charakteristisch für die Ursächlichkeit der Myome bezüglich der Sterilität der Umstand heraus, dass Schwangerschaft relativ am häufigsten bei subserösen Myomen, bei denen die Uterushöhle und ihre Schleimhaut am wenigsten verändert zu sein pflegt, am seltensten aber bei submucösen eintritt.

West fand unter 43 verheirateten Frauen mit Uterusmyomen 7 kinderlose; die 36 anderen hatten zusammen nur 61 Kinder geboren

und davon 20 überhaupt nur je eines. *Röhrig* zählte unter 106 verheiratheten derartigen Kranken 31 kinderlose; 40 davon hatten nur ein
Kind geboren, 75 hatten zusammen 190 Kinder geboren. Von *Beigel's*
86 verheiratheten Patientinnen waren 21 steril, von *M. Clintock's* 21
derartigen Fällen 10 unfruchtbar. *v. Scanzoni* fand unter 60 solchen
Frauen 38 kinderlose, *Schröder* zählte unter 109 verheirateten Myomkranken 50, die steril waren. *Michels* gibt unter 127 solchen Patientinnen die Zahl der Unfruchtbaren mit 26 an. Aus den Angaben
Winckel's über 415 verheirathete myomkranke Frauen geht hervor, dass
134, also 24·3 Procent, steril waren und 281 eines oder mehrere Kinder
geboren hatten. Aus der Tabelle über die Zahl der Geburten bei
108 Patientinnen, von denen *Winckel* 46 beobachtet und 62 aus der
Zusammenstellung von *Süsserott* entnommen hat, geht hervor, dass bei
diesen Myomkranken auf 1 Frau im Durchschnitte 2·7 Kinder
kommen, während in Sachsen durchschnittlich auf 1 Frau 4·5 Kinder
kommen.

Aus diesen statistischen Angaben hat *Gusserow* unter Zuzählung
seiner eigenen Beobachtungen, über die genaue Notitzen vorlagen,
564 Fälle von Myomerkrankungen bei verheirateten Frauen zusammengestellt und darunter 153 sterile gefunden. Hierher gehören dann noch
die von *M. Sims* aus seinem Beobachtungsmaterial gegebenen Ziffern.
Er fand unter 255 Frauen, die einmal geboren hatten und dann steril
geworden waren, 38 Mal Fibrome des Uterus, also 1 auf 6·7; unter
250 verheiratheten Frauen, die niemals geboren hatten, 57 Myome oder
1 auf 4·3.

Toltschinow hat auf der Klinik von *C. von Braun* in Wien unter
4500 Geburten 3 Mal Schwangerschaften und 2 Mal Geburten bei
Uterusfibroiden beobachtet. Er hat ferner aus der Literatur 119 Fälle
gesammelt, wo bei Uterusfibroiden Gravidität vorhanden war, darunter
14 Mal Abort, 7 Mal Frühgeburt und 98 Mal rechtzeitige Geburt eintrat.

Röhrig fand nach seiner neuesten Publication unter 570 mit fibro-
myomatösen Tumoren behafteten Frauen nicht weniger als 147 Conceptionen: von den Letzteren waren allerdings bei 128 Abort oder
Frühgeburt eingetreten.

Von 45 Frauen, welche mit Fibromen auf der gynäkologischen
Klinik *Schröder's* lagen (Charité-Annalen. VI. Jahrg., 1881), waren 10,
d. h. 22·5 Procent, zum Theile trotz mehrmaliger Verheiratung steril
geblieben. Fünf von diesen sterilen Frauen litten an subserösen und
5 an submucösen, resp. intraparietalen Fibromen. Die übrigen 35 Frauen
hatten geboren, doch war die Anzahl der Multiparae auffallend gering
und der Grund hiervon dürfte wohl in der mechanischen Behinderung
der Conception durch die Fibrome zu suchen sein. Bezüglich des Einflusses der Entfernung der Fibrome auf Eintritt der Empfängniss konnte

unter diesen Fällen folgender verzeichnet werden: Eine 40jährige
Verwaltersfrau, welche vom 13. bis 20. Lebensjahre normal, dann
unregelmässig menstruirt und steril geblieben war, concipirte sofort
nach der Operation und trug zwei Schwangerschaften regelrecht
aus. —

Dass trotz sehr bedeutender mechanischer Hindernisse
der Conception diese dennoch einzutreten vermag, zeigen vielfältige
frappirende Beispiele gynäkologischer Beobachtung. *Winckel, Olshausen*
und *Holst* haben Fälle von Conception, welche während des Tragens
intrauteriner Pessarien eintrat, veröffentlicht und *v. Scanzoni* Fälle.
wo Befruchtung zu Stande kam, trotz hochgradigster Anteversion mit
stenosirtem Orificium uteri oder trotz eines den Muttermund obliterirenden
Polypen. *Horwitz* hat mehrere Fälle beschrieben, in denen bei Tumoren
im Cavum uteri die Gravidität ihr normales Ende erreichte.

Eine Reihe von **pathologischen Zuständen der Vulva**
und Vagina kann die Unfähigkeit zur Befruchtung dadurch
herbeiführen, dass die Copulation des Weibes mit dem Manne überhaupt unmöglich ist (Fig. 24). Es können angeborene oder erworbene Fehler in der Conformation der äusseren Geschlechtspartien und
der Vagina die Aufnahme des Penis und die Vollziehung des Coitus
verhindern.

Selten sind es Anomalien der Entwicklung, abnorme Kleinheit
der Vulva, welche dies Hinderniss bilden, dann ist aber mit denselben
auch noch anderweitig Verbildung der weiblichen Genitalien verbunden.
welche Sterilität verschuldet.

Eine Verwachsung der kleinen und grossen Labien kommt mit
oder ohne Atresie des Orificium urethrae bisweilen angeboren vor.
entweder nur in der Form epithelialer Verklebung der Schamlippen.
wie *Ziemssen* solche Fälle mitgetheilt hat. oder als feste derbe vollkommene Verwachsung.

Weniger selten sind durch Zufälle entstandene **Adhärenzen**
der grossen und kleinen Schamlippen, welche Atresia vulvae bewirken
und hiermit die sexuelle Annäherung behindern oder vollständig unmöglich machen.

Excessive **Grösse der äusseren Labien**, wie sie als Elephantiasis in der Form massenhafter Hypertrophie des subcutanen Zell-
gewebes und der Cutis selbst sich zuweilen in colossaler Massen-
zunahme entwickelt, kann den Eingang in die Vagina vollkommen
verlegen. Es können ein gleiches Hinderniss Neubildungen abgeben
z. B. Fibroide, Lipome. Cysten, die sich zu bedeutender Grösse im
Zellgewebe der grossen Labien, des Schamberges, des Dammes oder
auch in den Nymphen im Zellgewebe zwischen Clitoris und Harnröhre
entwickeln.

Ein solches vom rechten Labium majus ausgehendes Lipom sah
ich bei einer 28jährigen sehr fettleibigen Frau. Dasselbe war im Laufe
von 6 Jahren so gewachsen, dass dasselbe, über den Oberschenkel

Fig. 24.

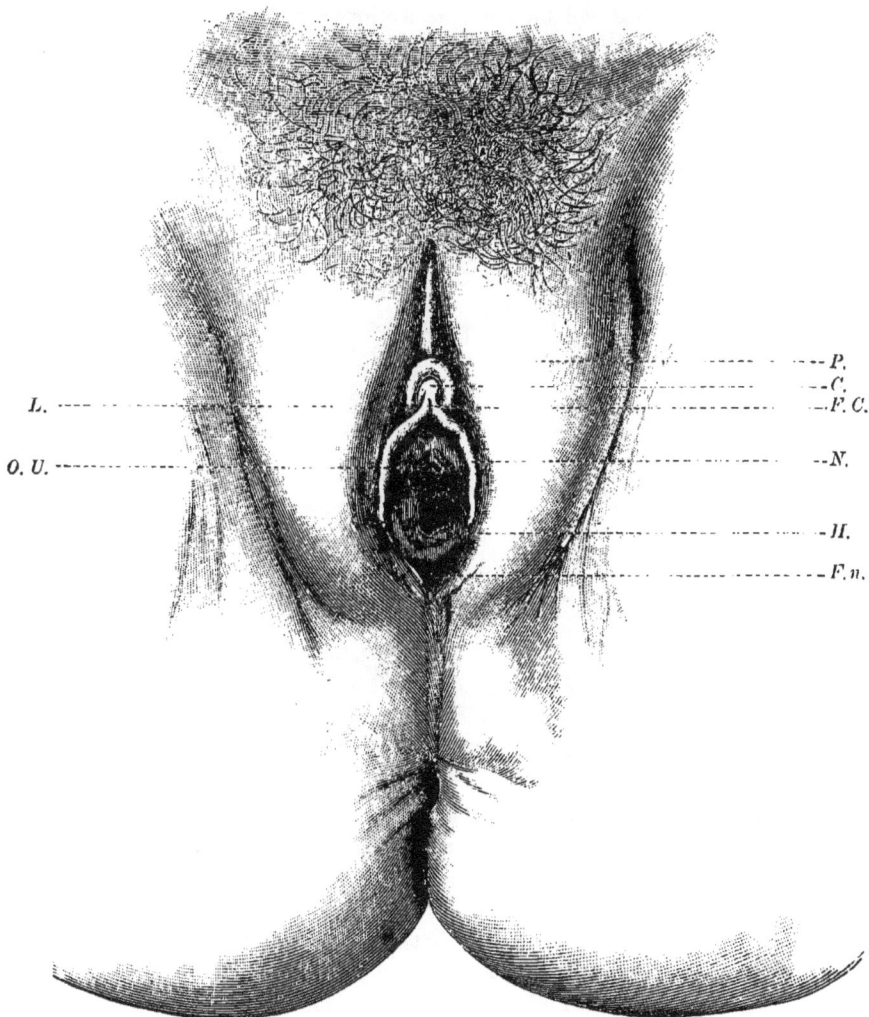

In querer Richtung auseinander gezogenes Genitale einer Jungfrau nach e. Prensehen.
C. Clitoris. *P.* Praeputium clitoridis. *F. C.* Frenulum clitoridis. *N.* Nymphen, *L.* Labia majora.
O. U. Orificium urethrae. *H.* Hymen. *F. n.* Fossa navicularis.

herabreichend, den Introitus vaginae absperrte und die Vollziehung des
Coitus absolut behinderte (Fig. 25).

In gleicher Weise kommen hier auch verschiedene Formen der Labialhernien in Betracht, welche den Introitus vaginae verlegen.

Die Hypertrophie der Nymphen, deren abnorme Grösse, sogenannte Hottentottenschürze, zu den Raceneigenthümlichkeiten der Weiber der Hottentotten und Buschmänner gehört, kommt zuweilen auch in unseren Gegenden vor und soll dieselbe, nach einzelnen Angaben Verlust des Wollustgefühles bedingen.

Eine abnorme Grösse der i n n e r e n L a b i e n kann auch mechanisch den Coitus behindern und hieraus wird die bei gewissen Völkern noch bestehende Sitte, nicht nur die Clitoris, sondern auch die inneren Labien zu beschneiden, erklärt. *Virey* erzählt: „Die portugiesischen Jesuiten,

Fig. 25.

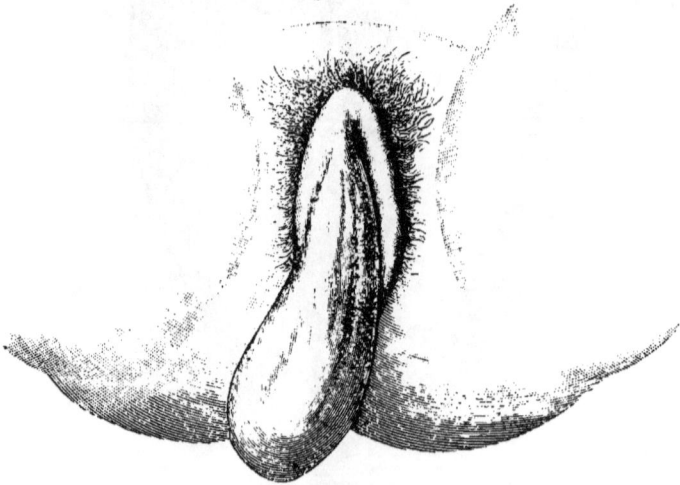

Lipom des rechten grossen Labium, den Introitus vagin. verschliessend.

die im 16. Jahrhunderte das Christenthum nach Abyssinien brachten, wollten diese Sitte (der Beschneidung), die sie für einen Ueberrest des Mohamedismus hielten, abschaffen; die unbeschnittenen Mädchen fanden aber keine Männer wegen der lästigen Länge ihrer Nymphen. Der Papst schickte Chirurgen in jene Länder und erlaubte, zu Folge ihrer Berichte, die Beschneidung als nothwendig."

Courty hat einen Fall gesehen, bei dem die bedeutende Länge der kleinen Schamlippen, welche sich im Momente der Immission gegen die Vagina zukehrten, den Coitus verhinderte: er resecirte diese Labien und beseitigte hiermit die seit fünf Jahren bestehende Sterilität.

Besonders die lipomatöse Form der Elephantiasis vulvae erreicht oft riesigen Umfang und sind derartige kindskopfgrosse Geschwülste von 10 bis 15 Pfund, so dass sie bis über's Knie nach abwärts reichen nicht selten. Ich kenne mehrere Fälle, in denen hochgradige Fettansammlung an der Vulva in Zusammenhang mit Fetthängebauch ein mechanisches Hinderniss zur geeigneten Vollziehung des Coitus bildete. Bei excessiver Bildung der Clitoris kann diese in seltenen Fällen die Grösse eines Penis erreichen und für sich allein ein Hinderniss für Vollziehung der Cohabitation geben, aber doch nur in äusserst seltenen Fällen. *Oesterlen* theilt folgenden einschlägigen Fall mit: Ein junger Mann in Württemberg wollte seine Verlobung mit der Motivirung rückgängig machen, dass seine Braut ein Zwitter sei. Der Befund aber war ein starker unverletzter Hymen, eine sehr grosse Clitoris und — Schwangerschaft in der 20. Woche. *Hyrtl* erzählt, dass bei einigen afrikanischen Stämmen eine angeborene Vergrösserung der Clitoris von so beträchtlichem Umfange vorkommt, dass dieselbe wie eine Klappe über die Schamspalte herabhängt und mit Ringen am Perineum befestigt wird, zum Schutze der Virginität. *Schönfeld* beschreibt den Fall einer 28 Jahre alten Schuhmachersfrau von starker Constitution, welche, seit mehreren Jahren verheiratet, mit Ausnahme eines Abortus steril war. Bei der Untersuchung erwies sich die äussere Scheidenöffnung fast gänzlich durch eine trockene, stark granulirte und feste Geschwulst verschlossen. Dieser Tumor zeigte sich bei der genaueren Exploration als eine Degeneration der Clitoris von der Grösse eines Kindskopfes von harter Beschaffenheit und normaler Farbe der Haut. *Davis* erwähnt einer von *Sonini* in Unteregypten an den Frauen der Eingeborenen gemachten Beobachtung, dass die Vulva in Form einer losen, schlaffen Fleischmasse von beträchtlicher Länge und Dicke herabhängt, so dass sie die Rima pudendi vollständig bedeckt. Er glaubt auch, dass die Sitte der alten Aegypter, die Circumcision auf Frauen zu erstrecken, sich eben auf Abtragung jener Hypertrophie bezogen hat. Elephantiasis der Clitoris bringt so hochgradige Verunstaltung mit sich, dass dadurch die Cohabitation behindert werden könnte.

Die Anomalien der Vagina durch Mangel, Verengerung, Zweitheilung und abnorme Oeffnung dieses Canales, sowie durch Erkrankungen der Gewebe der Scheide können Unfähigkeit zum Coitus begründen. Damit die Vagina die ihr bei der Conception zukommende Aufgabe, den Penis in der richtigen Constellation zum Os uteri aufzunehmen und zu umschliessen, richtig erfülle, ist eine normale Beschaffenheit ihrer Wandungen, besonders der Muskelschichte und Schleimhaut, nothwendig. Die Anordnung der Muskelfasern wird von den Anatomen verschieden angegeben. Nach *Henle* sind die Bündel organischer Muskelfasern, welche in eine grössere Masse Bindegewebe eingestreut sind, nicht scharf in Schichten von longitudinaler und kreisförmiger Anordnung geschieden, doch herrschen gegen die innere Oberfläche die longitudinalen, nach aussen die kreisförmigen vor. Nach *Luschka* und *Toldt* ist die Anordnung der Muskelfasern aussen mehr longitudinal, innen dagegen circulär gerichtet. Zwischen beiden Lagen finden sich schiefe, beide Schichten verbindende Fasern, die ein dichtes Netz weiter Venen umgeben. Die Schleimhaut der Vagina zeigt zahlreiche Längs- und Querfalten und veranlassen besonders zwei Wülste, die Columna rugarum anterior und posterior, eine mediale Verdickung der vorderen und hinteren Wand. Das Epithel der Vaginalschleimhaut hat vorwiegend geschichtete Pflasterform, während die unterste Schichte cylindrischen Charakter trägt *(v. Preuschen)*. Nach *v. Preuschen's* und *Ruge's* Untersuchungen muss die vielumstrittene Frage, ob die Vagina Drüsen besitzt, bejaht werden und zeigen diese Drüsen häufig Uebereinstimmung mit den Talgdrüsen der Vulva und haben starke Neigung zu cystischer Entartung (Fig. 26 und 27).

Fig. 27.

Fig. 26.

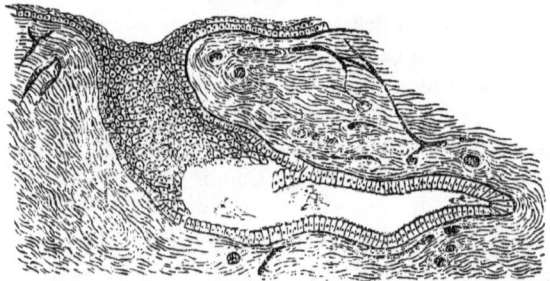

Dünner Querschnitt aus der Vagina nach v. Preuschen.

Drüse aus dem oberen Drittel der Vagina nach v. Preuschen.

Was die Erkrankungen der Vagina als Sterilitätsursache betrifft, so nehmen der Häufigkeit wie der Bedeutung nach hier den ersten Rang ein das vollständige oder theilweise **F e h l e n**, **s o w i e d i e S t e - n o s e n u n d A t r e s i e n d e r V a g i n a , d i e I m p e r f o r a t i o n o d e r d i e g r o s s e R i g i d i t ä t d e s H y m e n**, sowie Tumoren, welche den Introitus vaginae verlegen.

Die **a n g e b o r e n e n S c h e i d e n a t r e s i e n** können vollständige oder nur particielle sein, je nachdem die beiden *Müller*'schen Gänge, aus denen, nachdem sie hohl geworden und mit einander verschmolzen sind, die Scheide gebildet wird, entweder partiell oder total solid bleiben, oder dass die hohl gewordenen durch einen fötalen Entzündungsprocess zu einem mehr weniger soliden und dicken Strange verwachsen. Findet die Verwachsung am unteren Ende der Vagina statt, so endet der Scheidenschlauch nach unten in einen blinden Sack, und es kann nicht nur das vom Uterus abgesonderte menstruale Blut nicht

abfliessen, sondern es ist auch der Coitus, von einem Error loci
abgesehen, nicht ausführbar, obzwar mitunter durch den öfter wiederholten Impetus coeundi das atresirende Stück taschenförmig nach aufwärts gestülpt wird.

Hat die Verwachsung der beiden *Müller*'schen Gänge am oberen
Theile stattgehabt, so endet die Vagina nach aufwärts blind; der Abfluss des menstrualen Blutes ist unmöglich, während der Introitus ad
vaginam frei ist.

In selteneren Fällen kommt es endlich vor, dass die beiden
Müller'schen Gänge in ihrer ganzen Länge zu einem festen, soliden
3 Mm. bis 1 Cm. dicken Strange verwachsen. Man hat dann eine vollkommene Atresie der Vagina vor sich.

Von einem wirklichen Defecte im anatomischen Sinne des Wortes
kann nur dann die Rede sein, wenn beide Bildungsstücke wirklich
fehlen oder nur schwach angedeutet sind. Dann wird zwischen Blase
und Mastdarm kein fibröser Strang, sondern blos eine dünne Zellgewebs-
lage vorgefunden. In solchen Fällen fehlt in der Regel auch der Uterus,
oder er ist nur schwach angedeutet.

Alle mit diesem Bildungsfehler behafteten, zur Beobachtung gekommenen Individuen hatten eine eminent weibliche Körperbildung
und weibliche Gesichtszüge. Brustdrüse, grosse und kleine Labien,
Clitoris waren normal gebildet.

Mitunter geschieht die Verwachsung in Form einer mehr weniger
breiten und dichten Membran. Die Vagina wird dann in zwei Schläuche,
einen oberen und einen unteren, getheilt. Diese Art der Verwachsung
wird als Atresia vaginalis membranacea bezeichnet. Kommt
die verschliessende Membran nahe am Ostium vaginae zu liegen, so
wird sie oft fälschlich als Hymen imperforatus aufgefasst. Diese quere
Scheidewand hat zuweilen eine ganz kleine, kaum sichtbare, nur für
eine feine Sonde oder auch nur Borste durchgängige Oeffnung, durch
welche das menstruale Blut tropfenweise abfliesst. Bei einer Cohabitation
kann dann der männliche Same, wenn auch schwierig, durch diese
Oeffnung in den Fruchthälter gelangen und es kann so zur Befruchtung
des Eies kommen. Die undurchbohrten Septa dieser Art verursachen
selbstverständlich Sterilität.

Der Mangel der äusseren Geschlechtstheile und theilweise der
Scheide gibt jedoch, wenn damit kein Defect der inneren Sexualorgane
verbunden ist, nicht immer absoluten Anlass zur Sterilität. Es sind
Fälle bekannt, wo durch eine per anum hergestellte Communication von
Seite des „stürmischen Liebhabers" Conception und die Entbindung
durch den After erfolgte. *Rossi* berichtet über Vollziehung des Bei-
schlafes, Schwängerung und Geburt bei angeborenem Mangel der äusseren
Geschlechtstheile. Durch einen an der Stelle und in der Richtung der

fehlenden Scheide gemachten Einschnitt war eine künstliche Scheide gebildet worden. Die Einbringung des Membrum virile geschah durch den After, indem der Mastdarm mit der künstlichen Scheide communicirte. Letztere wurde offen gehalten und durch sie erfolgte auch die Geburt.

Das Interesse der Curiosität bietet die Schrift von *Louis*: „Deficiente vagina, posuntre per rectum concipere mulieres?", in welcher folgende Beobachtung enthalten ist „Adolescentula, in qua nullum vulvae et vaginae, vestigium, per anum purgationes menstruas potiebatur; cam vir quidem admavit et huis, qua data via se commisit, non tangenda transiliens vada, quod abbi refanda fuisset foetides in hoc casu fiut secundum naturae intentum. Gravida enim facta foetum tempore opportuno enixa est, lacerato ani sphinctore. In uxore six disposita uti fas sit vel non judicent theologi morales?"

Papst Benedict XIV. erlaubte in Folge dessen ausdrücklich Mädchen, die mit dem Fehler der Imperforation der Vagina behaftet sind, den Coitus parte poste.

Auch durch die Urethra kann bei Atresia vaginae Conception erfolgen, wenn der Scheidenschlauch in die Harnröhre mündet, und sind solche Fälle von *C. v. Braun* und jüngst von *Weinbaum* und *Wyder* mitgetheilt worden.

Weinbaum theilt (Wratsch 1884) einen Fall von Kaiserschnitt in Folge von vollständigem Verschluss der Vagina mit. Die 33 Jahre alte Kreissende hatte schon vor 10 Jahren geboren. Nach dieser drei Tage dauernden Geburt stellte sich Harnabgang durch die Scheide ein. 1½ Jahre später wurde ihr 9mal die Scheide vernäht, wonach Harn und Menstruation durch die Harnröhre abfloss. Bei der Untersuchung fand man den Leib dem Ende der Schwangerschaft entsprechend, das Kind lag quer. Die Scheide war vollständig verwachsen, weder Finger noch Auge bemerkte die geringste Oeffnung, der Finger drang nur auf 2 Cm. ein. Offenbar war die Empfängniss d u r c h d i e U r e t h r a erfolgt.

Wyder hat (Centralbl. für Gynäkol., 1885) über einen Fall von Geburt bei Atresie der Scheide und Blasenscheidenfistel berichtet. Er wurde zu einer Kreissenden gerufen, die vor 12 Jahren ohne Kunsthilfe entbunden worden war und in Folge eines dabei acquirirten Dammrisses 9 Jahre an Harnträufeln litt. Seit 1½ Jahren verheiratet; Cohabitation ohne Beschwerden. *Wyder* fand den Introitus vaginae bis auf eine feine Oeffnung durch fibröses hartes Gewebe verschlossen, dahinter den Kopf im Beckenausgang. In der Narcose wurde das circa 2 Cm. dicke Septum quer getrennt, die Oeffnung erweitert und das Kind mittelst Forceps extrahirt. Die nähere Untersuchung ergab, dass die Urethra weiter dilatirt war, von hier gelangten zwei eingeführte Finger durch

eine längliche ovale Oeffnung in die Vagina. Der Mann hatte keine
Ahnung von der vorhandenen Abnormität und glaubte die Immissio
penis stets in regelrechter Form besorgt zu haben. Offenbar war das
Sperma durch die Urethra in die Blase und von da durch
die Fistel in die Vagina und den Uterus eingedrungen. Die Befruchtung
durch die bestehende Oeffnung der Atresie ist nicht ganz von der Hand
zu weisen, hat jedoch nicht viel Wahrscheinlichkeit für sich.

Erworben kann die Verwachsung oder Verengerung der Vagina
sein durch Narbenretraction in Folge tief eingreifender Geschwüre,
namentlich croupöser oder diphtheritischer Art, wie sie bei Typhus,
Pyämie, Puerperalprocessen, acuten Exanthemen, besonders Variola, vorkommen. Auch syphilitische Affectionen können vorzugsweise durch
schrumpfende Exsudate, Anlöthung gegenüberliegender Wände, durch
Condylome u. s. w. zu verschiedengradiger Stenosirung der Vagina
Anlass bieten; ebenso verschiedene traumatische Eingriffe, Verwundungen,
Nothzuchtsversuche, Verletzungen durch chemisch wirkende Gifte.

Ahlfeld hat eine starke narbige Verengerung der Scheide nach
der Excision von vier breiten Condylomen beobachtet. *Hennig* beobachtete Verengerungen der Scheide bei Geisteskranken, welche Säuren oder
Laugen in die Vagina brachten und ferner Verwachsungen der Scheide
bis auf eine kaum 1 Mm. breite Lücke nach Variola. *Louis Mayer*
erwähnt einen Fall, bei dem Vaginaldiphtheritis nach Typhus eine vollständige Atresie der Scheide bewirkt hatte. Als Resultat einer lange
fortgesetzten Behandlung wurde eine kaum linsengrosse Oeffnung erzielt,
durch welche die Conception erfolgte. *M. Weiss* hat einen
Fall von Atresia vaginae in Folge primärer Diphtheritis der Vagina
beobachtet.

Hierher gehört auch die **Harndiphtherie** *Billroth's*, d. i. jener
diphtheritischer Belag der Scheide, welcher durch das continuirliche
Benetzen der Scheide mit alkalischem Harn nach Steinschnitten, Urethro-
tomien, Blasenscheidenfisteln vorzukommen pflegt und zur Verwachsung
des Scheidenschlauches führen kann. Dasselbe gilt auch von den
ätzenden Secreten in Folge von Carcinomen, Fibroiden u. s. w.,
wie *Martin* u. A. berichten.

Ausserdem kann durch das lange Liegenlassen eines Tampons,
eines Pressschwammes, eines Pessariums ein ulcerativer Process mit
consecutiver Verwachsung der Vagina zu Stande kommen. Selten ist
ein Stoss, Schlag, das Fallen auf einen harten Gegenstand und in
allerseltensten Fällen ein vehementer Coitus, sei er freiwillig oder durch
Zwang gewährt, die veranlassenden Momente dieses Leidens.

Simpson hat eine Form der Scheidenentzündung bei Kindern
beobachtet, deren charakteristische Eigenthümlichkeit darin besteht,
dass durch sie narbige Stricturen und Verwachsungen entstehen, ohne

dass Ulcerationen vorausgegangen wären. Ebenso kann die von *Hildebrandt* beschriebene ulceröse Form adhäsiver Vaginitis bei Erwachsenen zu der mehr weniger ausgebreiteten Occlusion des Scheidenlumens und dadurch zur Behinderung der Conception führen.

Endlich sei erwähnt, dass eine Stenose der Vagina auch aus der späteren Dehiscenz einer im Intrauterinleben zu Stande gekommenen Atresie resultiren könne, wie dies von *Meissner, Klob* u. A. geschildert wurde.

Alle obenbezeichneten chemischen, infectiösen und mechanischen Schädlichkeiten können, wenn tief genug eingreifend, derartige Verengerungen oder gänzliche Verwachsungen des Vaginallumens hervorbringen, dass dadurch die Sterilität des betreffenden Individuums bedingt wird.

Beigel sah bei einer 23jährigen, sehr zart gebauten Frau, welche seit dem 18. Jahre regelmässig, wenn auch spärlich menstruirt, seit drei Jahren verheiratet war und ihn wegen Sterilität consultirte, totale hochgradige Stenose der Scheide. Die Untersuchung per rectum ergab einen zwar kleinen, aber doch sonst normalen Uterus. Die Wandungen der Vagina erschienen ausserordentlich derb und verdickt, so dass *Beigel* die Stenose als Folge dieser Verdickung ansah. Dilatationsversuche mit Pressschwamm und Laminaria blieben ohne Erfolg. Derselbe Autor sah bei einer 10 Jahre verheirateten sterilen Frau, welche seit ihrem 15. Lebensjahre unregelmässig menstruirt war und nie an einer Krankheit des Genitalapparates gelitten hatte, eine dickwandige Stenose im oberen Scheidendrittel.

Aehnlich den erworbenen Stenosen bieten zuweilen unregelmässige ligamentöse Brücken, welche durch Anwachsung losgerissener Schleimhautlappen der Scheide oder der Muttermundslippen mit der Scheide entstehen, ein recht beschwerliches Cohabitationshinderniss.

Ein interessanter derartiger Fall kam mir zur Beobachtung. Er betraf eine 32jährige Frau, die zweimal, das letzte Mal vor neun Jahren, sehr schwer entbunden worden war. Seit der Zeit war sie steril. Ich fand bei der Untersuchung eine etwa 4 Cm. breite und 6 Cm. lange, fleischige Brücke, welche, von der linken Seite der Portio vaginalis zur rechten Vaginalwand hinziehend, die ganze Vaginalportion an die obere linke Scheidenseite fixirte und dermassen von der Vagina abschloss, dass beim Coitus absolut ein Vorbeigleiten des imitirten Penis an diesem Ligamente in eine sich bildende Poche copulatrice stattfinden musste (Fig. 28).

Breisky führt einen solchen Fall an, wo bei einer 22jährigen Frau nach der ersten Geburt ein fleischiges Band entstanden war, das sich von der vorderen Muttermundslippe nach der linken Vaginalseite ausspannte und auf diese Weise die Cohabitation behinderte. Die Durchschneidung dieser Brücke beseitigte leicht die Beschwerden.

In einzelnen seltenen Fällen wurden, so von *Thompson*, mehrfache
übereinanderliegende Obliterationsbildungen in der Scheide beobachtet.
Zwischen den Atresien fand sich gewöhnlich Ansammlung von Scheiden-
secret.

Eine Verschliessung oder bedeutende Verengerung des Vaginal-
canales kann auch durch Geschwülste erfolgen. Neubildungen,
wie Myome, Sarcome und Carcinome der Vagina, namentlich die polypösen Formen der Fibromyome,
welche bis vor die äusseren Genitalien herausragen, können ein
Hinderniss der Cohabitation und
somit Anlass zur Sterilität bieten.
Eben dasselbe ist zuweilen bei
Tumoren der Fall, welche vom
Zellgewebe zwischen Scheide und
Mastdarm ihren Ausgangspunkt
nehmen oder auch bei Neubildungen, welche vom Uterus auf die
Scheide übergegriffen haben. Aehnliches gilt von dem Prolaps der
vorderen oder hinteren Scheidenwand mit Blase oder Darm als
Inhalt des Bruches.

Eine weiche, nicht fluctuirende
Geschwulst, welche beim Coitus
den Eintritt in die Vagina behindern kann und aus dieser an ihrem
unteren Theile sich hervordrängt, durch Druck aber reducirbar ist, kann
von vaginaler Rectocele herrühren. In diesem Falle kann der Finger
vor der Geschwulst in die Scheide eingeführt werden. Auch ist an
den allerdings sehr selteneren Fall einer entero-vaginalen Hernie zu
denken. Eine weiche, fluctuirende, durch Druck reducirbare Geschwulst,
welche im Ostium vaginae ein Hinderniss für den Coitus abgibt, kann
einen Theil der prolabirten Harnblase bilden, in welchem Falle
gewöhnlich auch der Cervix uteri mit prolabirt. Bei solcher Cystocele
dringt im Gegensatze zu oben erwähnter Rectocele der Finger hinter
der Geschwulst in vaginam ein. Die Diagnose ist durch den Katheter,
welcher von der Blase aus in die Geschwulst eindringt, festzustellen.
Die Anwendung des Katheters ermöglicht auch die Differentialdiagnose
von der seltener vorkommenden Vaginalcyste, welche gleichfalls
eine weiche, fluctuirende, aus der Vagina hervorragende Geschwulst bildet.

Dass solche Cysten der Vagina so gross werden können, dass sie
ein Cohabitationshinderniss abgeben, zeigt ein von *Credé* operirter Fall,

Fig. 28.

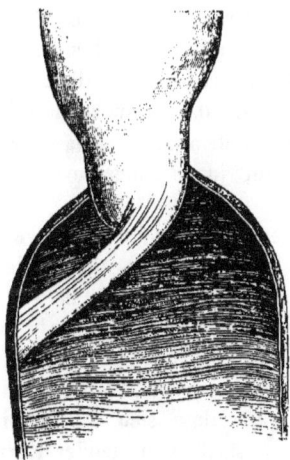

Stenose der Vagina durch eine ligamentöse,
den Cervix verschliessende Brücke.

eine 18 Jahre alte Frau betreffend, welche die Bemerkung machte, dass beim Husten eine etwa taubeneigrosse Geschwulst zur Schamspalte heraustrat und innerhalb eines halben Jahres zu so bedeutender Grösse anwuchs, dass der Coitus unmöglich wurde. Als die Patientin die Klinik aufsuchte, wurde eine vor der Schamspalte aus der Scheide heraushängende fluctuirende Geschwulst vorgefunden.

Vielfach sind von der Muskelschicht der Vaginalwand ausgehende, bei ihrer Entwicklung ausserordentlich (bis zum Umfange eines Kinderkopfes) zunehmende F i b r o m y o m e beschrieben worden, welche durch ihre Grösse natürlich die Conception behindern können. Der Einfluss der grossen und selbst der kleinen in der Vagina entstehenden oder in dieselbe hineinwachsenden Tumoren macht sich auch auf die Cohabitation in schädigender Weise dadurch geltend, dass manche derselben wie die Schleimhautpolypen zu Blutungen bei dem Coitus Anlass geben — eine Erscheinung, welche namentlich auf junge Eheleute sehr abschreckend wirkt.

Andere harte, resistente, mehr minder feste Geschwülste, welche aus dem Ostium vaginae heraustreten und so den Coitus beeinträchtigen, können von E l o n g a t i o n d e s h y p e r t r o p h i r t e n C o l l u m u t e r i, von I n v e r s i o n und P r o l a p s u s u t e r i, sowie von U t e r u s p o l y p e n herrühren.

Horwitz hat einen Fall mitgetheilt, wo bei einer 22jährigen Frau Impotentia coeundi dadurch vorhanden war, dass sich am Introitus vaginae jederseits ein rundlicher, ovaler, stark vortretender Körper befand, der sehr schmerzhaft war und den *Horwitz* als hypertrophischen Bulbus vaginae deutete. Derselbe Autor veröffentlichte einen Fall von Scheidenanomalie, die er für die Ursache der Sterilität ansprach. Eine Frau von 30 Jahren, seit ihrem 21. Jahre steril verheiratet, zeigt nämlich folgenden Befund: Der Introitus vaginae normal, die Columna rugarum fehlt an der vorderen Vaginalwand vollkommen, dagegen finden sich im vorderen Vaginalgewölbe längsgestellte halbmondförmige Falten, der Uterus normal. *Horwitz* glaubt, dass diese abnorme Anordnung der Schleimhautfalten die Sterilität bedinge, indem das Sperma in derselben zurückgehalten wird und nicht bis in den Cervicalcanal gelangt.

Auch von den Nachbarorganen der Vagina kann, wie bereits erwähnt, eine solche Behinderung des vollständigen Coitus ausgehen. Durch Ovarialgeschwülste und Fibroide des Uterus, welche sich in das Abdomen erhoben haben, kommt eine Abweichung der Richtung der Scheide nach einer Richtung und Verlängerung des Canales zu Stande. Befinden sich die Geschwülste noch im Becken, dann kommt es nicht zur Verlängerung des Canales, sondern nur zu seiner Seitenstellung. Besonders ist aber hier an die Tumoren des Rectums zu denken. Mir ist ein Fall bekannt, wo im Rectum abgelagerte colossale Fäcalmassen einen solchen intensiven nachbarlichen Druck auf die enge Vagina ausübten, dass die Passage der letzteren entschieden behindert war. Verschluss der Scheide ist auch als durch abnorm grosse und straffe Bildung der unteren Commissur der Schamlippen und durch excessive Dammbildung zu Stande gekommen beobachtet worden. *Schulze* beobachtete einen solchen Fall bei einem 14jährigen Mädchen, welches seit seiner Geburt den Urin nur tropfenweise und mit den grössten Schmerzen liess. Die Scheide war durch eine dicke Membran verschlossen, welche gegen das Rectum eine kleine Oeffnung hatte. Nach Durchschneidung derselben schwanden alle Beschwerden. In der neueren Literatur sind ähnliche Fälle von *Simon* und *Weiss* verzeichnet.

Endlich kann in Folge sehr hohen Grades von B e c k e n v e r e n g e- r u n g die Vagina eine so enge Beschaffenheit haben, dass dadurch Impotentia coeundi bewirkt wird, wie *Hofmann* einen solchen Fall erzählt: Bei einer 30jährigen kyphoskoliotischen Person, welche unter den Versuchen ihres Mannes, den Coitus auszuüben, viel zu leiden hatte, war das Becken verschoben und so verengt, dass die Conjugata kaum 1 Zoll betrug und die Scheide so eng, dass sie für den Finger kaum durchgängig war.

A b n o r m i t ä t e n d e s H y m e n s sind zuweilen den Contact von Ovulum und Sperma behindernde Sterilitätsursachen.

Der Hymen scheidet in der Norm als eine von der Peripherie des Scheidenostiums sich abhebende Schleimhautfalte jenes von der Vulva wie ein durchbrochenes Diaphragma. Zwischen die Blätter der Schleimhautfalte des Hymens schiebt sich ein mehr oder weniger stark entwickeltes Bindegewebsgerüste: sonst zeigt die den Hymen bildende Schleimhaut dieselbe Structur wie die Mucosa der Vagina. An der inneren Fläche des Hymens setzen sich die Runzeln und Falten der Scheidenschleimhaut fort. Die Form des Hymens ist sehr wandelbar; zumeist liegt die Oeffnung desselben mehr weniger central, so dass der Hymen eine ringförmige oder halbmondförmige Gestalt hat. Nach der Defloration bilden sich die Lappen des zerrissenen Hymens allmälig in die sogenannten Carunculae hymenales oder myrtiformes um, welche als zwei bis vier spitze oder rundliche Lappen den Introitus vaginae umgeben. Je nach der Veränderung der Form und Consistenz des Hymens kann dieser ein stärkeres oder geringeres Conceptionshinderniss abgeben.

Die P e r s i s t e n z d e s H y m e n s ist ein nicht sehr seltenes Hinderniss der Cohabitation und ich habe in mehreren Fällen, sogar nach zwei bis drei Jahre fortgesetzten Cohabitationen des Gatten, diese Ursache der Sterilität gefunden. Der Grund dieser Persistenz lag weniger oft in einer abnormen Rigidität des Hymen, als in der durch unzureichende männliche Potenz ungeschickten Ausübung des Coitus.

Die Ursachen, dass der Hymen selbst bei mehrjähriger Ehe noch intact bleibt, sind überhaupt mehrfach. Es kann, wie dies sonderbarerweise nicht so vereinzelt vorkommt, Unkenntniss der Eheleute über die Art der Cohabitation daran Schuld tragen, oder Unfähigkeit des Mannes, die nöthige Kraftanstrengung zu üben, oder eine durch unzweckmässig ausgeführte Cohabitationsversuche hervorgerufene Entzündung der Fossa navicularis, welche die Frau zu passivem Verhalten veranlasst. Ein sehr bedeutendes, mitunter geradezu unüberwindliches Hinderniss, den Coitus auszuüben (*Tollberg* drückt sich markig aus: „Nec Hannibal quidem has portas perfringere valuisset"), bietet jene Abnormität des Hymens, wo die Oeffnung desselben durch ein sagittal, zuweilen auch schief verlaufendes Septum geschützt ist,
das eine feste, fast sehnige Beschaffenheit hat.

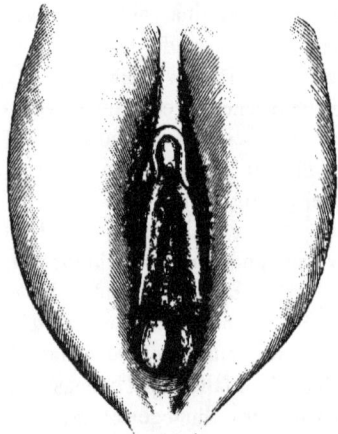

Fig. 29.

Einen Hymen septus mit Septum von sehniger Beschaffenheit fand ich bei einer 24jährigen, durch zwei Jahre in steriler Ehe lebenden Frau (Fig. 29). Sie hatte die Menstruation seit ihrem 17. Lebensjahre regelmässig, aber stets mit Beschwerden gehabt. Sie klagte, dass ihr Mann „sehr schwach" sei, indem er in der Hochzeitsnacht nicht zu reussiren vermochte und seitdem bei jedem Cohabitationsversuche eine sehr rasche Samenejaculation erfolge, bevor der Penis einzudringen vermag. Sie selbst sei durch die jedesmalige vergebliche Aufregung ganz nervös geworden. Bei der genaueren Untersuchung fand ich einen länglich ovalen, den Introitus nicht vollkommen deckenden, ziemlich resistenten Hymen, welcher durch ein von vorne nach hinten verlaufendes, derb sehnig sich anfühlendes Septum in zwei Hälften getheilt war. Der Eingang in die Vagina war zu beiden Seiten für das Köpfchen einer gewöhnlichen Uterussonde passirbar. Ich habe das Septum durchtrennt und die Frau hat, wie sie mir später berichtete, concipirt.

Hymen septus mit Septum von sehniger Beschaffenheit.

Aehnliche abnorme Bildungen des Hymen septus sind erst jüngst von der Poliklinik *Bandl's* veröffentlicht worden. Interessant ist auch die von *Heitzmann* aus *Spaeth's* Klinik mitgetheilte Beobachtung eines eigenthümlich gebildeten Hymen bei einer 27jährigen ledigen Person. Die beigegebene Abbildung mag die Situation veranschaulichen (Fig. 30).

Der Hymen stellte einen nach aussen vorspringenden Wulst dar, mit aussen glatter Oberfläche und einer in die Umgebung übergehenden tragkorbähnlichen Umrandung, die sich aber von den Nymphen durch eine tiefe Furche abgrenzte. Nach hinten zu, zwischen dem unteren Antheile der Peripherie und der hinteren Commissur fand sich eine Nische vor, in welche der Finger 3—4 Cm. weit vorgeschoben werden konnte. Nach oben zu war die sehr derbe und fleischige Klappe von einem schrägen Saume begrenzt, von dessen Mitte gegen die Urethralmündung hin ein kurzes, aber sehr straffes, derbes Septum zog, rechts

Fig. 30.

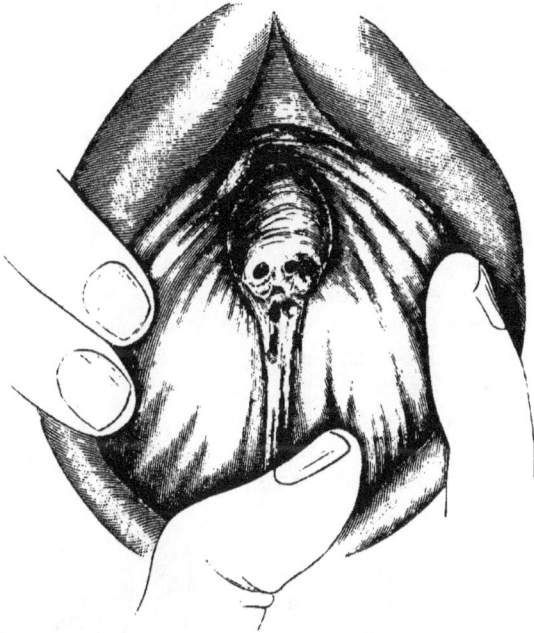

und links eine ganz kleine Oeffnung, die kaum eine Sonde passiren liess, belassend. Zwischen dem Ansatze des Septums und der Urethralmündung eine knötchenförmige Andeutung des Wulstes, welcher normaler Weise daselbst anzutreffen ist. In der Umgebung der Mündung der Harnröhre sassen noch einzelne kleine Knötchen. Die beiden seitlichen Ränder des Hymens setzten sich, die Harnröhrenmündung umfassend, in eine Art Raphe fort, welche sich bis an die Basis der Clitoris verfolgen liess.

Das Mädchen war am Ende des neunten Lunarmonates und gab an, wiederholt cohabitirt zu haben. Eine Immissio penis in die Scheide war aber bei den so beschaffenen Genitalien geradezu undenkbar. Es konnte demnach die Cohabitation blos in der erwähnten Nische zwischen

Fig. 31.

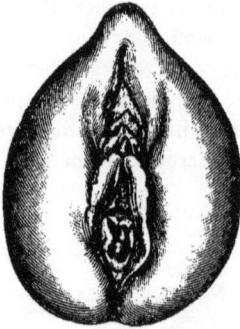

Fig. 32.

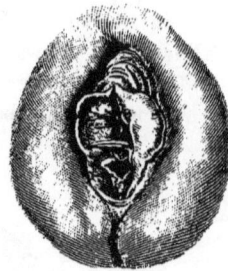

Hymen partim septus nach v. Hofmann.

Zapfenförmiger Fortsatz von der oberen und unteren Peripherie des freien Hymenrandes abgehend.

Stachelförmiger Fortsatz vom oberen Hymenrande abgehend.

Hymen und hinterer Commissur, welche wie ein Blindsack ausdehnbar war, erfolgt sein.

Ein weniger beträchtliches Cohabitationshinderniss, aber häufiger vorkommend, ist eine partielle Persistenz des Septum der Hymenöffnung, und zwar in der Art, dass sowohl von der oberen als von der unteren Peripherie des Hymen ein zapfenähnlicher Fortsatz abgeht (Fig. 31) oder blos von der oberen (Fig. 32) oder der unteren (Fig. 33). Solche Fortsätze können mitunter eine auffallende Länge und Form erhalten.

Von *Liman* wird eine solche Herzform der Spalte beschrieben, welche durch einen von oben oder unten hineinragenden Zapfen ausgefüllt wird.

Wenn die Obturation der Vagina, durch einen imperforirten Hymen oder durch entzündliche Processe veranlasst, nicht vollständig ist, kann selbst, wenn die Immission des Penis unmöglich, a u s n a h m s w e i s e Befruchtung stattfinden. Solche Fälle sind ausser den bereits oben erwähnten von *Scanzoni, Horton, C. Braun, Leopold, Breisky, Brill* u. A. beobachtet worden.

Fig. 33.

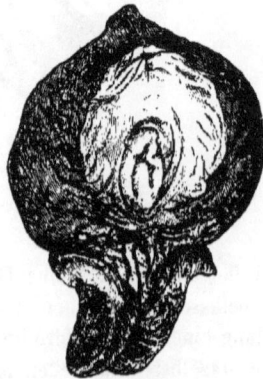

Hymen partim septus nach v. Hofmann.

Zapfenförmiger Fortsatz vom unteren Hymenrande abgehend.

v. Scanzoni fand bei einem schwangeren Mädchen den Scheiden-
gang durch eine feste, pralle, gespannte, nur sehr wenig nach oben
verdrängte Membran verschlossen, in deren Mitte eine etwa hirsekorn-
grosse Oeffnung, welche weit genug war, um durch sie eine gewöhnliche Fischbeinsonde in die Vagina einzulassen.

Horton fand bei einer Schwangeren die Vagina fest verschlossen,
es war daselbst nicht die geringste Oeffnung zu fühlen. Bei Untersuchung der Vulva zeigte sich bei hellem Sonnenlichte eine weissliche,
harte, fibröse Membran, welche den Scheideneingang überzog und allmälig in die Scheidenschleimhaut überging. Etwa in der Mitte der
unteren Hälfte bestand ein kleiner Fleck röthlichen zähen Schleimes,
und als dieser entfernt wurde, zeigte sich eine kleine, runde Oeffnung,
durch welche eine dünne Sonde eingeschoben werden konnte.

C. v. Braun veröffentlichte zwei Fälle von imperforirtem Hymen,
wo die Conception bei erwiesener Unmöglichkeit einer stattgefundenen
Immissio penis zu Stande kam. In dem einen Falle war keine Spur
eines Zuganges oder einer Oeffnung zur Scheide vorhanden, die Vagina
mündete in die normal geformte Harnröhre ein, so dass beide einen
gemeinschaftlichen, 2 Linien weiten Ausführungsgang hatten. Bei dem
anderen Falle fand man zehn Stunden vor der Niederkunft ein intactes
Hymen, mit einer sehr feinen, nur 2 Linien weiten Oeffnung, welche
nur für eine dünne Sonde passirbar war.

Leopold berichtet über zwei Fälle von Schwangerschaft bei vollständiger Impotentia coeundi. Der erste Fall betrifft eine bereits über
drei Jahre verheiratete Frau, welche den Coitus niemals normal vollzogen hatte und mit erhaltenem und sehr engem Hymen schwanger
wurde. Im zweiten Falle war eine 18jährige, seit acht Wochen verheiratete Frau mit dem schmerzhaftesten Vaginismus behaftet, der kaum
die leiseste Berührung bei der Cohabitation zuliess; Hymen vollständig
erhalten; trotzdem concipirte sie.

Brill theilt zwei Fälle von Schwangerschaft bei unverletztem
Hymen mit, welche zwei junge kleinrussische Mädchen betrafen und
erklärt derartige Fälle für n i c h t s e l t e n e V o r k o m m n i s s e unter
der Bauernschaft Kleinrusslands, wo die Unsitte des Zusammenschlafens
der erwachsenen Jugend beiderlei Geschlechtes existirt, man sich der
Folgen wegen jedoch vor einem completen Coitus hütet.

Breisky hat jüngstens einen Fall von ausserordentlicher Stenosis
vaginae bei einer Schwangeren mitgetheilt. Die betreffende 23 Jahre
alte Erstgebärende hatte normalen Schwangerschaftsverlauf. In den
äusseren Genitalien war nichts Abnormes wahrzunehmen. Die Vagina
dagegen war zwischen dem mittleren und unteren Drittel blindsack-
förmig verschlossen. An der nach links verzogenen Kuppe befand sich
eine stecknadelkopfgrosse Oeffnung. Eine dünne Sonde liess sich in die

Oeffnung einführen. (*Breisky* glaubt, dass derartige narbige Vaginal-
stenosen in den meisten Fällen im Verlaufe von acuten Infectionskrank-
heiten in der Kindheit zu Stande kommen.)

Solche Ausnahmsfälle, in denen also ohne Immissio penis Befruchtung eingetreten, sprechen noch nicht gegen die von uns oben
acceptirte Bedingung, dass eine Ejaculation des Sperma in die o b e r s t e n
P a r t i e n der Vagina stattfinde und so der Contact des Os externum
mit dem Sperma ermöglicht werde; denn es ist immerhin in jenen
Fällen durch Contractionen des Scheidenrohres, Senkungen des Uterus,
eigenthümliche Stellung des Penis u. s. w. die Möglichkeit des Eindringens von Spermatozoen direct in den Muttermund gegeben.

Die Z w e i t h e i l u n g d e r V a g i n a gibt nur dann eine Ursache
der Befruchtungsunfähigkeit, wenn jede der Scheidenhälften zu enge
ist, um die Immissio des Penis zu gestatten, natürlich auch dann, wenn
der für den Coitus practicable Scheidentheil zu einem rudimentären
Uterus führt.

Von den a b n o r m e n M ü n d u n g e n d e r V a g i n a kömmt
besonders die angeborene Mündung in's Rectum und die durch Dammrisse
zu Stande gekommene Umbildung der Vagina und des Rectum in eine
Cloake in Betracht. Es zeigen übrigens mehrere bereits erwähnte Beobachtungen, dass in den ersteren Fällen durch eine solche Mündung in
den Anus nicht blos Befruchtung, sondern auch Entbindung erfolgen kann.

V e s i c o - V a g i n a l f i s t e l n gelten gleichfalls mit Recht im Allgemeinen als die Conception behindernde Erkrankungen, doch machen
sie dieselbe nicht absolut unmöglich. Es ist ja begreiflich, dass die mit
diesen Fisteln einhergehenden degoutirenden Symptome den beiden Ehegatten die Lust zum Coitus benehmen und dass selbst ohne Rücksicht
auf diesen Umstand die Functionen des weiblichen Genitalapparates
durch die Urinfisteln zumeist eingreifend gestört sind — trotzdem tritt
aber doch zuweilen Gravidität ein. Im Ganzen ist die Zahl der mit
Urinfisteln wieder schwanger gewordenen Patientinnen eine sehr kleine.

Freund erwähnt die Erfahrungen *Simon's*, der in allen Fällen von
Gravidität bei dem Bestehen der Fistel Abortus oder Frühgeburt beobachtete, meint aber, sich auf einen Fall *Schmitt's* und auf einen eigenen
berufend, dass das ein hierbei nicht n o t h w e n d i g e s Ereigniss sei.
Winckel betont, dass die Conception bei solchen Leidenden stattfinden
könne, indess entschieden seltener auftrete als sonst, und fühlt sich zu
diesem Schlusse berechtigt, weil die Zahl der mit Fisteln wieder
schwanger gewordenen Patientinnen eine sehr kleine ist. *Schröder* geht
noch weiter, indem er sagt: „Solche Frauen werden nicht selten
schwanger, die Schwangerschaft verläuft meist normal."

Nach *Kroner's* statistischen Angaben scheint die Gravidität bei Fistel-
erkrankung nicht gerade häufig zu sein, denn von seinen 60 Fistel-

erkrankten haben nur 6 bei bestehender Fistel concipirt. Abgesehen von der bei beiden Gatten bestehenden Abneigung gegen den Coitus unter solchen Verhältnissen, ist es ja sichergestellt, dass der Harn zu jenen Flüssigkeiten gehört, welche die Bewegungen der Spermafäden beeinträchtigt. Dieser schädliche Einfluss des Harnes wird ein um so eclatanterer sein, wenn der Harn stark sauer reagirt, und wenn eine grosse Harnmenge mit dem Sperma in Berührung kommt.

Winckel erwähnt einer Patientin, bei der eine sehr bedeutende Blasenscheidenfistel bestand, bei welcher nach vergeblichem Versuch der directen Vereinigung die quere Obliteration der Scheide ausgeführt wurde, welche indess nicht völlig gelang, indem noch eine Oeffnung zurückblieb. Durch diese Oeffnung concipirte Patientin, als sie eine Zeit lang zur Erholung nach Hause entlassen war.

Zuweilen sind es nicht eigentlich krankhafte Zustände der Vagina, sondern Abweichungen derselben von der Norm, welche, obgleich sie nicht von eingreifender Bedeutung erscheinen, doch die Befruchtung beeinträchtigen oder hindern. Dahin gehört die extreme Kürze der Vagina, welche die Bildung einer „Poche copulatrice" *(Courty)* und beim Coitus die Entleerung des Sperma ausserhalb der Richtung der Uterinaxe zur Folge hat, der Excess in der Länge und Weite der Vagina, Lageveränderungen der Scheide, welche die Chancen des Eindringens des Sperma in den Cervix mindern.

Unter Sterilitätsursachen zählt auch das sofortige Abfliessen des Sperma nach dem Coitus, meist in Folge zu grosser Weite der Scheide oder eigenthümlicher ungünstiger Bildung des Receptaculum seminis. Die Frauen selbst pflegen auf dieses Hinderniss der Empfängniss den Arzt aufmerksam zu machen. Wir werden von diesem Symptome noch später sprechen.

Bei voller anatomischer Integrität kann die als Vaginismus bezeichnete Hyperästhesie des Hymen und des Scheideneinganges, verbunden mit heftigen unwillkürlichen spasmodischen Contractionen des Constrictor cunni und der anderen Muskeln der Regio urogenitalis und analis den Coitus behindern und Sterilität verursachen (Fig. 34).

Sowie durch den Krampf des Constrictor cunni die Einführung des Penis unmöglich wird, so kann die Ausführung des Coitus auch durch Krampf der Musculi transversi perinaei oder durch Krampf des Levator ani behindert werden. Zuweilen betrifft der Tetanus alle diese Muskelgruppen, so dass eine hochgradige, in die Vagina hinaufreichende Verengerung des Scheidenrohres eintritt. Wenn der Krampf die Muskelbündel des Levator ani betrifft, so kann der erigirte Penis zwar in vaginam eingeführt werden, weiter aber durch Zusammenziehung der genannten Muskelbündel auf energischen Widerstand stossen und die auf der Höhe des Coitus in stärkster Anschwellung begriffene und auf der Höhe des Actes in diesem Zustande in dem passiv gedehnten Scheidengewölbe aber über dem contractionsfähigen Beckenboden befindliche Glans penis im Scheidengewölbe zurückgehalten werden.

Solche Missfälle vom Penis captivus werden mehrfach, mehr minder glaubwürdig berichtet. So erst jüngst (Deutsche Med. Ztg. 1885) folgende Mittheilung des Dr. *E. Davis*: Ein Herr findet beim Betreten seines Kutscherzimmers den Kutscher und eine Magd in sehr compromittirender Lage; alle Versuche beider Ueberraschten sich von einander zu befreien, scheiterten und ihre vermehrten Anstrengungen verursachten ihnen die grössten Schmerzen. Es wurde deshalb zum Dr. *Davis* geschickt. Ein von diesem angewandtes Eiswasserbegiessen

Fig. 34.

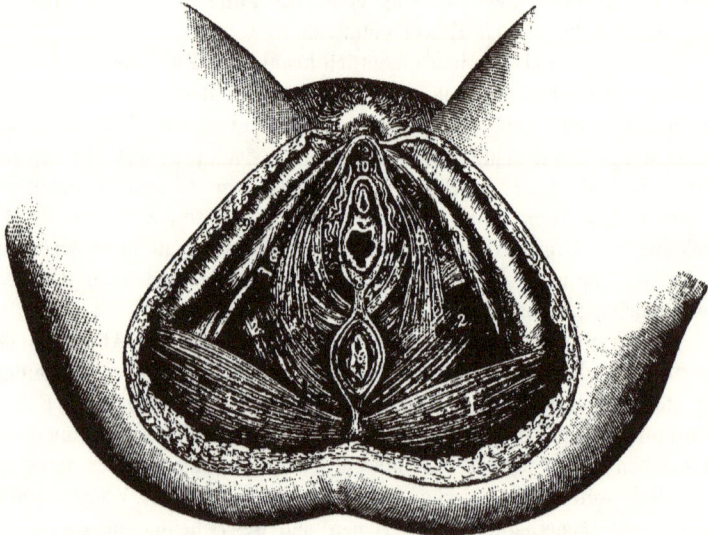

Die Regio urogenitalis und analis des Weibes (nach Luschka):
1. M. glut. maxim. 2. Levator ani. 3. Musc. transvers. perin. superfic. 4. Musc. transvers. perin. profund. 5. Constrictor cunni. 6. Sphincter ani extern. 7. In den Constrict. cunni übergehende Bündel desselben. 8. Zur Commissur. lab. post. gehende Bündel des Sphincter ani ext. 9. M. ischio-cavern. 10. Clitoris. 11. Vorhofszwiebel.

vermochte ebenfalls nicht den Penis captivus zu befreien; es gelang dies erst durch Chloroformirung der Magd. Der geschwollene livide Penis zeigte zwei Strangulationsmarken, Beweis, dass der Sphincter an zwei Stellen spastisch contrahirt war.

Hildebrandt führt drei von ihm beobachtete Fälle an, in welchen er einen Krampf des oberen Scheidentheiles ohne Vaginismus beobachtet hatte. Dieser krampfhafte Zustand wurde in zwei Fällen durch bei der Berührung des touchirenden Fingers sehr schmerzhafte Geschwüre der Portio vaginalis bedingt. Die dritte Patientin hatte ein sehr empfindliches, tiefstehendes rechtes Ovarium.

Henrichsen konnte an einer sterilen nervösen Frau bei Einführung
der Sonde eine krampfhafte Contraction des Constrictor cunni und eine
ringförmige Verengung des oberen Theiles der Scheide constatiren.

M. Sims spricht von einem den oberen Scheidentheil comprimirenden
Muskel. dessen Bedeutung bei der Samenentleerung darin bestehe, dass
er die Glans erfasse, sie gegen die Portio vaginalis andrücke und den
Cervicalcanal mit der Harnröhre in ein Ganzes zur Beförderung des
Samens in den Uterus vereinige. Von der Existenz eines solchen Muskels
kann man sich aber anatomisch nicht überzeugen. *v. Scanzoni* erkennt
dem Levator ani die Fähigkeit zu, die Scheide im oberen Drittel
zu verengern und bei der Contraction nach dem Coitus das Sperma nach
aussen zu ejaculiren.

Ein interessanter Fall von Behinderung des Coitus durch Vaginismus
ist der folgende meiner Beobachtung: Ein Mädchen heiratete mit
19 Jahren einen Mann von 30 Jahren, der als Lebemann bekannt war.
In der Brautnacht brachten die ersten Cohabitationsversuche einen
Sturm schmerzhafter Erscheinungen hervor, welche die Vollziehung des
Coitus behinderten. Jeder erneuerte Versuch in den ersten Wochen der
Ehe brachte den gleichen Misserfolg. Der Ehemann, seiner Sünden in
venere bewusst, glaubte, dass die Schuld in seiner ungenügenden Potenz
liege und gab dem Verlangen der Verwandten der jungen Frau nach
Scheidung der Ehe nach. Ein Jahr später verheiratete sich die Dame
wieder und zu ihrem Schrecken wiederholten sich dieselben, den ehelichen
Verkehr ausschliessenden schmerzhaften Scenen. Nun consultirte mich
die Dame und ich fand bei der Untersuchung die deutlichsten Symptome
des Vaginismus. ohne irgend nachweisbare materielle Veränderungen
in den Sexualorganen. Das ätiologische Moment mag in diesem Falle
nach dem Geständnisse der Frau die vor der Ehe seit Jahren vorgenommene Reizung des Introitus vaginae durch Onanie gewesen sein.

Zuweilen sind es ungeschickte Begattungsversuche, welche den
Vaginismus erzeugen und dadurch die Conception behindern, so erklärt
es sich, dass Vaginismus frisch am häufigsten bei jung verheirateten
Frauen vorkommt.

Die pathologischen Veränderungen der Sexual-
organe, welche man bei Vaginismus findet, sind zumeist sehr rigide
Beschaffenheit des Hymens. Entzündung und Excoriation des Hymens
und seiner Umgebung, Entzündung der Carunculae myrtiformes, eigenthümliche Entwicklung der Vulva, wodurch diese sich über die Symphyse weit nach vorne erstreckt, so dass die Urethral- und Hymenal-
öffnung auf der Symphyse oder auf dem Lig. arcuatum zu liegen kommt.
Vulvitis, Herpes und Eczem der Vulva, Colpitis, Urethritis, Fissuren.
auch Fissura ani. papilläre Wucherungen, Pruritusknötchen, Carunkeln
der Harnröhre, Bartholinitis, zuweilen gonorrhoische Infection.

Es erscheint für eine Reihe von Fällen sehr wichtig, was *Schröder* über Aetiologie des Vaginismus sagt: „Die Affection wird veranlasst durch das Trauma bei unzweckmässigen, oft wiederholten Begattungsversuchen; sie kommt deswegen frisch am häufigsten bei jung verheirateten Frauen vor. Eine Impotenz des Mannes ist dabei durchaus nicht nöthig, ja nicht einmal häufig. Eine auffallende Enge der Scheide oder zu grosse Straffheit des Hymen können vorhanden sein, sind aber nicht nothwendig; am meisten disponirt noch eine kleine Scheidenöffnung zum Vaginismus. Ist der Ehemann im Punkte der Liebe ganz unerfahren, so werden leicht die Begattungsversuche unzweckmässig angestellt. Die Richtung, in der der Penis vordringt, ist eine falsche, so dass er entweder die vordere oder die hintere Commissur trifft. Sehr viel kommt dabei auf die Lage der Vulva an, die sehr bedeutende individuelle Verschiedenheiten darbietet: Es kommen thatsächlich Fälle vor, in denen die Vulva zum Theile auf der Symphyse aufliegt, so dass man den unteren Rand der Schamfuge noch unterhalb des Orificium urethrae findet. In solchen Fällen wird der Penis zu weit nach hinten dirigirt und bohrt sich, statt in den Scheideneingang einzudringen, in die Fossa navicularis ein. Dadurch wird bei häufig wiederholten Versuchen eine allmälig wachsende Empfindlichkeit dieser Theile, verbunden mit Excoriationen, hervorgerufen. Jetzt wird einerseits die Cohabitation von der Frau der Schmerzen wegen gefürchtet, sie weicht aus, so dass der Ehemann erst recht nicht zum Ziele kommt, anderseits wird aber unter stets erneuter Aufregung der Versuch oft wiederholt, damit die Noth aufhöre und der vollständige Beischlaf die Conception, von der man Heilung erwarte, herbeiführe. So wirkt das Trauma häufiger, die Röthung und die Excoriationen in der Fossa navicularis oder in der Gegend der Urethra werden stärker und die Empfindlichkeit dieser Theile steigt so, dass die Frauen bei blosser Berührung aufschreien. Jetzt gesellen sich noch Reflexkrämpfe hinzu und das ausgesprochene Bild des Vaginismus ist fertig "

Winckel betont, dass für die meisten Fälle zwei Dinge zur Entstehung des Vaginismus gehören: Erstens eine durch mehr oder minder deutlich nachweisbare anatomische Veränderungen bedingte Empfindlichkeit und Schmerzhaftigkeit des Introitus vaginae oder seiner nächsten Umgebung und ausnahmsweise auch der höheren Partien der Scheide, des Uterus, der Ovarien, und zweitens eine primär vorhandene oder allmälig durch oft wiederholte Reize bedingte und durch unbefriedigte Geschlechtslust gesteigerte allgemeine Sensibilität und Nervenreizbarkeit des Individuums.

A. Martin hebt hervor, dass den Vaginismus veranlassende Krämpfe der Musculatur des Beckenbodens, besonders des Levator ani, auch unter dem Einflusse von Erkältungen eintreten können, wie diese Ur-

sache auch in anderen Muskelgebilden zu Contractionen führt. Fraglich
bleibt meist in diesen Fällen, ob nicht Masturbation und dergleichen im
Spiele ist. Zuweilen ist der Vaginismus nur ein durch Steigerung der
Schmerzen verursachtes, aber bald vorübergehendes Sympton verschiedenartiger Erkrankungen der Genitalien bei sehr sensiblen Frauen.

Veit zählt unter die Vaginismus veranlassenden pathologischen
Zustände auch Erkrankungen der höhergelegenen Beckenorgane, wie
chronische Metritis, Lageveränderungen des Uterus, Oophoritis u. a. m.
Nach *Arndt* ist der Vaginismus nicht blos ein locales Leiden, sondern
häufig das Symptom einer neuropathischen Diathese, welche unter be-
günstigenden Umständen zu allgemeiner Geistesstörung führen kann.

Bei den höheren Graden von Vaginismus besteht fast
immer Sterilität, indess kann ja in Ausnahmsfällen durch Ergiessen
des Sperma an den äusseren Genitalion dennoch Conception eintreten; ja
es sind Fälle bekannt, wo der Vaginismus die Conception nicht hinderte,
aber ein Geburtshinderniss bildete. *v. Preuschen* theilt eine einschlägige Beobachtung mit. Sie betraf eine jungverheiratete 18jährige Frau,
bei der in Folge unstillbaren Erbrechens und fast ununterbrochen an-
dauernder hysterischen Krampfzustände eine Unterbrechung der Schwangerschaft im fünften Monate nothwendig wurde. Die Einführung des
Bougies konnte nur in der Chloroformnarcose bewirkt werden, da der
ausgeprägteste Vaginismus bestand. Wie der Ehemann versicherte, hatte
niemals eine Immissio penis stattgefunden.

Zuweilen verursachen aber auch organische Erkrankungen
des Uterus und seiner Adnexa solche Schmerzempfindungen bei
der Cohabitation, dass diese dadurch unmöglich gemacht wird. So hat
Hofmann bei der Section einer noch jungen Prostituirten, welche wegen
heftiger Schmerzen bei dem Beischlafe ihr Gewerbe hatte aufgeben
müssen, beiderseitige chronische Salpingitis und sonst normale Genitalien
gefunden. Vielleicht war ein ähnlicher Zustand bei den römischen Cour-
tisanen vorhanden, von denen *Zachias* erzählt, dass sie bei jedem Beischlafe vor Schmerzen in Krämpfe und Ohnmacht verfallen und deshalb
ihr Gewerbe aufgeben mussten. *Trenholm* excidirte ein chronisch ent-
zündetes Ovarium, welches den Coitus wegen damit verbundener Schmerzhaftigkeit unmöglich gemacht hatte.

Die Beschaffenheit des von der Vaginalschleimhaut abgesonderten Secretes, sowie des Cervicalschleimes kann gleichfalls den
hindernden Anlass bieten, dass das Ovulum nicht mit normalem
Sperma in Contact kommt.

Die Secrete der weiblichen Sexualorgane sind mannigfacher Art:

Die äussere Oberfläche der grossen Schamlippen ist mit Haut,
die Talgdrüsen und Schweissdrüsen enthält, überkleidet, dagegen ist die

innere Oberfläche und der übrige Theil der äusseren Geschlechtstheile
mit Schleimhaut und geschichtetem Pflasterepithel versehen, die mit
Talg- und Schleimdrüsen versehen ist. Das Gemenge aus dem Secrete
dieser Drüsen und aus den zahlreichen Epitheliallamellen, die sich fort-
während abschuppen, macht die weissliche, unter dem Namen Smegma
bekannte Masse aus. Eine schleimige Flüssigkeit wird auch von der
Vulvo-Vaginal- oder Bartholinischen Drüse geliefert.

Die Vagina besitzt eine drüsenarme Schleimhaut, die mit zahlreichen
Papillen versehen ist, die aber nicht über die Oberfläche hervorragen.
da die Zwischenräume durch geschichtetes Pflasterepithel, das über die
ganze Schleimhaut hinzieht, ausgefüllt sind. Das Secret der Vaginalschleimhaut ist eine dünnflüssige, sauer reagirende Flüssigkeit und
erhält durch reichliche Aufnahme morphologischer Elemente in Form
von oberflächlichen losgelösten Epitheliallamellen das Aussehen einer
dichten, oft breiigen, weisslichen Masse. Diese Lamellen sind häufig
mit Häufchen von Körnchen des Leptothrix bedeckt; zwischen diesen
Körnchen sieht man gemeinsam mit Vibrionen und Bacterien auch zahlreiche Leptothrixfäden, ähnlich denjenigen der Schleimhaut; bald sind
sie sehr lang, bald in Form von 4—6—8 Mikromillimeter wachsenden
Bacillen.

Dasselbe Epithel erstreckt sich auch auf einen je nach den Individuen kleineren oder grösseren Theil des Collum uteri. Hier wird das
Epithel dünner, die glatten Zellen werden länglich und prismatisch und
es bildet sich so erst das einfach geschichtete, prismatische Epithel.
dann das Flimmerepithel, welches die ganze Innenwand des Uterus
auskleidet. Die Schleimhaut des Uterushalses ist reich an bald einfachen.
bald verzweigten tubulösen Drüsen, welche, mit einer Schichte cylindrischer
Zellen überzogen, dichten gallertartigen, alkalischen Schleim absondern,
der nur wenige prismatische Epithelzellen und einige Leukocyten enthält. Die Schleimhaut der Uteruscavität enthält einfachere tubulöse
Drüsen, die ebenfalls mit einschichtigem prismatischen Epithel, welches
eine graulich alkalische Flüssigkeit absondert, überzogen sind. Dieses
Secret ist dünnflüssiger als das vom Collum uteri gelieferte.

Bei normalem Verhalten der Vaginalschleimhaut ist das Secret gewöhnlich nur in der zur Befeuchtung und Schlüpfrigerhaltung der Schleim-
hautoberfläche nöthigen Menge vorhanden; es erscheint bei der Untersuchung als ein beinahe wasserheller, flüssiger Schleim, welcher zumeist
saure Reaction zeigt. Unter dem Mikroskop findet man in der Flüssigkeit
gewöhnlich nicht sehr reichliche Mengen von Pflasterepithelien. Kurz
vor und nach der Menstrution ist nach *Kölliker's* und *v. Scanzoni's*
Untersuchungen die Menge des Vaginalsecretes beträchtlicher, sehr dünn-
flüssig; die Reaction auch immer sauer. Das Cervicalsecret ist in der
Norm kein bedeutendes, so dass ein Austritt desselben aus der Orificial-

Öffnung in reichlicherer Menge schon darauf hindeutet, dass die Schleimhaut des Cervix uteri abnorm secernirt. Der von den Drüsen des Cervix secernirte glasige, zähflüssige alkalisch reagirende Schleim sammelt sich innerhalb der Cervicalhöhle. In Folge der menstrualen Congestionen zum Uterus tritt w ä h r e n d d e r M e u s e s, und in Folge der sexuellen Erregung w ä h r e n d d e r C o h a b i t a t i o n eine reichlichere Secretion des Cervicalschleimes ein, unter welchen Umständen er auch etwas von seiner Zähigkeit verliert, so dass die Höhle des Cervix für die Menge des in ihr sich anhäufenden Secretes zu enge wird und dasselbe sich aus dem Muttermunde entleert. Die Entleerung des Cervicalsecretes ist demnach im gesunden Zustande des Uterus in der Regel nur an die Menstruationsperioden und an den Copulationsact gebunden, wo es sodann in Gestalt eines entweder wasserhellen oder etwas gelblich-weiss gefärbten Tropfens aus der Orificialöffnung zum Vorscheine kommt.

Durch c a t a r r h a l i s c h e P r o c e s s e werden die Secrete des weiblichen Genitalapparates ähnlich wie die anderer Schleimhäute verändert. Die Epithelialelemente und die Leukocyten nehmen dabei an Menge zu, und bei acuten Catarrhen treten oft rothe Blutkörperchen auf. Die mikroskopische Untersuchung der Secrete gibt je nach ihrer Bildungsstätte verschiedene Resultate: Man kann darin gelatinöse Anhäufungen des Schleimes des Collum uteri oder dicke undurchsichtige Massen der Vaginalabschuppung, vermengt mit dem Smegma der äusseren Genitalien finden. Zwischen den Pflasterepithelzellen bemerkt man öfters jüngere Zellen, deren Form sich der ovalen oder der polyedrischen nähert und welche körnigeres Protoplasma und einen bläschenartig aussehenden Kern führen. Je nach den vorhandenen Entzündungsprocessen werden sich in den Secreten auch Eiterkörperchen finden. Ebenso sind in dem catarrhalischen Secrete verschiedene Mikroorganismen gefunden worden.

Das Vaginalsecret soll im normalen Zustande schwach sauer sein. Ist dasselbe s e h r s a u e r, dann wird die Bewegungsfähigkeit der Spermatozoen sofort behoben. Der Cervicalschleim, dessen normale alkalinische Beschaffenheit der Fortbewegung der Spermatozoen am günstigsten ist, kann durch katarrhalische Processe derart verändert sein, dass er, gleichfalls sauer reagirend, die Samenfäden zerstört und hierdurch Sterilität verursacht. Es lässt sich dies zuweilen durch den mikroskopischen Befund erweisen. Ich habe in mehreren Fällen von Endometritis steriler Frauen den Cervixschleim kurze Zeit nach der Cohabitation untersucht und darunter mehrere Male in demselben keine l e b e n d e n Spermatozoen, sondern nur todte, bewegungslose Spermafäden gefunden (Fig. 7). Selbstredend habe ich mich in diesen Fällen zuvor von der normalen Beschaffenheit des Sperma des Gatten überzeugt.

Levy, welcher diesem Momente besondere Aufmerksamkeit gewidmet hat, fand bei den mikroskopischen Untersuchungen der sterilen Frauen (39 Fälle) als „constante Thatsache", dass die Samenfäden niemals in grösserer Anzahl und niemals längere Zeit sich bewegend angetroffen wurden, so lange die Eiterzellen und das Epithel in der Absonderung massenhaft und vorherrschend waren. Während er wiederholt bei gesunden Frauen 26 Stunden post coitum viele und lebhaft herumschnellende Spermafäden fand, ist es ihm nicht gelungen, in jenen Fällen nach der fünften Stunde auch nur die schwächste Bewegung derselben wahrzunehmen.

Ueber das Verhalten der Bewegung der Spermatozoen den Salzen und chemischen Einwirkungen gegenüber, haben *Ackermann*, *Kölliker* und *Engelmann* eingehende Untersuchungen angestellt.

Im Allgemeinen kann man die Samenkörperchen durch Salze so austrocknen, dass sie stillstehen; durch Wasserzufuhr kommen sie dann wieder in Bewegung. Auch das umgekehrte Verfahren, sie durch Quellung zum Stillstand, durch Concentration der Lösung zu erneuerter Bewegung zu bringen, ist geglückt. Neutrale Salze in richtiger Concentration schaden der Bewegung nicht. Die Gruppe NaCl, KCl. NaN$_3$, NH$_4$Cl, wirkt bei Concentration von $^1/_2$—$1^1/_2$ Percent, die Gruppe BaCl, NA$_2$SO$_4$, MgSO$_4$, Na$_2$HPO$_4$, in 5 Percent Lösung am

Fig. 35.

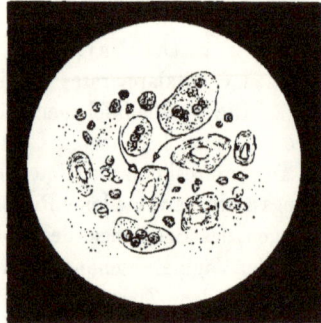

Cervicalschleim, 1 Stunde post coitum, entnommen von einer an Endometritis chronica leidenden Frau. Zwischen Epithel, Eiterkörperchen und kleinkörniger Masse finden sich einzelne unbewegliche todte Spermatozoen.

günstigsten ein, um die zum Stillstande gebrachten Spermatozoen in erneute Bewegung zu versetzen. Dies hängt mit dem endosmotischen Acquivalent der Salze zusammen. Säuren wirken nach *Engelmann* im ersten Moment anregend, dann tödtend. Alkalien wirken, wie *Virchow* zuerst zeigte, bei genügender Verdünnung $^1/_{5000}$ KHO anregend.

Es ist nicht blos die Qualität des Secretes der weiblichen Sexualorgane von Einfluss auf die Bewegungsfähigkeit der Spermatozoen, sondern auch die Quantität jenes Secretes, worauf bisher von gynäkologischer Seite noch nicht hingewiesen worden ist. Man nimmt gewöhnlich an, dass nur eine zu saure Beschaffenheit des Vaginalsecretes die Spermatozoen in ihrer Bewegungsfähigkeit beeinträchtige; indess ist dies nicht richtig; schädlich kann an und für sich jedes reichlich vorhandene Secret in der Vagina wirken, welches eine

Quellung der Spermatozoen veranlasst. Ist ferner die Quantität des ejaculirten Sperma eine zu k l e i n e , so wird schon die gewöhnliche saure Beschaffenheit des Vaginalschleimes genügen, um die Spermatozoen in kurzer Zeit bewegungsunfähig zu machen.

Die Sterilität kann ferner auch durch Cervicalcatarrh derart veranlasst werden, dass die profuse Secretion der geschwellten Cervicalschleimhaut des Sperma förmlich fortspült. Umgekehrt kann auch ein zu zähes Secret, welches das Orificium wie ein Pfropf erfüllt, die Conception behindern, indem es den Spermatozoen den Eintritt versagt.

Dass der bei Gewebsveränderungen des Uterus vorkommende zähe, klebrige, fest anhängende Cervicalschleim, wenn er die Höhle des Cervix in reichlicher Menge füllt, das Eindringen der Samenflüssigkeit in die Höhle des Uterus zu hindern vermag, ist leicht ersichtlich. Es wird dieser Cervicalcatarrh besonders dann der Conception hinderlich sein, wenn die Frauen noch nie geboren haben, während bei Frauen, welche bereits öfter geboren hatten, in Folge des weiteren Klaffens der Orificialöffnung den Anhäufungen des Cervicalschleimes leichter vorgebeugt wird. v. Scanzoni hat schon auf jene Beobachtung aufmerksam gemacht, dass Frauen, welche an sehr beträchtlichen chronischen Anschwellungen des Uterus und profusen Uterinal-Blennorrhoen litten, aber bereits ein- oder mehreremale geboren hatten, im Allgemeinen wieder leicht concipiren, während gegentheilig jene, welche noch nicht geboren hatten, und eine reichliche Secretion des Cervicalschleimes darboten. b e i n a h e a u s n a h m s w e i s e s t e r i l bleiben, wenn es nicht gelang, die Hypersecretion zu mässigen oder dem sich ansammelnden Schleim einen freieren Ausfluss zu verschaffen.

Charrier hat in einer der Société de médecine, 1881, überreichten Mittheilung bezüglich des Einflusses des Uterovaginalsecretes folgende Thesen aufgestellt: „In gewissen seltenen Fällen können bei einer völlig gesunden Frau die Uterovaginalsecretionen sauer sein. Diese Säure kann ein absolutes Hinderniss für die Befruchtung bilden; die Spermatozoen sterben in einem auch nur leicht sauren Medium ab. Um die uterovaginalen Absonderungen auf den normalen Zustand zurückzuführen, muss man eine alkalinische Behandlung einleiten (alkalische Getränke, alkalische Bäder, warme alkalinische Injectionen). Wenn dieser saure Zustand verschwindet und die Flüssigkeit neutral wird, ist das Hinderniss aufgehoben und die Conception kann stattfinden. Dies Verschwinden der Säure unter dem Einflusse der alkalischen Behandlung zeigt den Erfolg, welchen man gegen die Sterilität in den alkalischen und schweflig-alkalischen Thermalbädern erzielt." *Charrier* geht hierbei entschieden zu weit, er übersieht, dass das Vaginalsecret in der Norm sauer reagirt. Auch ist nicht gut erklärlich, welchen Einfluss das Trinken alkalischer Wässer auf die Aenderung des Secretes des Genitaltractes haben soll.

v. Grünewaldt hat besonders auf eine allerdings nur selten vorkommende Form der chronischen Endometritis mit zähem Secrete aufmerksam gemacht, welche Sterilität verursacht. Symptome dieser Form sind folgende: Der Uterus zeigt in Form, Grösse und Consistenz normale Verhältnisse, ist nicht selten virginal, nur das Speculum zeigt aus dem Muttermunde quellendes, grau-grünliches, sehr zähes Secret, das sich schwer abwischen lässt. Von 24 daran leidenden Frauen seiner Beobachtung waren 10 überhaupt in mehrjähriger Ehe nie schwanger gewesen; bei 10 Kranken war die Sterilität eine erworbene; bei 4 Kranken liess sich ein Urtheil über etwaige Fortpflanzungsfähigkeit nicht geben, weil 2 von ihnen von ihren Männern geschieden lebten und bei zweien nach der letzten Geburt erst zwei Jahre verflossen waren. Jedenfalls ist keine einzige der betreffenden Frauen, nachdem sie die genannte Affection des Endometrion acquirirt hatte, später Mutter geworden, obschon in einzelnen Fällen die Therapie eine Verbesserung des Zustandes zu Wege brachte.

Unter den bei Uterinal- oder Vaginalerkrankungen zuweilen angewendeten Mitteln, welche die Bewegungsfähigkeit der Spermatozoen rasch vernichten, sind besonders Ausspülungen mit Lösungen von Carbolsäure, Thymol, Chlorwasser und schwefelsaurem Kupferoxyd hervorzuheben.

Bei Besprechungen der Verhältnisse, welche den Contact von Ovulum und Sperma hemmen, darf nicht ausser Betracht gelassen werden, dass die sexuelle Erregung des Weibes bei der Cohabitation eine nicht zu unterschätzende Rolle spielt, wenn diese auch noch nicht genau definirt werden kann.

Ich halte es für wahrscheinlich, dass ein actives Verhalten des Weibes bei dem Coitus für das Resultat der Befruchtung nicht irrelevant ist, dass die sexuelle Erregung des Weibes ein nothwendiges Glied in der Kette der Bedingungen der Befruchtung bildet, sei es, dass durch diese Erregung auf reflectorischem Wege gewisse Veränderungen des Cervicalsecretes eintreten, welche das Eindringen der Spermatozoen in den Uterus begünstigen, sei es, dass in analoger Weise Veränderungen der Vaginalportion zu Stande kommen, welche die Weiterbeförderung des Spermas beschleunigen.

Schon *Hohl, Litzman* u. A. haben hervorgehoben, dass bei nervösen reizbaren Frauen durch das Touchiren der Vaginalportion mit dem Finger geschlechtliche Sensationen, Abrundung des Muttermundes, Tiefertreten des Uterus und Hartwerden des Scheidentheiles hervorgerufen werden, welches für eine nothwendige Begleiterscheinung der Cohabitation gehalten wird. Es wird also für die Erection der Vaginal-

7*

portion eine geschlechtliche Erregung vorausgesetzt. Ebenso betont *Eichstedt* und *Kehrer*, dass der Modus coeundi und das active Verhalten des Weibes hierbei wesentlichen Einfluss auf die Befruchtung besitze.

Ich selbst lege ein gewisses Gewicht darauf, dass durch Wollusterregung beim Coitus auf reflectorischem Wege eine Absonderung von Seiten der im Cervix befindlichen Drüsen zu Stande kommt, welche geeignet ist, die Bewegungsfähigkeit der Spermatozoen zu erhöhen, und es ist vielleicht auch die Annahme gestattet, dass durch mangelhafte sexuelle Erregung des Weibes, durch Fehlen des Wollustgefühles während der Cohabitation es nicht zur Auslösung jener Reflexe kommt, die das Eindringen der Spermatozoen in den Uterus begünstigen. Dass die geschlechtliche Anregung von grossem Einflusse auf das Eintreten der Menstruation ist, lässt sich oft nachweisen und auch darum ist schon analog der Einfluss der sexuellen Erregung auf das Zustandekommen der Befruchtung nicht gänzlich zurückzuweisen. Bekanntlich stellt sich die erste Menstruation bei den Städterinnen früher ein als bei den Bäuerinnen, nicht in Folge der besseren Ernährung und geringerer körperlicher Anstrengung, sondern jedenfalls auch in Folge der nervösen Einwirkung. Ebenso ist bekannt, dass Fabriksmädchen sehr früh geschlechtlich reif werden. Es wäre hierin eine Stütze für die seit alten Zeiten im Volke herrschende Meinung gegeben, dass zur Befruchtung eine Wollusterregung des Weibes nothwendig sei. Nicht so selten kommt es ja dem Gynäkologen vor, dass sterile Frauen darüber klagen, dass sie beim Coitus absolut kein „Gefühl" haben und diesem Umstande die Resultatlosigkeit der Cohabitation beizumessen sei.

Eine gebildete Dame, Mutter mehrerer Kinder, versicherte mir, sie wisse nicht nur genau, wenn ein Coitus bei ihr zur Conception geführt habe, sondern sie habe es auch in ihrem Belieben, die Cohabitation zu einer befruchtenden zu gestalten oder nicht. Halte sie sich bei dem Coitus passiv, oder wie sich die Dame ausdrückte, befolge sie nur das laisser faire, laisser aller, dann trete keine Conception ein, wenn sie sich aber zu activen Bewegungen hinreissen lasse und das Wollustgefühl gesteigert sei, dann erfolge auch Empfängniss.

Als Dyspareunie (früher auch Anaphrodisie) bezeichnet man den abnormen Zustand des Weibes, wenn dieses bei dem Coitus keine Wollust, sondern im Gegentheil Unbehagen oder gar Schmerz empfindet, wenn die Frau demgemäss dem Cohabitationsacte keine anregende Lust, sondern Kälte oder gar Widerwillen entgegenbringt.

Dieser übrigens durchaus nicht so seltene Zustand der abnormen Geschlechtsempfindung ist ein Symptom verschiedenartiger pathologischer Zustände, deren Analyse bisher von gynäkologischer Seite noch nicht versucht wurde.

Von einer grossen Gruppe von Thieren wissen wir, dass ein ähnlicher Zustand wie die Dyspareunie zur Norm ausserhalb der Brunstzeit gehört. Ein ganz gewöhnliches Beispiel gibt jede nicht brünstige Hündin, welche sich gegenüber einer geschlechtlichen Attaque des Männchens ausserordentlich widerspenstig und unwillig zeigt. Beim reifen Weibe ist die Geschlechtslust an keinen Zeitpunkt gebunden, sie ist in der Norm im gegebenen Falle jederzeit vorhanden, wenn auch allerdings äussere, auf den Körper, oder psychische, auf die Phantasie wirkende Reizmittel diese Lust erhöhen und ganz excessiv steigern können.

Der entgegengesetzte Zustand ist immer pathologisch und kann die verschiedensten Abstufungen haben, von jener fühllosen kühlen Passivität, welche den Impetus des Gatten so sehr herabzusetzen vermag, eigentliche Dyspareunie, bis zu den qualvollsten Schmerzen und den zur Bewusstlosigkeit sich steigernden, mit Krämpfen verbundenen Zuständen, welche das Mitleid im höchsten Grade anzuregen geeignet sind, als Vaginismus bekannt. In der Regel kennen an solchen Zuständen leidende Frauen das Ejaculationsgefühl beim Coitus, welches auf dem Höhepunkte der Wollust eintritt, nicht, oder empfinden dasselbe nur während erregender Träume.

Ein Zustand, welcher nur auf subjectiven Angaben der Frau beruht, ist selbstredend schwer zu constatiren und noch schwerer zu controliren. Hat man einmal auf diesen Punkt seine Aufmerksamkeit gerichtet und stellt man diesbezügliche Fragen, so wird eine gewisse Anzahl von Frauen ganz ungerechtfertigt Dyspareunie heucheln, um Interesse zu erregen, als lieblos auf dem ehelichen Altare Liebesopfer bringend. Indess sind häufig die Angaben vollkommen glaubwürdig, besonders wenn sie durch die Aussagen des Gatten als richtig bestätigt werden.

Zumeist kommt die Dyspareunie dem Arzte dann zur Beobachtung wenn damit Sterilität verbunden ist. Der Mann klagt über die Kälte seiner weiblichen Ehehälfte als schuldtragende Ursache, oder die Frau erklärt, dass sie geschlechtlich nicht befriedigt werde und darum nicht concipire.

In der That erscheint die Dyspareunie und Sterilität in so ganz auffälliger Coincidenz vorkommend, dass man einen ätiologischen Zusammenhang nicht ganz von der Hand zu weisen vermag. Unter 40 sterilen Frauen meiner Beobachtung, bei denen ich auf Dyspareunie examinirte, war dieser Zustand 12mal erweislich, also in 30 Procent der Fälle.

Und noch ein Moment ist, welches sich sehr häufig mit Sterilität und Dyspareunie als drittes combinirt, das ist die Klage der Frau, dass sie das Sperma nicht zurückzuhalten vermag, sondern

dass dasselbe gleich wieder aus der Vagina abfliesst. Der Grund
dieses den Frauen auffälligen raschen Abfliessens des Sperma scheint
darin zu liegen, dass durch den Mangel des Wollustgefühles die
von diesem sonst beim Coitus ausgelösten Reflexacte der Musculatur
des weiblichen Genitale unterbleiben; es kann aber auch eine abnorme
Weite der erschlafften Vagina daran Schuld tragen. Die Sterilität
lässt sich demgemäss bei Dyspareunie damit begründen, dass durch
diese letztere das Sperma nicht in der Vagina zurückgehalten wird
und dass es nicht zu jener von uns schon früher als Reflexaction ge-
deuteten Secretion der Cervicaldrüsen kömmt, welche eine wesentliche
Rolle für die Beförderung der Spermatozoen durch den Cervix in den
Uterus inne hat.

Auch Viehzüchter haben bei Kühen und Stuten die Beobachtung
gemacht, dass der Samen zuweilen unmittelbar nach dem Coitus wieder
aus der Vagina abfliesst und wurde diese Unfähigkeit der Thiere,
das Sperma zurück zu behalten, auch dem Umstande zugeschrieben, dass dieselben nicht recht in Hitze geriethen. Es wird auch
empfohlen, dass Zurückhalten des Samens bei diesen Thieren durch
Uebergiessen des Steisses und der äusseren Theile mit kaltem Wasser
zu erwirken.

Was nun die pathologischen Veränderungen der Sexualorgane
betrifft, welche ich bei Frauen, die mit Dyspareunie behaftet waren,
fand, so waren es am häufigsten chronische catarrhalische Zustände
der Vaginal- und Uterusschleimhaut, dabei auffällig ausgeweitete er-
schlaffte Vagina. chronische Metritis mit wesentlicher Vergrösserung
des Organes. In drei Fällen war bemerkenswerth, dass die Clitoris sehr
verkümmert war. Bei zwei Frauen waren alte nicht geheilte Dammrisse
vorhanden. Hypertrophie der Nymphen soll Dyspareunie bedingen, doch
stehen mir hierüber keine eigenen Erfahrungen zu Gebote. Bei mehr
als der Hälfte aller Fälle von Dypareunie konnte ich eine herab-
gesetzte Sensibilität der Vaginalschleimhaut, in zwei
Fällen sogar vollständige sensorische Anästhesie dieser Partie nachweisen.
Dagegen war in nahezu ein Drittel der Fälle und speciell bei allen
jenen hochgradigen Formen, welche sich als Vaginismus kundgaben,
Hyperästhesie der Vaginalschleimhaut vorhanden. Die Hyperästhesie bei
Vaginismus ist ganz besonders hochgradig am Scheideneingange und
bei jungfräulichen Individuen am Hymen, so dass jeder Versuch zur
Cohabitation zu heftigen unwillkürlichen spasmodischen Contractionen
des Constrictor cunni Anlass gibt, ja jede Berührung dieser Theile mit
dem Finger oder einer Sonde solche Krämpfe auslöst (s. S. 90 u. ff.).

Nicht selten ist die Dyspareunie begründet in unzulänglicher
Potenz des Ehegatten, welche nicht ausreicht, um bei der Frau das
Wollustgefühl zu erregen. Widerwillen gegen den Gatten, äusserliche

Ekel erregende Mängel des Letzteren geben auch zu solcher, nur relativen Dyspareunie und hiermit zu Sterilität Anlass.

Bei solchen Frauen, die mit Männern, welche an sexueller Potenz ihnen nicht Genüge leisten können, längere Zeit verheiratet sind, findet man als auffälligen Befund eine totale **Erschlaffung der Genitalien**: Der Uterus sehr beweglich, meist nach rückwärts hinabgesunken, dünn, schlaffwandig mit meist weiter Höhle, Portio vaginalis schlaff, spitz zulaufend, die Vagina weit, an der Schleimhaut des ganzen Genitaltractes starke Hypersecretion, am M. constrictor cunni, M. levator ani und am Damm grosse Welkheit der Muskeln; fast immer klagen solche Frauen über die mannigfachsten nervösen Beschwerden, über die verschiedenartigsten, unter dem Collectivnamen Hysterie bekannten Symptome, werden chlorotisch und kommen in ihrer Gesammternährung herunter. Ich habe oft Gelegenheit, solche Befunde im Curorte zu beobachten bei orthodoxen russisch-polnischen Jüdinnen, bei denen es noch immer üblich ist, dass die Männer gleichalterig oder vielmehr gleich jugendlich mit ihren Frauen zu 16 bis 17 Jahren heiraten. Bald nach der Hochzeit stellt sich das sexuelle Missverhältniss heraus, das stets grösser wird und um so empfindlicher sich gestaltet, als der Ehegatte häufig schon vor der Ehe durch Onanie an Potenz eingebüsst hat. Eine ganz auffällige Zahl solcher Ehen bleibt kinderlos, und ist es bedauerlich, dass hierüber keine statistischen Daten vorliegen.

Zuweilen ist mit Dyspareunie auch perverse Geschlechtsempfindung verbunden. Solche Frauen masturbiren, fröhnen dem Amor lesbicus u. s. w. Eine Frau von 30 Jahren, welche mit ihrem Gatten seit 9 Jahren in steriler Ehe lebte, klagte mir, dass sie seit Jahren keinen sexuellen Verkehr habe, da sie bei der Cohabitation nicht blos kein Lustgefühl empfinde, sondern entschiedenen Ekel vor diesem Acte habe, hingegen treibe sie seit längerer Zeit ein unwiderstehliches Gefühl dazu, Kinder, männlichen und weiblichen Geschlechts, an den Genitalien zu berühren; dies gewähre ihr geschlechtliche Befriedigung. Die gebildete Frau suchte diesen Trieb möglichst zu unterdrücken, gab jedoch an, dass er zur Zeit der Menses oft stärker sei als ihre Willenskraft. Die Untersuchung der Genitalien ergab einen retroflectirten vergrösserten Uterus, Anästhesie der Vagina.

Eine sexuelle Disharmonie, vielleicht auch auf diesbezüglicher mangelhafter Erregbarkeit beruhend, könnte man zuweilen als Ursache der Sterilität von zwei Ehegatten annehmen, welche miteinander in unfruchtbarer Ehe leben, während, wenn sie getrennt und wieder verheiratet wurden, jeder Theil nun sich Fruchtbarkeit der neuen Ehe erfreut. Solche Fälle sind ja bekanntlich nicht selten, dass nach Lösung langjähriger steriler Ehen von Gatten, welche an und für sich zeugungsfähig sind, erst durch Wiederverheiratung auch ihre Fruchtbarkeit

erwiesen wurde. In solchen Fällen, welche bereits die Aufmerksamkeit der Naturforscher des Alterthums, wie *Aristoteles*, erregten, hat
Haller als Ursache Mangel an übereinstimmender Liebe angegeben.
Französische Aerzte, wie *Virey*, legen demgemäss auf das Fehlen der
Harmonie d'amour ein grosses Gewicht als Sterilitätsursache. Vielleicht
ist auch der Mangel an geschlechtlicher Uebereinstimmung zuweilen
ein ganz materieller, in den Dimensionen und der Configuration der
beiderseitigen Zeugungsorgane begründeter.

Wer übrigens hinter die Coulissen der Ehe zu blicken genöthigt
ist, erfährt ja auch zuweilen, dass die treulose Frau von dem Liebhaber viel leichter concipirt, als von dem ihr gleichgiltigen Gatten.

Analoge Verhältnisse weit deutlicherer Art sind in der Thierwelt
wiederholt festgestellt worden. So sagt *Darwin* über derartige Beobachtungen: „Es ist eine keineswegs seltene Erscheinung, dass gewisse
Männchen und Weibchen nicht mit einander sich zur Zeugung vereinigen wollen, obschon sonst beide mit anderen Männchen und Weibchen
als vollkommen fruchtbar bekannt sind und kein Grund zu der Annahme vorliegt, dass diese Erscheinung durch irgend eine Veränderung
in den Lebensgewohnheiten dieser Thiere verursacht ist. Die Ursache
liegt wahrscheinlich in einer angeborenen sexuellen Unvereinbarkeit
des zusammengebrachten Paares. Hierüber stehen mir eine grosse Zahl
Mittheilungen bekannter grosser Thierzüchter in Bezug auf Pferde,
Rinder, Schweine, Jagdhunde, andere Hunde und Tauben zu Gebote.
So gelang es in diesen Fällen nicht, Weibchen, die vorher oder später
sich als fruchtbar erwiesen, mit gewissen Männchen, mit denen eine
Fortpflanzung ganz besonders gewünscht wurde, mit Erfolg zu paaren.
Ich erfuhr von dem berühmtesten heute lebenden Pferdezüchter, dass gar
nicht selten eine Stute, obwohl sie während einer oder mehrerer Decksaisons mit einem Hengst von anerkannter Zeugungsfähigkeit zusammengebracht wurde, dennoch unfruchtbar blieb, während sie mit anderen
Pferden nachher gleich tragend wurde."

Duncan fand unter 191 sterilen Frauen 39 ohne Geschlechtsbegierde und 62 ohne Geschlechtsgenuss. *Duncan* führt unter den
Ursachen der Sterilität besonders abnormen sexuellen Appetit an.

Allerdings muss hier auch der ärztlichen Berichte erwähnt werden,
dass Frauen concipirt haben, trotzdem der Beischlaf gegen ihren Willen,
durch Nothzucht, in der Trunkenheit, im Schlafe oder ohne jede wollüstige Empfindung vollzogen wurde. Es können also die Erection, die
reflectorischen Bewegungen und Secretionen des Uterus auch unabhängig
von jedem Wollusteinfluss und jeder wollüstigen Empfindung eintreten,
doch sind dies nur Ausnahmsfälle, deren Glaubwürdigkeit überdies
häufig genug angezweifelt werden muss. Bei vielen Fällen, in denen
im Zustande der Bewusstlosigkeit Conception erfolgt sein soll, stellt

sich durch gerichtliche Erhebungen heraus, dass jener Zustand nicht so ganz willenlos, und dass die angethane Gewalt nur eine Vis grata war. *v. Maschka* theilt einen Fall mit, wo ein Mädchen behauptete, in epileptischer Bewusstlosigkeit genothzüchtigt worden zu sein, sich jedoch aller Details des Actes genau erinnerte. Ebenso zeigte sich in einem von *Casper* mitgetheilten angeblichen Falle gewaltsamer Entjungferung in willenlosem, durch Rausch verursachten Zustande, dass nur ein Angetrunkensein mit erhöhter sexueller Erregung vorhanden war. Angaben von Schwängerung im Schlafe, im unbewussten Zustande, im „Zustande von Magnetismus", im „hypnotischen Schlafzustande" sind immer mit Reserve aufzunehmen.

Der Beweis für die Bedeutung des Wollustgefühles zur Herbeiführung der Conception liegt darin, dass bei der Mehrzahl der Frauen der Wollustsinn erst allmälig nach der ersten Cohabitation wach wird und sich p r o g r e s s i v e n t w i c k e l t und dem entsprechend die erste Conception auch erst einige Zeit nach der Hochzeit in einer Epoche, welche häufig mit dem Erwachen dieses Wollustsinnes zusammenfällt, eintritt. So entwickelt sich selbst bei zur Befruchtung geeigneten Frauen diese Fähigkeit zum Concipiren meist erst allmälig nach einer hinlänglichen Uebung der Copulation.

Nach meinen Feststellungen bei 556 fruchtbaren Frauen war die erste Geburt bei 156 im Zeitraume bis zu 10 Monaten nach der Verheiratung eingetreten, bei 199 im Zeitraume von 10—15 Monaten nach der Verheiratung, bei 115 im Zeitraume von 15 Monaten bis zu 2 Jahren. Ueber den Einfluss, den auf den früheren oder späteren Eintritt des Empfangens das A l t e r der Frau bei ihrer Verheiratung und demgemäss die ungenügende Entwicklung der Genitalien übt, haben wir bereits früher Daten gegeben. Nach *Spencer Wells* erfolgte unter 7 fruchtbaren Ehen nur bei 4 die Niederkunft in einem früheren Zeitraume als 18 Monate nach der Hochzeit. Nach *Puech* erfolgt bei 10 fruchtbaren Ehen die Niederkunft 5mal am Ende des ersten Ehejahres, 4mal am Ende des zweiten und 1mal am Ende des dritten Ehejahres. Diese vorübergehende Unfähigkeit zur Conception kann allerdings auch ihren Grund in der anfänglich unvollständigen Vollziehung des Actes haben, an der beide Ehegatten gleiche Schuld tragen; allein es lässt sich nicht leugnen, dass oft die Frau allein die Veranlassung gibt, indem ihre Sexualorgane, zu neuer Thätigkeit erweckt, hierzu erst einer gewissen Uebung und ihr Wollustsinn einer speciellen Erregung bedürfen.

Ich kenne eine Dame, welche, zum zweiten Male verheiratet, in erster Ehe nach 5 Jahren concipirte und in zweiter Ehe mindestens 6 Jahre bedurfte, ehe Conception eintrat. Ein anderer Fall aus meiner Praxis, der auch die Abhängigkeit der Sterilität von der durch ungenügende Potenz des Mannes veranlassten geringen sexuellen Erregung der Frau zu erweisen scheint, ist folgender: Ein Mädchen von 19 Jahren heiratet einen durch sexuelle Excesse geschwächten 40jährigen Mann. Vier Jahre nach ihrer Verheiratung gelang es erst dem Manne, das Hymen zu perforiren, nach weiteren 6 Jahren trat Conception ein und seit dieser Zeit (10 Jahren) ist die Frau steril.

Courty erzählt von einer älteren Dame, welche nach einer 15jährigen, trotz ihrer blühenden Gesundheit unfruchtbaren, Ehe, zum ersten Male ein Kind von ihrem Liebhaber hatte, dessen Vaterschaft nicht zweifelhaft sein konnte, und hierauf folgten zwei andere Kinder, deren Erzeuger in der That derjenige war, quem nuptiae demonstrant. Das wollüstige Gefühl war bei der Dame nie früher wach geworden als zur Zeit ihrer Befruchtung.

Whitehead constatirte bei einem Beobachtungsmateriale von 541 verheirateten Frauen, die ein Durchschnittsalter von 22 Jahren hatten, dass im Mittel $11\frac{1}{2}$ Monate zwischen Heirat und erster Niederkunft verliefen. *Sadler* fand bei seinen diesbezüglichen Beobachtungen, dass $\frac{3}{4}$ der Frauen durchschnittlich erst 1 Jahr nach der Verheiratung ihr erstes Kind zur Welt brachten.

Duncan gibt als mittleres Intervall zwischen Hochzeit und Geburt eines gesunden Kindes (bei 3722 Fällen) 17 Monate an; beinahe in $\frac{2}{3}$ Fälle beginnen die Geburten erst im Laufe des zweiten Jahres.

In der beifolgenden Tabelle von *Ansell*, welche 6035 Fälle umfasst und die besten auf dieses Thema bezüglichen Ziffern gibt, wird durchschnittlich nahezu ein Intervall von 16 Monaten zwischen Hochzeit und Niederkunft angegeben:

Jahre nach der Verheiratung:	Anzahl der erstgeborenen Kinder:
1	3159
2	2163
3	421
4	137
5	69
6	26
7	21
8	11
9	7
10	7
11	5
12	4
13	3
14	2

Für die in Rede stehende Frage erscheint auch die Thatsache beachtenswerth, dass das r e l a t i v e A l t e r b e i d e r G a t t e n sich nach statistischen Ergebnissen von wesentlichem Einflusse auf die Fruchtbarkeit der Ehen erweist. Dieselbe ist am grössten, wenn die beiden Gatten gleich alt sind oder wenn der Mann 1 bis 6 Jahre älter ist als die Frau, wenn die männliche Potenz also dem weiblichen Wollustsinne am besten zu genügen vermag.

Quetelet kam bezüglich der Einwirkung des Alters auf die Fruchtbarkeit zu folgenden Schlüssen: Allzu früh geschlossene Ehen fördern die Unfruchtbarkeit; die Fruchtbarkeit fängt bei den Männern vom 33. bei Frauen vom 26. Jahre an geringer zu werden; unter sonst gleichen Umständen ist sie am grössten, wo der Mann mindestens ebenso alt oder um wenig älter als die Frau.

Zuweilen zeigen gewisse physische Einflüsse der Wollusterregung die Bedeutung der Letzteren. So ist der Einfluss der Clitorisexcitation auf Conception in einzelnen Fällen betont worden, oder die Ausübung des Coitus in gewissen, bei verschiedenen Frauen wechselnden Positionen, welche aber allein geeignet sind, den höchsten Grad von Wollust zu erregen und den stärksten Orgasmus zu Stande zu bringen. Man erhält in der That zuweilen von Gatten confidentielle Mittheilungen, dass bei ihren Frauen das Wollustgefühl erst dann zum Durchbruch gelangt, wenn der Coitus in seitlicher Lage oder more bestiarum vollzogen wird oder wenn die Rollen bei der gewöhnlichen Art der Copulation zwischen Mann und Weib umgetauscht wurden u. s. w. u. s. w.

Uebermass im geschlechtlichen Umgange und excessive Erregungen der Sexualorgane hingegen können wiederum Sterilität verursachen. Das sieht man bei Prostituirten, welche nur ausserordentlich selten concipiren und ebenso haben wir dies bei Frauen gefunden, welche nach ihrem eigenen Geständnisse von Jugend auf der Masturbation und artificiellem Geschlechtsgenusse fröhnten. In letzterem Falle ist übrigens das hiermit zuweilen combinirte Vorkommen von unvollständig entwickelten oder mangelnden inneren Genitalien als Ursache der Sterilität in Anschlag zu bringen. Die durch Masturbation bedingte Veränderung der weiblichen Genitalien: Hypertrophie der Clitoris, Vergrösserung und bläuliche Verfärbung der Labia minora, Retroversionsstellung des Uterus, Neuralgien und Dislocationen der Ovarien, starker Fluor und Menorrhagien müssen bei sterilen Frauen den Verdacht erregen, dass die abnorme Geschlechtsbefriedigung den Grund der Sterilität abgeben.

Chapman hebt die Masturbation als Ursache der Sterilität hervor. *Kussmaul* weist auf den Zusammenhang zwischen Masturbation und Nymphomanie einerseits und mangelhafter Entwicklung des Uterus und der Genitalien anderseits hin. *Campbell* erwähnt einer der Masturbation ergebenen Frau, welche niemals menstruirt hatte und neben unentwickelten Genitalien noch eine dermoidale Ovarialcyste hatte. *Aran* fand bei einer jungen der Masturbation fröhnenden Frau den Uterus und seine Adnexa mangelhaft entwickelt. Auch *Vaddington* beschreibt einen Fall, wo excessiver Geschlechtstrieb mit Mangel des Uterus combinirt war.

Cohnstein hat jüngstens die Frage erörtert, ob jede Frau, wie allgemein angenommen wird, zu j e d e r Z e i t im J a h r e c o n c e p t i o n s - f ä h i g sei und ob nicht vielmehr die Zeugungskraft in ähnlicher Weise wie bei Thieren an eine gewisse Zeit im Jahre gebunden sei, ob es nicht individuelle Prädilectionsmomente der Schwangerschaft gebe. Er fand weit grösser die Zahl der Frauen, bei denen eine solche Prädilectionszeit besteht, als die Zahl jener, welche zu jeder Zeit des Jahres conceptionsfähig sind, und führt als Beweis des Vorhandenseins von individuellen Prädilectionszeiten für die Empfängniss folgenden Fall an : Eine 33jährige Frau, welche vor mehreren Jahren ein todtes, nicht ausgetragenes Kind geboren hatte, concipirte seitdem nicht wieder. Die Geschlechtstheile der Frau waren ganz normal. Auch die Untersuchung des Samens des Mannes ergab nichts Abnormes. Im Verlauf der drei folgenden Jahre war eine Beseitigung der Sterilität durch Erweiterung des Cervicalcanales mittels intrauteriner Stiften, Incision, Excision versucht worden, diätetische Massregeln für den Beischlaf gegeben, aber ohne Erfolg. *Cohnstein* berechnete nun den Termin, an welchem die erste Gravidität normaler Weise ihr Ende hätte finden müssen. Dieser fiel auf Mitte Februar. Er schloss nun, dass der anfangs Mai erfolgende Beischlaf befruchtend sein müsse. In der That concipirte die Frau und gebar ein ausgetragenes lebendiges Mädchen.

Gegen die Annahme solcher Prädilectionszeiten für die Empfängniss spricht jedoch die in so zahlreichen, mit vielen Kindern gesegneten Familien zu constatirende Thatsache, dass die Geburtstage der Kinder sich auf die verschiedenen Monate vertheilen.

Man hat auch darauf hingewiesen, dass gewisse Monate und Jahreszeiten der Conception günstiger sind als andere. Das Maximum der Conceptionen fällt auf den Frühling, das zweite viel kleinere Maximum auf den Winter. Es wurde besonders der Frühling als vorzüglich geeignet für die Empfängniss des Weibes gepriesen. Indess hängen solche Schwankungen in den Ziffern der Geburten, respective der Conceptionen, zumeist von socialen Factoren, wie üblicher Zeit der Hochzeitsfeier, Gelegenheit zum Verkehre der beiden Geschlechter bei gemeinsamen Arbeiten in der Wirthschaft und auf dem Felde u. s. w. ab.

Villermé hat statistisch nachzuweisen sich bemüht, dass die grösste Zahl der Conceptionen im Allgemeinen in den Monaten Mai und Juni unter dem natürlichen Einflusse des Frühlings stattfindet. *Ploss* verneint indess die Frage, ob die F r a u zu einer bestimmten Zeit im Jahre, d. h. im Mai und Juni, befruchtungsfähiger sei, sondern glaubt, dass die Prädilectionszeiten der Conception vom M a n n e ausgehen.

Baker-Brown führt eine Art der Sterilität an, die durch „sympathische oder Reflexaction" veranlasst sein soll und die ihren Grund in einer Krankheit der Nachbarorgane des Uterus haben soll, wie bei vasculären Geschwülsten der Harnröhre, Krankheiten des Rectum (fliessenden Hämorrhoiden, Fisteln, Fissuren, Prolapsus ani, Scirrhus, Ascariden). „Diese Krankheiten wirken durch die Blutverluste, welche sie verursachen und die Menstruationsstörungen, die sie herbeiführen, durch die krankhafte Congestion, welche sie im Uterinsysteme veranlassen und durch die Neurosen, welche die Folge davon sind." *Courty* erwähnt eines hierher gehörigen Falles, wo die Sterilität einer jungen Dame durch eine längere Zeit unerkannt gebliebene Fissura ani veranlasst wurde; nach der Heilung dieser Fissur trat Conception ein. Als eine specielle Art der Sterilität lassen sich aber solche Fälle nicht annehmen, sondern müssen auch in die Categorie der Sterilität durch Hemmung der Keimbildungsfähigkeit oder durch Behinderung des Contactes von Ovulum und Sperma subsumirt werden. — — —

Wir haben als Bedingung der Befruchtung ausdrücklich den Contact des Ovulum mit n o r m a l b e s c h a f f e n e m u n d e r h a l t e n e m Sperma betont und hier müssen wir einer Sterilitätsursache gedenken, welche erst in jüngster Zeit die Aufmerksamkeit der Gynäkologen auf sich gezogen hat, wenngleich dabei der M a n n der schuldtragende Theil ist. Es ist dies die Azoospermie.

Azoospermie als Ursache der Sterilität.

Literatur.

Ankermann, De motis et evolut fil. spermat. vanarum. Regim. 1854.

Bergh, Om Aspermatozi og Aspermatisme. 1878.

Bizzozero, Handbuch der klinischen Mikroskopie. Uebersetzt von *Lustig* und *Bernheimer.* 1883.

Casper-Limann, Praktisches Handbuch der gerichtlichen Medicin. Berlin 1881.

Cooper A., Bildung und Krankheiten des Hodens. 1832.

Czermak M., Beiträge zur Lehre von den Spermatozoen. Wien 1853.

Davosky, Ein Fall von Hypospadie mit virulentem Harnröhreucatarrh. Deutsch. med. Wochenschrift. 1880.

Farre A. in *Jodd's* Cyclopaed. of Anat. and Phys. 1859.

Follin, Études anatomiques sur les anomales du testicule. Arch. gén. de méd. 1851.

Friedereich, Ueber die Geschlechtstheile in forensischer Beziehung. *Frieder.* Blätter. 1853.

Fürbringer, Zeitschrift für klinische Medicin. 1881.

Gosselin, Nouvelles observations sur l'oblitération des voies spermatiques et sur la stérilité consécutive à l'épididymite bilatérale. Arch. gén. de méd., 1853.

Grohe, Virchow's Archiv. Bd. 32.

Hensen, Zeugung in *Hermann's* Handb. d. Physiol. 1881.

Hofmann Ed., Lehrbuch der gerichtlichen Medicin. Wien 1881.

Hubrich, Casuistische Beiträge zur Lehre von der Zeugungsfähigkeit. *Friedereich's* Blätter. 1872.

Kehrer, Beiträge zur klin. und experimentellen Gynäkologie. 4 Bd. Giessen 1879.

Kölliker, Beiträge zur Kenntniss der Samenflüssigkeit. Berlin 1841.

Lallemand, Pertes séminales. involontaires. 1835—42.

Landois, Lehrbuch der Physiologie. Wien 1884.

La Valette in *Stricker's* Handb. d. Gewebelehre.

Le Dentu, Des anomalies du testicule. 1869.

Leuckart in *R. Wagner's* Handwörterb. d. Physiol: Art. Zeugung.

Lott, Zur Anat. u. Phys. d. Cervix uteri. 1872.

Maschka, Handbuch der gerichtl Medicin, 3. Band: *Oesterlen*, Die Unfähigkeit zur Fortpflanzung. 1882.

Mayer S., Bewegungen der Verdauungs, Absonderungs- und Fortpflanzungsapparate. In *Hermann's* Handbuch der Physiologie. 1881.

Moleschott & Richetti, Comptes rendus. Paris 1855.

Montegazza, Rendiconti dell' Instituto Lombardo. 1866.

Newport, Phys. Trans. 1851.

Orfila, Médecine légale.

Pauli Zachiae quaest medico-legalium opus. Frankfurt 1666. Tom. 1, lit. 3. De impotentia coeundi et generandi.

Quatrefages, Rech. exp. s. l. spermat. Annales des sc. natur. 1850.

Relikan, Das Skopzeuthum in Russland. 1876.

Roubaud, Traité de l'impuissance et de la stérilité chez l'homme et chez la femme, 1876.

Schlemmer. Beitrag zur Histologie des menschlichen Sperma u. s. w. *Eulenberg's* Vierteljahrschr. 1877.

Schreiner, Liebig's Annalen. Bd. 194. 1878.

Schweigger-Seydel, Observ. s. l. rôl des Zoospermes etc. Annales des sc. nat. 1841.

Traxel, Zeugungsunfähigkeit eines Hypospadiaeus. Wr. med. Wochenschrift. 1856.

Ultzmann, Ueber männliche Sterilität. Wr. med. Presse. 1878.

Ultzmann, Ueber Potentia generandi und Potentia coeundi. Wiener Klinik. 1885.

Die Spermafäden. welche durch eine eigenthümliche Umgestaltung gewisser, in den Samencanälchen enthaltener Zellen entstehen. vermengen sich während ihres Verlaufes nach aussen mit verschiedenen, theils von den Umkleidungsepithelien, theils von Drüsen gelieferten Flüssigkeiten. Sie durchwandern die mit prismatischem Epithel bekleidetem Canälchen des Hodens, die Vasa efferentia, den Nebenhoden, beide mit prismatischem Flimmerepithel versehen, endlich das Vas deferens, die Samenbläschen und die Harnröhre, welche alle mit verschieden geformtem Cylinderepithel überzogen sind.

Von diesen Epithelien secerniren einige, bestimmt jenes der Samenbläschen, Flüssigkeiten, welche sich dem Sperma beimischen; ausserdem wird letzteres noch durch die Secrete der Prostata, der *Cowper*-schen Drüsen und durch den Urethralschleim an Flüssigkeit bereichert.

So wird das Sperma als eine weissliche, nicht ganz undurchsichtige Flüssigkeit von der Consistenz eines dünnen Rahmes ejaculirt. Es enthält Anhäufungen von nahezu sphärischer Form einer glasartigen durchsichtigen, farblosen oder leicht gelblichen, gelatinösen elastischen Substanz. Unter dem Mikroskope erscheint die Substanz von hyalinem Aussehen und zeigt im Innern unzählige helle Hohlräume von wechselnder

Grösse. die. wie es scheint. mit einer klaren Flüssigkeit gefüllt sind. Nicht selten sind diese Hohlräume sehr eng und dafür stark verlängert und parallel geordnet. so dass die ganze Substanz dadurch ein gestreiftes Aussehen bekommt. Wenn man die Substanz mit Wasser behandelt. so wird sie weisslich, undurchsichtig und erhält unter dem Mikroskope ein fein granulirtes Aussehen. Lässt man sie 24 Stunden hindurch ruhig stehen, so löst sie sich und vermengt sich so innig mit der Flüssigkeit des Samens, dass man sie nicht mehr deutlich unterscheiden kann. Wahrscheinlich ist sie ausschliesslich nur Secretionsproduct der Samenbläschen.

Der wirklich flüssige Theil des Sperma enthält folgende morphologische Elemente:

1. Mikroskopische Anhäufungen von verschieden geformter hyaliner Substanz.

2. Sehr zahlreiche kleine und äusserst blasse Körnchen eiweissartiger Natur, die durch Behandlung mit Essigsäure verschwinden.

3. Wenige rundliche oder ovale Zellen (ungefähr von der Dicke der Leukocyten), die einen (auch zwei) gewöhnlich kleinen, rundlichen Kern enthalten.

4. Einen unbeständigen, nach wiederholtem Coitus häufigen Bestandtheil, die Prostatasteine, welche, nach der Ansicht einiger Forscher vielleicht auch aus der Blase und Harnröhre stammend, sich durch ihre gelbliche Farbe, durch ihre unregelmässige Form — bald dreieckig, bald sphärisch oder oval — und durch ihre charakteristische Structur auszeichnen. Sie bestehen nämlich aus einer concentrisch geschichteten Substanz, die im Centrum feinkörnig erscheint und oft einen oder mehrere ovale Kerne besitzt.

5. Spermafäden in unzähliger Menge.

In seltenen Fällen finden sich als weitere morphologische Elemente besonders bei alten Leuten, spärliche rothe Blutkörperchen, Cylinderepithelzellen, Klümpchen oder Körnchen gelben Pigments.

Die Spermafäden, ungefähr 50 Mikromillimeter lang, lassen einen Schwanztheil und einen Kopf unterscheiden. Der Kopf, 4 bis 5 Mikromillimeter lang, ist plattgedrückt und zeigt eine verschieden. einer Birne ähnliche Form, je nachdem er von der Seite oder der Fläche her gesehen wird.

Der Schwanz beinahe 45 Mikromillimeter lang, verschmälert sich vom Kopfe an zunehmend und soll sein hinterer Theil den contractilen Theil des Elementes darstellen. Die bekannten Bewegungen der Spermafäden wären daher diesem Theile zuzuschreiben (Fig. 36).

Die Spermafäden bestehen aus einer an Kalksalzen sehr reichen und den Reagentien und der Fäulniss stark widerstandsfähigen Substanz. Durch ihren Reichthum an Mineralbestandtheilen (21 Percent nach

Foreibs) behalten sie auch, wenn sie geglüht werden, ihre ursprüngliche Form noch bei.

Wenn man die **Bewegungen der Spermafäden** beobachten will, so muss man dazu frisches oder reines Sperma verwenden (Fig. 37).

Wenn man das frisch ejaculirte Sperma mit Wasser behandelt, so hören nach kurzer Zeit die Bewegungen der Spermafäden auf und ihre Schwänze rollen sich spiralförmig ein.

Fig. 36.

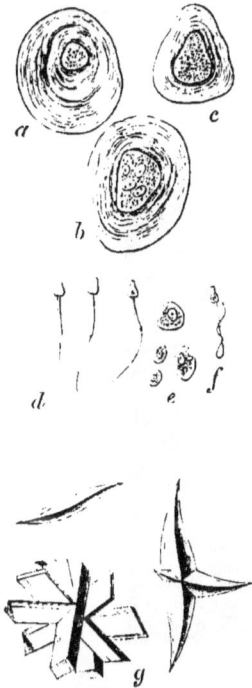

Wenn man das Sperma 24 oder mehr Stunden hindurch sich selbst überlässt, so löst sich die glasartige Substanz in der umgebenden Flüssigkeit auf und diese theilt sich dabei in zwei Schichten, in eine dünnflüssige obere und in eine dicklichere, undurchsichtige, untere Schichte. In der ersteren sind die morphologischen Elemente der Sperma nur spärlich, in der letzteren dagegen sehr zahlreich vertreten. Zu den eben beschriebenen Elementen gesellen sich öfters zweierlei Arten von **Krystallen**. Die einen bilden sich erst später bei vorgerückter Zersetzung und bestehen aus phosphorsaurer Ammoniakmagnesia, die anderen sind von noch unbekannter chemischer Zusammensetzung. Diese Krystalle gehören dem monoklinen Systeme an, und zwar sind es Prismen oder Pyramiden, oft mit gekrümmten Flächen, sie sind ungefärbt oder leicht bernsteingelb und legen sich oft, schöne Sterne bildend, übereinander. Sie sind löslich in Mineral- und Pflanzensäuren im Ammoniak, unlöslich dagegen im Alkohol, Aether und Chloroform gegen kaltes Wasser zeigen sie eine merkliche Widerstandsfähigkeit, nicht so gegen kochendes. Während sie von einigen Autoren für Kalkphosphate, Ammoniakphosphate oder Ammoniak-Magnesiaphosphate gehalten werden, erklärte sie *Böttcher* für eiweisshaltige Substanzen. *Schreiner* hat vor Kurzem nachgewiesen, dass diese Krystalle aus einem Phosphat bestehen, dessen Base der Formel C_2H_6N entspricht.

a, b, c Prostatasteinchen aus normalem Sperma. *d* Spermafäden. *e* Grosse und kleine Zellen, einige davon mit Körnern, als Formelemente des Sperma. *f* Ein durch Wasser veränderter Spermafaden. *g* Krystalle des Sperma. (Nach *Bizzozero*.)

Nach *Fürbringer* sollen sich die Krystalle in Folge der Einwirkung des Sperma auf das Prostatasecret entwickeln.

Die Quantität des bei einer Cohabitation ejaculirten Spermas ist verschieden gross, je nach dem Alter und der Grösse des Mannes und Beschaffenheit der Hoden, nach seiner individuellen, grösseren oder geringeren sexuellen Leistungsfähigkeit, je nach vorausgegangenen Excessen oder längerer geschlechtlicher Abstinenz. Im Allgemeinen wird die Menge des entleerten Samens mit 0·75 bis 6 Ccm. angegeben. *Sims* gibt an, mehrmals die Menge des entleerten Samens nach Vollendung der Copulation mit einer Spritze aufgesaugt und gemessen zu haben, wobei die Menge gewöhnlich etwa zehn Tropfen über zwei Drachmen betrug.

Fig. 37.

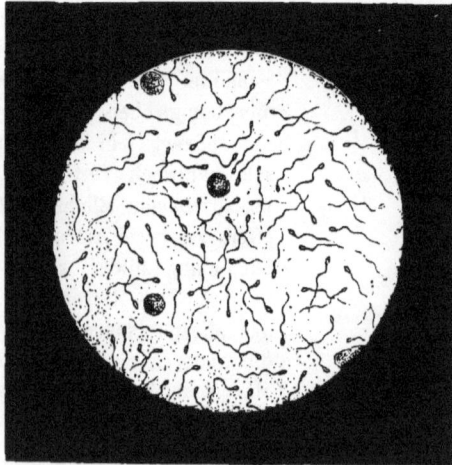

Normales Sperma.

Nach *Lott* beträgt die Schnelligkeit der Vorwärtsbewegung der Spermatozoen 3·6 Millimeter in der Minute. *Henle* nimmt an, dass ein Spermatozoe 2 Cm. in 7 bis 8 Minuten zurücklege.

Wie lange Spermatozoen noch im Uterus leben können, ist bisher noch nicht genügend festgestellt worden, obgleich diese Bestimmung nicht blos für die Conception, sondern auch für die Lehre von der Menstruation grosse Wichtigkeit hätte. *Percy* hat einen Fall veröffentlicht, in welchem er lebende Spermatozoen acht und einen halben Tag nach dem letzten Coitus aus dem Os uteri heraustreten sah. *Sims* glaubt auf Grundlage seiner Untersuchungen entschieden sagen zu können, dass die Spermatozoen im Vaginalschleime niemals länger als 12 Stunden leben, im Cervicalschleim aber habe ihr Leben viel längere

Dauer. Wird der Cervicalschleim 36 bis 40 Stunden nach dem Coitus
untersucht, dann finden wir gewöhnlich ebensoviel todte als lebende
Spermatozoen. Manche dieser Spermatozoen leben noch 6 Stunden
nach ihrer Entfernung aus dem Cervix.

Zur Potentia generandi des Mannes gehört nebst der Potentia
coeundi, das heisst dem Vermögen, den Beischlaf mit steifem Gliede
auszuführen, die Functionsfähigkeit des Hodens, die Durchgängigkeit der
Samenwege (nämlich der Samengänge und der Harnröhre) und d i e
A b s o n d e r u n g e i n e s n o r m a l e n S p e r m a. Uns interessiren hier
die Zustände, welche Schuld daran, dass beim Manne kein z e u g u n g s-
f ä h i g e s S p e r m a bereitet wird.

In erster Linie sind der angeborene Mangel beider Hoden, welcher
bei im Uebrigen normal männlich ausgebildeten Individuen ausserordentlich selten vorkommt und der angeborene Mangel nur Eines
Hoden zu berücksichtigen, der schon etwas häufiger ist. Mit dem Hoden
fehlen meistens auch Nebenhoden, Samenleiter und Samenblase derselben Seite. Bezüglich der Potentia gestandi kommt es auf die Ausbildung an, welche der eine vorhandene Hoden erfahren hat. Ob er
functionsfähig ist, muss die genaue Untersuchung des Sperma bekunden.
Weitaus häufiger, wenn auch noch immer verhältnissmässig selten, ist
der Kryptorchismus, das Zurückbleiben eines oder beider Hoden, welcher
Zustand übrigens nicht nothwendigerweise zur Functionsunfähigkeit
derselben führt. Zumeist ist der zurückgehaltene Hoden in seiner Entwicklung zurückgeblieben und in der überwiegenden Zahl der Fälle enthält die ejaculirte Flüssigkeit keine Spermatozoen.

Eine fernere Ursache, dass kein zeugungsfähiges Sperma bereitet
wird, gibt die Atrophie der Hoden mit bedeutender Verkleinerung der
Drüse und mehr weniger vollständigem Schwunde der Samencanälchen
und ihres zelligen Inhaltes, ein Zustand, welcher sehr selten angeboren,
zumeist aber erworben ist durch entzündliche Vorgänge, welche den
Hoden oder den Nebenhoden betreffen (besonders führt syphilitische
Entzündung zu Wucherung des interstitiellen Bindegewebes und zur
allmäligen Zerstörung und Verdrängung der Samencanälchen), durch
Druckwirkung im Gefolge von Hernien, Varicocele, Hydrocele, Carcinom,
Tuberkel und anderen Neubildungen, durch constitutionelle Erkrankungen,
durch Erkrankung der centralen Nervenorgane, aus denen der N. sper-
maticus entspringt und durch regressive Veränderungen in Folge von
sexuellen Excessen oder endlich durch senile Zustände (Verfettung der
Zellen, der Samencanälchen und Verkleinerung der Hoden).

Als A z o o s p e r m i e bezeichnet man speciell einen Zustand, welcher
sich nur durch mikroskopische Untersuchung erkennen lässt:

Der Mann besitzt die normale Potentia coeundi, das Sperma wird
in normaler Weise ejaculirt und nur die Beschaffenheit des Samens ist

eine abnorme. Dieser sieht sehr flüssig und leicht molkig getrübt aus und im Sedimente desselben findet man nur molecularen Detritus und Spermakrystalle, aber keine Spermatozoen (Fig. 38). Wenn man es sich zur Regel macht, bei der Beurtheilung, inwieweit die Schuld der Sterilität an dem Manne gelegen ist, nicht blos die üblichen Fragen zu stellen, ob ein regelmässiger Beischlaf und ob öfters ausgeübt wird, ob vor oder nach der Menstruation, sondern stets auch das Sperma genau mikroskopisch zu untersuchen, so wird man in der That erstaunt sein, wie verhältnissmässig oft man darin wenige oder gar keine Spermatozoen findet. Die Azoospermie kann eine absolute oder eine temporäre, vorübergehende sein.

Kehrer gebührt das Verdienst, besonders die Häufigkeit weniger der Impotenz und des Aspermatismus, als vielmehr der Azoospermie hervorgehoben zu haben, als eines von den Ehegatten ungeahnten und selbst dem Arzte erst nach wiederholter mikroskopischer Untersuchung des Sperma zu diagnosticirenden, gerade deshalb aber sehr oft übersehenen Zustandes. Er glaubt behaupten zu dürfen, dass ein Viertel, wenn nicht mehr, aller Fälle von Sterilitas matrimonii auf die Männer, besonders deren Azoospermie zurückzuführen ist und hält dafür, dass das männliche Geschlecht noch öfter als der schuldige Theil bei der Unfruchtbarkeit der Ehen zu betrachten ist, wenn man die Fälle zuzählt, in

Fig. 38.

Sperma, das der Hauptmasse nach Spermakrystalle, Cylinderepithel, kleine, in molecularer Bewegung befindliche Körnchen, aber keine Spermatozoen enthält.

welchen der Mann durch eine nicht vollständig geheilte Gonorrhoe die Frau inficirt und durch eine chronische Uterus- und Tubenblennorrhoe, mit nachfolgenden Verlöthungen von Tuben und Ovarien, die Frau steril gemacht hat.

Azoospermie soll übrigens auch bei Thieren vorkommen. *Fabricius* berichtet von einem Hengste, welcher die Bedeckung von 34 Stuten in der mustergiltigsten Weise besorgte, doch die Letzteren nicht befruchten konnte. Bei der mikroskopischen Untersuchung des Spermas dieses Hengstes zeigte sich, dass in dem reichlichen Samen nicht ein einziger Samenfaden vorhanden war. *Kehrer* hat einige Versuche an Kaninchen über Azoospermie gemacht. Durch Unterbindung des Vas deferens, der Vasa spermatica oder des ganzen Samenstranges und durch Injection von Essigsäure in das Vas deferens kam es zu Samen-

stauung mit concentrischer Hypertrophie im Strang des Nebenhodens,
mit Erlöschen der secretorischen Thätigkeit des Hodens, theils zu primärer Hodenatrophie. Die Verkleinerung des Hodens nach Unterbindung
des Samenstranges oder Entzündung ist stärker als die nach Atresie
des Samenstranges, die erstere wird daher in allen Fällen von hochgradiger Massenreduction dieser Gebilde anzunehmen sein.

Abweichungen von der Norm, dass die Spermafäden vollständig
fehlen oder nur in geringer Menge vorkommen, findet man auch, ohne
dass eine Veränderung in der Beschaffenheit der Hoden sich durch
äusserliche Untersuchung nachweisen lässt, bei Personen, welche traumatische Verletzungen des Hodens, Contusionen erlitten, welche Tripper
und Entzündung der beiden Nebenhoden oder des Samenstranges durch-
gemacht haben, auch ohne dass die Hoden selbst alterirt gewesen sind
(hier ist es wahrscheinlich zu Verwachsung der Samenleitungswege
gekommen); ferner im Gefolge schwerer Allgemeinerkrankungen, nach
lange dauernden körperlichen Anstrengungen, ferner nach excessivem
geschlechtlichen Abusus.

In letzterer Beziehung lässt sich eine specielle Form der Azoospermie unterscheiden, die man physiologische Azoospermie nennen
könnte, weil sie nur zeitweilig auftritt und nur nach übertrieben oft
wiederholtem Coitus. Die ejaculirte Flüssigkeit besteht vorwiegend aus
dem Prostatasecret und dem Secrete der Samenbläschen. *Fürbringer*
fand, dass in einem solchen Falle die ejaculirte Flüssigkeit beinahe
ausschliesslich von der Prostata herstammte, während der hyaline
schleimige Bestandtheil, der von den Samenbläschen geliefert wird,
beinahe gänzlich fehlte. Dieses Factum und andere ähnliche in Betracht
ziehend, meint *Fürbringer* annehmen zu können, dass die secretorische
Fähigkeit der Prostata viel später aufhöre, als die der Hoden und
Samenbläschen.

Ich fand auffallend häufig Azoospermie bei hochgradig fettleibigen Männern, welche sonst nach jeder Richtung hin die Merkmale
der Virilität boten und sogar mit ihren sexuellen Leistungsfähigkeiten
prahlten. Das Sperma zeigte gar keine oder nur sehr spärliche beweg-
liche Spermafäden. Bei einem 22jährigen Manne, der, seit drei Jahren
verheiratet, das Bild vollkommener Männlichkeit bot und dessen Frau
wegen Sterilität vielfach gynäkologisch behandelt wurde, untersuchte
ich das Sperma und fand nicht eine Spur von Spermatozoen. Als
Grund stellte sich heraus, dass der Descensus der Hoden in das Scrotum
nicht stattgefunden hat. Bei acht Individuen, deren Sperma ich vollständig frei von Spermafäden fand, liess sich als Grund Epididymitis
nach Tripper nachweisen.

Von verschiedenen gleichen Fällen meiner Beobachtung ist mir
besonders der folgende in lebhafter Erinnerung: Die zehn Jahre ver-

heiratete sterile Dame, 28 Jahre alt, ist seit Jahren von den hervor-
ragendsten Frauenärzten behandelt worden und hat die verschiedensten
Curorte besucht. Nach einer in Marienbad vollendeten Cur holte sie der
etwa 38 Jahre alte Gemahl ab und ich nahm Gelegenheit, diesen quoad
genitale zu untersuchen. Der Befund ergab: Das Membrum virile und
die Hoden sind von normaler Beschaffenheit, die Nebenhoden infiltrirt,
besonders der linke; der Same, welchen ich $^1/_4$ Stunde nach stattgehabter Ejaculation untersuchte, enthält g a r k e i n e Spermatozoen; man
sieht mikroskopisch nur fettigen molecularen Detritus. Nach diesem
Befunde war also der Gatte vollkommen unfähig, zu befruchten.

Robin fand unter einigen Hunderten von Beobachtungen bei vier
starken Individuen, welche nie an Genitalaffectionen gelitten hatten und
die in jeder Beziehung die Merkmale der Virilität zeigten, die aber
kinderlos waren, ein Sperma von nomalem Aussehen, aber nicht faden-
ziehend und keine Spermafäden enthaltend.

Giacomini hat etliche 20 Fälle von bilateraler veralteter Epidi-
dymitis verzeichnet, wo das Ejaculationsproduct vollständig frei von
Samenfäden war und die Flüssigkeit beim Erkalten die gewöhnlichen
Spermakrystalle nicht enthielt.

Kehrer hat in 40 nicht ausgesuchten Fällen von Sterilität die
Functionsfähigkeit der weiblichen und männlichen Geschlechtsorgane
untersucht, besonders auch das Sperma möglichst frisch zur mikroskopischen Untersuchung gebracht. In diesen 40 Fällen von meist viel-
jähriger Sterilität bestand 14mal Azoospermie und zweimal Impotenz.
Von den mit Azoospermie Behafteten hatten acht an Gonorrhoe, verbunden mit Orchitis, gelitten, bei einigen war aber die Orchitis unilateral
gewesen. In den anderen Fällen konnte man keinen Grund der Azoospermie nachweisen. In einigen dieser Fälle fehlten die Samenfäden,
obwohl das betreffende Individuum alle Merkmale der Virilität hatte.
Mit Rücksicht auf die Möglichkeit temporärer Azoospermie berechnet
Kehrer, dass in 29·7 Procenten eine Azoospermie als Ursache der
Sterilität anzusehen sei, in 5·4 Procent Impotenz, wobei Städter vorherrschend gegenüber den Landbewohnern. *Kehrer* stellt aus seinem
Material fest, dass in 35·1 Procent steriler Ehen das Conceptionshinderniss bei dem Manne zu suchen war.

Nach *Ultzmann* bildet die Azoospermie einen der häufigsten Befunde bei Unfruchtbarkeit der Ehe. Ein Same, welcher nur bewegungslose Spermatozoen enthält, ist unfruchtbar; ein Same jedoch, welcher
nebst zahlreichen bewegungslosen Samenfäden noch einzelne lebende
führt (Oligozoospermie) ist nicht absolut steril, wenn auch eine Befruchtung nur dem günstigen Zufalle zuzuschreiben wäre. Die todt
ejaculirten Spermatozoen zeigen zumeist geknickte oder spiralig ein-
gerollte Schwänzchen. Von abnormen und kranken Formen der Samen-

thierchen erwähnt *Ultzmann*: 1. Samenfäden mit grossem, runden, hydropisch aufgeblähtem Kopfe, 2. Samenfäden mit zwei Köpfen und 3. Samenfäden mit zwei Schwänzchen.

Nach *Gross*, welcher über 192 Fälle verfügte, in denen genaue Untersuchung beider Gatten möglich war, stellte sich das Verhältniss so, dass in 33 Fällen, also in 17 Procent, dem Manne die Schuld an der Sterilität der Ehe beizumessen war, und zwar zeigte sich bei 31 Männern Azoospermie und bei 2 Männern Aspermatismus. Nach *Manningham* ist das Verhältniss der schuldtragenden Männer zu jener der Frauen bei sterilen Ehen von 1 : 30, nach *Pajot* 7 : 80, nach *Mondot* 1 : 10, nach *Courty* 1 : 10, nach *Noeggerath* 8 : 14, nach *Duncan* 1 : 8.

Schlemmer und *Busch* fanden in 100 männlichen Leichen nur 24mal in den Hoden viele, 39mal wenig und 27mal gar keine Spermatozoen. Ferner ergab sich aus den Untersuchungen *Busch's*, dass Allgemeinerkrankungen wesentlichen Einfluss auf die Azoospermie haben. So fand er in den Hoden an verschiedenen chronischen Krankheiten Verstorbener 13mal Spermatozoen, jedoch in weiteren 13 Fällen nur wenige und in 11 gar keine Spermafäden. Für die Lungenphthise ergaben sich unter 46 Fällen nur 8 mit vielen, dagegen 20 mit wenigen und 14 mit gar keinen Spermatozoen. In 13 Leichen von an acuten Krankheiten Verstorbener fand *Busch* 9mal viele, 3mal nur wenige und 2mal gar keine Spermatozoen.

Eine seltenere, für die Sterilität des Weibes aber ebenso wie die Azoospermie bedeutungsvolle pathologische Veränderung des männlichen Spermas ist die A s p e r m a t i e , ein Zustand, bei dem der Mann weder während des Coitus, noch durch andere sexuelle Erregungen im Stande ist, Samen zu ejaculiren. Dieser Zustand kann angeboren oder erworben sein, permanent oder nur einige Zeit (Wochen, Monate lang) dauern. Es handelt sich dabei um organische Veränderungen des Hodens, Erkrankungen der Prostata, gonorrhoische Processe oder nervöse Störungen, welche eine Nichterregbarkeit des reflectorischen Ejaculationscentrums annehmen lassen. Die Frauen machen, sobald sie über die Vorgänge bei der Cohabitation hinlänglich aufgeklärt sind, selbst darauf aufmerksam, dass sie sich beim Coitus mit einem solchen Manne niemals von Samen befeuchtet fühlen.

Es sei bei dieser Gelegenheit hervorgehoben, dass auch ohne Azoospermie oder Aspermatie in nicht allzu seltenen Fällen es der M a n n ist, der durch Bildungsfehler des Penis die Schuld an dem ungenügenden Contacte von Ovulum und Sperma und der hierdurch bedingten Sterilität trägt. Ich habe zwei Fälle beobachtet, wo die Frauen gar keine nachweisbare Ursache ihrer Sterilität boten, und wo ich dann bei Untersuchung der betreffenden Ehemänner hochgradige Hypospadie fand, welche als das ursächliche Moment der sterilen Ehe betrachtet werden musste. Durch die Hypospadie des Mannes konnte beim Coitus die Ejaculation des Sperma nicht bis in die oberen Partien der Vagina erfolgen, wo eine directe Berührung des Muttermundes mit dem Sperma ermöglicht ist; sondern dieses floss in die unteren Partien der Vagina und von da bald nach aussen ab. Zuweilen ist es eine Phimose, welche das Hinderniss bietet und mit deren Operation das ersehnte eheliche Glück eintrifft. Solchen Fall erzählt *Amussat*.

Auch hochgradige S t r i c t u r e n d e r U r e t h r a können bei vollständig normaler Beschaffenheit des Sperma den Anlass zur Sterilität geben, indem sie die Ejaculation des Spermas nach aussen hindern, dieses sich vielmehr in Folge der Strictur an der stenosirten Stelle staut. Erst nachdem die Erection nachgelassen hat und dadurch die Passage in der Harnröhre freier ist, fliesst das Sperma bei schlaffem Membrum virile, also nach der Cohabitation ab. Es kann sogar unter Umständen eine Rückstauung des Spermas in der Harnröhre bis in die Blase hinein stattfinden, so dass erst bei Entleerung der Blase das Sperma mit dem Urin vermengt abfliesst. Ein ähnlicher Vorgang wird, wie man mir von collegialer Seite mittheilt, künstlich zur Verhinderung der Conception in gewissen Gegenden Frankreichs und Siebenbürgens, wo das „Zweikindersystem" eingeführt ist, geübt. Die Frauen sollen bei der Cohabitation durch energischen Fingerdruck auf den vor der Prostata gelegenen Theil des erigirten Penis eine Rückstauung des Spermas herbeiführen und die Ejaculation desselben verhüten.

Wenn auch nicht deutlich nachweisbar, so lässt sich doch mit grosser Wahrscheinlichkeit in manchen Fällen von Sterilitas matrimonii annehmen, dass der M a n n d e r s c h u l d t r a g e n d e T h e i l sei, wenn mehrere Brüder in ihrer Ehe kinderlos sind. Ich kenne mehrere solche Fälle: Drei Brüder, vollkommen gesund und von äusserer Männlichkeit, haben Frauen, an denen die gynäkologische Untersuchung nichts Hervorstechendes nachweisen kann, sind mit ihnen 14, respective 9 und 8 Jahre verheiratet, kinderlos. — Drei Brüder, darunter zwei praktische Aerzte, leben seit Jahren (der eine seit 20, der andere seit 4, der dritte seit 14 Jahren) in kinderloser Ehe, der erste war sogar zweimal verheiratet, immer in steriler Ehe; einer der Brüder (Arzt) theilte mir er glaube, die auffällig geringe Menge des Spermas möge vielleicht die Schuld an der Sterilität der Ehe tragen. — Von vier Brüdern leben zwei in kinderloser Ehe, der dritte hat, 14 Jahre verheiratet, erst dann den Segen der Ehe erfahren, nachdem die Frau in einen Badeort geschickt wurde (!); der vierte Bruder ist ausgesprochener Weiberfeind und Hagestolz.

III. Sterilität durch Unfähigkeit zur Bebrütung des Eies.

Literatur.

Baerensprung, Die hereditäre Syphilis. Berlin 1864.

Chrobak, Artikel U t e r u s in *Stricker's* Handbuch der Lehre von den Geweben. Leipzig 1872.

Cole & Edis, Ueber Sterilität in Verhandlungen der British medical Association, 1881.

Düvelius, Zur Kenntniss der Uterusschleimhaut. Zeitschr. f. Geburtsh. u. Gyn. X. Bd.

Fournier, Syphilis und Ehe. Deutsch von *Michelson*. Berlin 1881.

Fritsch, Die Lageveränderungen und Entzündungen der Gebärmutter. Stuttgart 1885.

Grünewaldt, Ueber die Sterilität geschlechtskranker Frauen. Arch. für Gynäkologie, VIII. Band.

Gusserow, Die Neubildungen des Uterus. Stuttgart 1878.

Hildebrandt, Ueber den Catarrh der weiblichen Geschlechtsorgane. *Volkmann's* Sammlung klin. Vorträge.

Hildebrandt, Ueber Retroflexion des Uterus. Leipzig 1872.

Kiwisch v. Rottereau, Geburtskunde etc. Stuttgart 1851.

Kleinwächter, Artikel „Abortus" in *Eulenburg's* Real-Encyclopädie. 1885.

Kleinwächter, Ueber Dysmenorrhoea membranacea. Wiener Klinik. Wien 1885.

Klob, Patholog. Anatomie der weiblichen Geschlechtsorgane. Wien 1864.

Küstner, Beiträge zur Lehre von der Endometritis. Jena 1883.

Leopold, Archiv f. Gynäkologie. Bd. VIII.

Müschkir, Endometritis decidualis. St. Petersburg 1878.

Olshausen, Ueber chronische hyperplasirende Endometritis des Corpus uteri. Arch. für Gynäkologie. VIII. Bd.

Runge, Arch. f. Gynäkologie. Bd. XII und XIII und *Volkmann's* Sammlung klin. Vorträge. Nr. 179.

Scanzoni v., Die chronische Metritis. Wien 1863.

Schroeder, Krankheiten der weiblichen Geschlechtsorgane. Leipzig 1884.

Seyfert, Ueber chronischen Uterusinfarct. Wiener med. Wochenschrift. 1862.

Slawjanski, Archiv f. Gynäkologie. Bd. IV.

Veit, Ueber Endometritis decidua. *Volkmann's* Sammlung klin. Vorträge. Nr. 254. 1885.

Winckel, Ueber Myome des Uterus. Leipzig 1876.

Wyder, Das Verhalten der Mucosa uteri während der Menstruation. Zeitschrift für Geburtsh. u. Gynäkol. IX. Bd.

Die Befruchtung des Ovulum durch Eindringen eines oder mehrerer Spermatozoen in dasselbe erfolgt, wie wir bereits früher erörterten, wahrscheinlich auch beim Menschen in dem ersten Drittheile der Tuba. Durch die Bewegung der Flimmerzellen, welche die Tuba auskleiden, wird das befruchtete Ei durch den Eileiter in die Uterushöhle gefördert, wobei neben der Kraft des Wimperschlages die peristaltische Bewegung der Ringmuskulatur der Tuba mitwirkt. In der Uterushöhle selbst tritt in der Schleimhaut starke Schwellung und Faltenbildung ein, wodurch das eingewanderte Ei bei seinem Anstritte aus der Tuba aufgehalten wird und sich in der gewucherten Uterinschleimhaut einpflanzen kann. Durch den Reiz, welchen das Ovulum ausübt, erfolgt dann weiters eine noch mächtigere Wucherung der

Mucosa, so dass diese sich um das Ei herum erhebt und dasselbe wallartig umgibt und in weiterem Fortschreiten des Wachsthums von der Uterushöhle vollkommen abschliesst. Das Ei ist auf solche Weise in der Substanz der Mucosa vollkommen eingebettet.

Für den Vorgang der **Einpflanzung des befruchteten Eies** ist daher die normale Beschaffenheit der Uterusmucosa in erster Reihe von Wichtigkeit. Die pathologische Veränderung dieser Schleimhaut, aber auch jede krankhafte Structurveränderung der Uterusgewebe überhaupt, kann die Einwurzelung und Bebrütung des Eies verhindern und dadurch zur Sterilität Anlass geben.

Die **Uterusschleimhaut** ist in der Norm von einem Flimmerepithel überzogen, dessen Zellen länglich-elliptische Form haben. Der Flimmerstrom der Epithelien geht nach abwärts (in der Tube schon nach dem Uterus). Dieses Epithel ist von den Mündungen der Uterindrüsen durchbrochen, welche meist schwach korkzieherartig oder S-förmig gekrümmte schlauchförmige Drüsen darstellen, zwischen denen ein reiches Keimgewebe, aus rundlichen Zellen bestehend, liegt. Diese runden Bindegewebszellen haben Fortsätze, welche das Gerüste der Schleimhaut bilden. Zwischen den Bindegewebszellen der Uterusschleimhaut sieht man fast immer wandernde, weisse Blutkörperchen. Bei der Menstruation beginnt die Schleimhaut zu schwellen, während die Drüsen sich vergrössern. Dabei kömmt es zu Blutextravasaten zwischen die obersten Schichten der Mucosa und auf die freie Oberfläche und zur Abstossung mehrfacher Partien der obersten Schleimhautschichten.

Vielfach sind die krankhaften Zustände des Uterus und seiner Adnexa, welche die Einpflanzung des Eies in der Uterusschleimhaut und seine Weiterentwicklung verhindern und häufig genug ist darum die **Untauglichkeit des Uterus** für Ansiedlung und Bebrütung des Eies der Grund der Sterilität des Weibes.

Dass Hemmungsbildungen und Bildungsfehler des Uterus, auch wenn sie Conception gestatten, öfter dadurch Sterilität bedingen, dass in Folge der mangelhaften oder ungeeigneten Entwicklung der Gebärmutter die Bebrütung des befruchteten Eies beeinträchtigt ist, haben wir bei Besprechung der Uteruskrankheiten, welche den Contact von Ovulum und Sperma beeinträchtigen, bereits hervorgehoben. Pathologische Veränderungen des Peritonealüberzuges des Uterus, wie perimetritische und parametrane Exsudate können Lageveränderungen des Uterus herbeiführen, die diesen untauglich machen, die bei der Schwangerschaft nöthige Ausdehnung und Vergrösserung zu erfahren. Gewebserkrankungen des uterinen Muskelfleisches können die Einbettung des Eies oder den normalen Aufbau des Uterus während der Gravidität behindern. Neubildungen in dem Uterus und ausserhalb seiner Höhle können der Entwicklung des befruchteten Eies ein vorzeitiges Ende

bereiten. Ganz besonders aber sind es die Erkrankungen der Uterinschleimhaut, welche diese unfähig machen, das Nest für das Ei zu
bilden und darum die Bebrütung des Ovulum schädigen.

Alle jene entzündlichen Zustände, welche mit Auflockerung oder
auch mit Verhärtung des Parenchyms des Uterus, mit Schwellung und
Verdickung des Endometriums oder Parametriums einhergehen, können
ein mehr oder minder ernstliches Hinderniss der normalen Bebrütung
des Eies bieten. Schon *Hippokrates* weist auf Atrophie der Uterusschleimhaut als Ursache der Sterilität hin, indem er sagt: „Wenn die
Gebärmutter glatt und schlüpfrig geworden ist, so tritt die
Menstruation reichlicher, missfarbiger, wässeriger und häufiger ein; die
Samenflüssigkeit bleibt nicht darin, sondern fliesst im Gegentheil wieder
heraus."

Auch *Albertus Magnus* betont in seinem Werke: Alberti cogno-
mento magni, de secretis mulierum libellus, nuper amendis repu-
gratus (Ausgabe Frankfurt a. M. 1580), in „De impedimentis con-
ceptionis" die Beschaffenheit der Uterusschleimhaut als Hinderniss der
Befruchtung, indem er sagt: „Die Hindernisse der Empfängniss des
Weibes sind mehrfach, sie kommen theils von zu grosser Feuchtigkeit oder von zu grosser Kälte und Trockenheit der Gebärmutter, theils von zu grosser Fettleibigkeit des Körpers, weil
das Fett, die Gebärmutter umgebend, den Eintritt des Samens nicht
gestattet. Es ist aber auch zu beachten, dass der Same des Mannes
zuweilen so dünn ist wie Wasser und nicht geeignet zur Zeugung."

v. Grünewaldt hat in besonders eingehender Weise den Umstand erörtert, dass der Begriff der Sterilität, d. h. die Impotentia
generandi der Frau nicht von dem Begriffe der Impotentia concipiendi
gedeckt wird und ein wesentlicher Unterschied darin liegt, ob überhaupt eine Unmöglichkeit besteht, dass das Sperma zum Contact mit
dem Ovulum gelange, oder ob eine solche Möglichkeit besteht und
dennoch das mit dem Sperma copulirte Ovulum nicht die Möglichkeit
findet, sich in gehöriger Weise anzusiedeln und weiter zu entwickeln.
Dieser Autor kommt sogar zu dem Schlusse, es gebe für den Eintritt
des Sperma in den Uterus kein absolutes mechanisches Hinderniss mit
Ausnahme von Atresien im Verlaufe des Genitalschlauches, und die
Rolle der Impotentia concipiendi sei eine sehr untergeordnete gegenüber der Bedeutung der Unfähigkeit des Uterus, die Bebrütung des
befruchteten Eies zu Ende zu führen; eine Behauptung, welche wir
trotz der exceptionellen Beispiele von Befruchtung trotz bestehender
mechanischer Hindernisse als im Allgemeinen zu weit gehend ansehen
müssen. Hingegen ist es unbestreitbar richtig, dass zur Einleitung der
Schwangerschaft es nicht genügt, wenn die Copulation von Sperma und
Ovulum statt habe, sondern es muss der Uterus in seiner Textur und

Ernährung so beschaffen sein, dass er die nach jener Copulation ihm ausschliesslich zufallende Aufgabe, das befruchtete Ei weiter zu entwickeln, zu lösen im Stande ist. Und darum muss auch den Erkrankungen des Uteringewebes eine wesentliche Bedeutung für die Sterilität zugestanden werden, auch wenn wir bei unseren Beobachtungsfällen nicht den Ausspruch *v. Grünewaldt's* bestätigen können, dass diese Erkrankungen die häufigste Ursache der Fortpflanzungsunfähigkeit des Weibes geben.

Sämmtliche metritische Processe, sowie Circulationsstörungen bei Stauungen des venösen Blutes in Folge von Herzkrankheiten können zur Atrophie der Uterinschleimhaut führen, welche letztere dann dünn und glatt erscheint, während die Uterindrüsen verloren gehen oder sich in kleine Cysten umwandeln. Dasselbe kommt bei Secretretentionen in der Höhle des Uteruskörpers (Hydro- und Hämatometra) zu Stande. Die Epithelien haben in allen diesen Zuständen wahrscheinlich ihr Flimmern verloren und erscheinen gewöhnlich glatt, in manchen Fällen sind sie verloren gegangen. Dieser Process hat nun einen erheblichen Einfluss auf die Conceptionsfähigkeit, indem die Implantirung der Chorionzotten erschwert ist *(Klebs)*.

Hyperplasie des Uterusparenchyms, den ganzen Uterus oder einen grossen Theil desselben betreffend, und demgemäss mit gleichmässiger Vergrösserung des ganzen Organes einhergehend oder nur mit Verdickung und Verlängerung des Cervix, durch endometritische catarrhalische Processe veranlasst oder durch venöse Blutstauung namentlich bei Herzklappenfehlern, durch mangelhafte Involution nach dem Puerperium, zuweilen auch durch übermässige geschlechtliche Erregung, wie diese vorzugsweise bei Meretrices vorkommt, kann die Bebrütung des Eies hindern. Sowohl die Formveränderung des Cervix als auch die Veränderungen, welche die Uterusschleimhaut bei hochgradigen Hyperplasien ausgesetzt ist — sie wird gewöhnlich atrophisch und liefert ein wässeriges Secret — bieten in dieser Richtung Hindernisse.

Die mit der chronischen Metritis einhergehende Hyperämie oder Hyperplasie des Uterus kann dadurch zur Ursache der Impotentia gestandi werden, dass sie Hämorrhagien hervorruft, welche das Ovulum fortschwemmen. Man hat für die Behinderung der Conception durch chronische Metritis auch das mechanische Moment ursächlich geltend gemacht, dass nämlich bei weitem excentrisch-hypertrophischem Uterus ein Ovulum, selbst ein vergrössertes, befruchtetes leicht nach unten gleiten und herausfallen kann, so dass es nicht zur Gravidität kommt. Die chronische Metritis gibt ferner durch Nutritionsstörung den Anlass zur Sterilität besonders dann, wenn es zur Induration des Gewebes kommt, der Uterus kleiner und härter wird und sich Amenorrhoe einstellt. Bekannt ist es, dass, wenn bei chronischer Metritis Conception schon eintritt, die Frauen sehr häufig abortiren. Es hängt dies vorzugsweise von dem pathologischen Zustande des Endometriums ab, welcher die normale Ausbildung der Decidua behindert. Es kommt zu Blutungen in der Decidua und damit zum Abort. Aber auch die Veränderung der Musculatur des Uterus, Bindegewebshypertrophie auf Kosten der Muskelfasern hat hieran Schuld, indem durch die verschiedene Nachgiebigkeit einzelner Uterustheile das normale Wachsthum und die normale Ausdehnung des Uterus bei seiner Schwangerschafts-Vergrösserung gehemmt wird.

Andererseits lässt sich nicht verhehlen, dass es genug Patientinnen mit ganz ausgesprochener chronischer Metritis gibt, welche trotzdem regelmässig concipiren und gesunde Kinder gebären.

Zur Sterilität, durch Mesometritis verursacht, zählt *v. Grünewaldt* die zahlreichen Fälle, in denen Sterilität die Folge eines Puerperiums ist, das entweder den Angaben der Kranken nach mit einer Entzündung verlief oder von dem die Patientinnen nichts Krankhaftes zu berichten wissen. Meistentheils findet sich bei diesen Patientinnen ein negativer Untersuchungsbefund; keine Lageveränderungen, keine Exsudate oder Schwellungen und keine irgend relevanten Affectionen des Endometrion. Als charakteristisch führt *v. Grünewaldt* an, dass einzelne Frauen nach der letzten Conception einen Abort oder eine Frühgeburt machten und dann nicht mehr schwanger wurden. Diese Unfähigkeit, den Brutprocess zu Ende zu führen, ist ein Symptom der sich aus der Degeneration der zum Theil noch normalen Uterinelemente entwickelnden Sterilität.

Cole (San Francisco) bezeichnet als häufigste Ursache der Sterilität nach einmaliger Entbindung Subinvolution des Uterus, meistens bedingt durch zu frühes Aufstehen. Es ist darum Gewicht darauf zu legen, dass nach einer ersten Entbindung oder Abortus der Arzt sich überzeuge, dass keine besonderen Läsionen zurückgeblieben sind.

Die chronische Endometritis wird sehr häufig ein Anlass zur Unfähigkeit der Befruchtung durch die catarrhalische Schwellung der Schleimhaut, die nicht selten vom äusseren Muttermunde bis zum Ostium abdominale der Tuben hingeht, und die dem Passiren von Sperma und Ovulum gleich hinderlich ist, in lange bestehenden Erkrankungsfällen aber auch durch die Weite der Uterushöhle und die Glätte der atrophirten Schleimhaut, welche das Festhalten des Ovulum hindern. Diese veränderte Beschaffenheit der Uterusschleimhaut, welche zur Folge hat, dass das befruchtete Ovulum, anstatt im Uterus bebrütet zu werden, durch denselben abgeht, ohne sich entwickeln zu können, besteht zumeist darin, dass die Epithelien der kranken Schleimhaut, wie dies die gewöhnliche Folge eines langwierigen Catarrhes zu sein pflegt, ihre Gestalt ändern, die Flimmerzellen verschwinden, an deren Stellen Cylinder-, später polymorphe, dem Pflasterepithel sehr nahe stehende

Zellen treten. Die Schleimhaut ist geschwellt, mit Vermehrung der Gefässe, Hyperplasie der Drüsen und massiger kleinzelliger Infiltration des interglandulären Gewebes (Fig. 39). Das Secret erhält eine schleimig-blutige, eiterige Beschaffenheit, welche auch auf die Lebensfähigkeit der Spermatozoen einen deletären Einfluss übt; bei langer Dauer der chronischen Endometritis atrophirt die Schleimhaut, ihre Drüsen schwinden, sie wird mehr einem dünnen Bindegewebsstratum ähnlich.

Das hochgradig erkrankte Endometrion, in welchem die Elemente der Mucosa bis in die Auskleidung der Utriculardrüsen hinein in ihrer

Fig. 39.

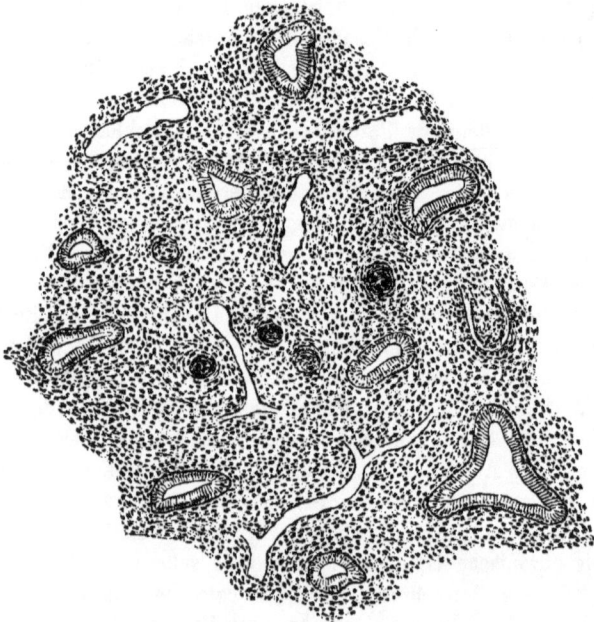

Uterusschleimhaut bei Endometritis nach A. Martin.

Ernährung alterirt sind und im weiteren Verlaufe des Leidens in Atrophie und Verödung übergehen, macht eine Implantation des Ovulum und eine normale Deciduabildung unmöglich, so dass, wenn auch Conception stattfand, das befruchtete Ei bald wieder abgehen muss. Häufig sind noch mit Endometritiden die aus congestiven und exsudativen Zuständen des Uterus hervorgehenden secundären Lageveränderungen combinirt, welche zur Entstehung der Sterilität mitwirken. Länger dauernde Entzündungsvorgänge des Endometrion bringen weiters Bindegewebswucherungen im Parenchym zu Wege, und auf diese Weise entsteht

so manches rüsselförmig hypertrophische Collum und manche Stenose
des Orificium externum und des Cervicalcanales. Es ist darum das
grosse Gewicht erklärlich, welches auf die Endometritis als Sterilitätsursache zu legen ist.

· Die grosse Bedeutung der gonorrhoischen Infection für
die Sterilität des Weibes besteht ausser in den bereits früher erwähnten,
durch Trippererkrankung verursachten Veränderungen der Tuben und
Beeinträchtigung des Contactes des Ovulum mit dem Sperma, ganz
besonders auch darin, dass durch jene Infection Endometritis cervicis
und auch des Uteruskörpers, ebenso wie Perimetritis und secundär
parenchymatöse Metritis veranlasst wird. Allerdings können alle diese
entzündlichen Erscheinungen bei geeigneter Behandlung rückgängig
werden und mit der Resorption der Exsudate und Gesundung des
Gewebes auch Conception eintreten. *Fritsch* hebt hervor, dass er mit
Sicherheit Fälle beobachtet hat, bei denen es trotz gonorrhoischer Endometritis zur Conception kam.

Von den verschiedenen Formen der Endometritis führt die
exfoliative Endometritis oder Dysmenorrhoea membranacea am sichersten zur Sterilität.·

Als Dysmenorrhoea membranacea bezeichnet man bekanntlich jenen pathologischen Zustand, bei welchem zeitweise, zumeist
zur Menstruationszeit, membranöse Fetzen oder sackförmige Membranen
aus der Uterushöhle ausgetrieben werden, und, da hierdurch die Bebrütung des Eies im Uterus behindert wird, so ist auch hiemit Sterilität
verbunden. Dies hat schon *Denman* im Jahre 1790 betont, und seitdem
ist es von den meisten Autoren bestätigt worden. Indess haben einige
Autoren, wie *Charpignon, Hennig* und *Bordier*, auch Conception während
dieses Leidens beobachtet. Unter 42 von *Kleinwächter* zusammengestellten Fällen von Dysmenorrhoea membranacea war bei 4 im
Verlaufe der Krankheit Schwängerung eingetreten. Ich habe 2 Fälle
von Dysmenorrhoea membranacea beobachtet, in denen dieser seit der
Verheiratung bestehende Zustand — in dem einen Falle seit 14 Jahren,
in dem anderen seit 8 Jahren — die Ursache der Sterilität bildete
und die Letztere trotz aller Medicationen, auch Auskratzung der Uterusschleimhaut, bestehen blieb. Findet die Krankheit ein vorzeitiges Ende,
so kann späterhin Schwängerung erfolgen, wie dies *Solowieff, Fordyce,
Barker* und *Thomas* sahen. Aber diese letzteren Fälle sind höchst
·exceptionelle, da das Leiden zumeist erst mit dem climacterischen
Alter erlischt.

J. Veit hat jüngstens hervorgehoben, dass es Formen von Endometritis decidua gibt, die im nicht schwangeren Zustande gar keine
·Symptome machen, dagegen nach erfolgter Conception zu dem Krank-
heitsbilde der Endometritis decidua führen: Blutungen in der Schwanger-

schaft, drohender oder vollendeter Abort, Placenta praevia, Hydrorrhoea uteri gravidi, Verhaltung von Eitheilen, Wiederkehr von Aborten etc.

Bei aller Bedeutung der Endometritis für die Genese der Sterilität geht jedoch *Mayrhofer* entschieden zu weit, wenn er ein solches Gewicht auf die Endometritis als Sterilitätsursache legt, dass er die Ansicht ausspricht, selbst die Cervixstenose bewirke nicht dadurch Sterilität, dass sie den Spermatozoen den Eintritt in die Uterushöhle erschwere oder verwehre, sondern dadurch, dass sie den regelmässigen Abfluss der von der Uterusschleimhaut abgesonderten Schleimmassen nicht zulasse, welche in Folge dessen einen irritirenden Einfluss auf das Endometrium auslösen. Aber ein Glied in der Kette der Sterilitätsursachen bei Enge des Cervicalcanales ist wohl der Umstand, dass sie das Abfliessen der Uterussecrete behindert, welche letztere dann durch die Stagnation zur Zersetzung veranlasst werden und damit krankhafte Veränderungen auf der Uterinschleimhaut hervorrufen, so dass Implantirung des Ovulums und Ernährung des allenfalls noch eingewurzelten, befruchteten Eies unübersteiglichen Hindernissen begegnen.

Die in jüngster Zeit verschiedenfach operativ vorgenommene A u s-k r a t z u n g der ganzen Gebärmutterinnenfläche wird von mancher Seite *(B. Schultze)* beschuldigt, spätere Conception zu beeinträchtigen oder unmöglich zu machen. *Benicke* hat diese Behauptung dadurch entkräftigt, dass er 10 genau verfolgte Fälle seiner Praxis zusammenstellte, in denen nach 13 Mal vorgenommener Auskratzung wieder Conception erfolgte. Die Auskratzung war mit der Curette ohne vorhergegangene Erweiterung des Cervicalcanales vorgenommen und stets möglichst energisch ausgeführt worden. Die kürzeste Zeit zwischen Auskratzung und neuer Conception betrug 4, respective 5 Wochen, sonst schwankte sie sehr zwischen $2^1/_2$ und 17 Monaten. *Benicke* spricht sich sogar dahin aus, dass wir in der Auskratzung das beste Mittel besitzen, um in vielen Fällen nach wiederholtem Abortus einen normalen Schwangerschaftsverlauf zu erzielen. *Düvelius* referirte jüngst über 60 Fälle, in denen nach der Auskratzung der Uterusschleimhaut wieder Gravidität erfolgte.

In gleich ungünstiger Weise wie die schon erwähnten pathologischen Zustände auf Bebrütung des Eies influenciren, wirkt unter Umständen die P a r a m e t r i t i s ein. Sobald das narbig retrahirte, sclerosirte, parametrane Bindegewebe Blut- und Lymphgefässe des Parametriums comprimirt und zum Theile verödet, entstehen durch die nahen Beziehungen zwischen Beckenzellgewebe und Uterus Circulationsstörungen, welche Endometritis verursachen. Die Sterilität als Folgezustand von P a r a m e t r i t i s hängt eines Theils von dem Grade der räumlichen Ausbreitung des phlegmonösen Processes, andererseits aber vom Sitze derselben ab. Die den Tuben aufliegenden Exsudate und Sclerosen, ebenso wie der den Uterus selbst betreffende alterirende Stoffumsatz in

den Geweben machen es begreiflich, dass das Ovulum in Ermanglung
qualitativ und quantitativ hinreichender Ernährungsflüssigkeit nicht zur
Ansiedlung gelangt, sondern einfach ausgeschieden wird, auch wenn es
von Samenfäden in hinreichender Zahl getroffen wurde (v. Grünewaldt).

C a r c i n o m des Uterus kann nicht zu den Structurveränderungen
gezählt werden, welche Sterilität verursachen oder die Conception wesentlich beeinträchtigen, wenn wir auch n i c h t mit Cohnstein annehmen
wollen, dass der Krebs des Gebärmutterhalses geradezu ein begün-
stigendes Moment für die Conception sei. Diese tritt nach Gusserow
bei Carcinoma uteri zunächst am ehesten im Anfangsstadium der Erkrankung ein, so lange es sich nur um carcinomatöse Infiltration der
tieferen Schichten der Schleimhaut handelt, oder um leichte papilläre
Wucherungen. Ist einmal jauchiger Zerfall der erkrankten Partien eingetreten, so wird nicht nur die Cohabitation seltener werden, sondern
auch dem Zusammentreffen von Sperma und Ovulum Hindernisse mannigfacher Art bereitet sein. Aber auch bei weit vorgeschrittenem jauchig
zerfallenem Krebs des Gebärmutterhalses ist die Conception nicht ausgeschlossen und sind solche Fälle in grosser Zahl in der Literatur verzeichnet. Cohnstein fand unter 127 diesbezüglichen Beobachtungen
21 Mal schon längeres Bestehen des Krebses vor Eintritt der Schwangerschaft (bis zu einem Jahre) notirt.

Winckel hat seine Erfahrungen über den Einfluss von Uteruscarcinom auf Conception in folgenden Sätzen fixirt: 1. Der weitaus
grösste Theil der an Uteruscarcinom leidenden Frauen ist verheiratet.
2. Dieselben leben nur sehr selten in steriler Ehe und haben sich
3. meist als ganz ungewöhnlich fruchtbar erwiesen.

Andere T u m o r e n d e s U t e r u s bewirken nicht blos durch
mechanische Behinderung des Contactes von Ovulum und Sperma
Sterilität, sondern auch, wo ein solches Hinderniss nicht geboten ist,
dadurch, dass sie catarrhalische Zustände und Schleimhauthyperplasien
verursachen, welche die Bebrütung des Eies beeinträchtigen.

Durch U t e r u s m y o m e speciell wird häufig abgesehen von den
mechanischen Behinderungen, welche sie der Conception bieten, auch die
Bebrütung des Eies behindert. Denn zumeist ist die Uterusschleimhaut,
wenn zahlreiche derartige Geschwülste in der Uteruswand vorhanden
sind, glatt und atrophisch, die Secretion wässerig, wodurch die Fest-
setzung des befruchteten Eies wesentlich erschwert wird.

Dass übrigens bei Myomen nicht blos die Beschränkung der
Uterushöhle und Veränderung des Uterusgewebes zur Sterilität Anlass gibt, haben jüngst erst Schorler's Untersuchungen über 822 Fälle
von Fibromyomen des Uterus dargethan. Er fand nämlich, dass sich die
subserösen und nicht die submucösen Tumoren hauptsächlich an der bei
den betreffenden Patientinnen beobachteten Sterilität betheiligen, was

durch die häufig sich einstellenden partiellen Peritonitiden mit ihren üblen Folgen auf die Uterusanhänge bei subserösen Fibromyomen in Zusammenhang gebracht wird.

Bei polypösen Neubildungen im Cavum uteri tritt, auch wenn Conception zu Stande kommt, Abortus ein, weil die Gefässrupturen der hypertrophischen Capillaren an der Neubildung selbst und in deren Umgebung eine normale Entwicklung der Frucht unterbrechen. *Horwitz* hat indessen Fälle beschrieben, in denen neben solcher Neubildung die Frucht sich bis zur Reife entwickelte.

Bei der Häufigkeit, mit welcher Entbindungen Anlass zu chronischer Metritis und Endometritis bieten, ist es begreiflich, dass durch Puerperien nicht selten der Grund zur weiteren Sterilität gegeben wird. Temporäre Sterilität erscheint oft durch die erste Entbindung hervorgerufen. Knabengeburten sind bekanntlich im Allgemeinen schwieriger als Mädchengeburten, und *Pfankuch* hat bei 240 Ehen statistisch nachgewiesen, dass nach 166 Knabengeburten durchschnittlich 30·2 Monate bis zur zweiten Entbindung vergehen, während dieselbe auf 134 Mädchengeburten schon nach 27·4 Monaten folgte.

Die Bedeutung vorhergegangener Puerperien für die durch Mesometritis und diffuse Bindegewebshyperplasie des Uterus bedingte Unfruchtbarkeit hat *v. Grünewaldt* durch folgende Ziffern aus seinen Untersuchungen dargethan: Von 56 an chronischer Metritis leidenden Frauen waren steril 46·4 Procent, die Sterilität war congenital in 19·2 Procent, acquirirt 80·7 Procent. Von 134 an Myometritis und deren Folgen kranken Frauen steril 71·6 Procent, davon congenital 17·7 Procent und acquisit 82·2 Procent. Dagegen von 321 an Endometritis kranken Frauen steril 29·5, davon 28·4 congenital und 71·5 Procent acquisit.

Anderseits darf nicht ausser Acht gelassen werden, dass die Conceptionsfähigkeit durch vorausgegangene Wochenbetten auch erhöht wird. *Olshausen* hebt speciell diese, erfahrenen Gynäkologen bekannte Thatsache hervor, dass die durch die erste Geburt gesetzte bleibende Erweiterung des Muttermundes auch für das ganze künftige Leben Conception erleichtert. Es zeigt sich dies ja besonders auffallend, wenn nach anfänglicher mehrjähriger Sterilität endlich, sei es mit oder ohne Kunsthilfe, Conception eingetreten war und nun schnell eine Conception der anderen folgt.

Spiegelberg hat darauf hingewiesen, dass Cervicalrisse durch Behinderung der Eibebrütung eine Ursache der Sterilität abgeben können. *Olshausen* betont, dass in Folge dieser Affection Abortus eintritt, indem durch Klaffen des Halscanales der untere Eipol zeitig entblösst wird und hierdurch ein Reiz zur Zusammenziehung für den Uterus gegeben ist. *Howits* befürchtet im Allgemeinen nicht secundäre Sterilität als Folge

von Cervicalrissen, doch könne, wenn diese tief gehen, die Spannung
am Uterus, namentlich nach hinten zu, die Conception erschweren.

Die grosse Rolle, welche der Untauglichkeit des Uterus
zur Bebrütung des Eies bei Sterilität zukommt, hebt v. Grünewaldt gegenüber den früher von uns erörterten Sterilitätsursachen, den
Hindernissen der Conception, durch Aufstellung folgender zwei Sätze
besonders hervor, welche jedenfalls als zu weitgehend angesehen werden
müssen, nämlich :

1. Die Conception bildet in der Reihe der Vorgänge, durch welche
die Fortpflanzung der Gattung bewerkstelligt wird, nur ein Glied, dem
im Verhältniss zu der grossen Zahl räumlich und zeitlich viel bedeuten-
derer vitaler Vorgänge während der Schwangerschaft eine nur sehr
geringe Bedeutung zukommt.

2. Der Schwerpunkt der Fortpflanzungsfähigkeit des Weibes liegt
in der Fähigkeit der Ausbrütung des befruchteten Eies, welche ihrerseits abhängt von einem gewissen Masse von Integrität der den Uterus
constituirenden Gewebe.

v. Grünewaldt betont speciell als die häufigste Ursache der Sterilität
die Entzündungen der verschiedenen Gewebe des Uterus mit ihren Aus-
gängen. Er fand, dass von 496 Frauen, die steril waren, 262 in höherem
oder geringerem Grade an Entzündungsvorgängen des Endometrion, des
Mesometrion und der Parametrien litten, wo diese Entzündungen das
Hauptleiden darstellten, während an weiteren 150 Fällen Endometritis,
Mesometritis oder Parametritis als Begleiterscheinungen anderweitiger,
als Grundleiden aufgefassten Krankheiten steriler Frauen angetroffen
wurden, d. h. in mehr als 50 Procent aller Fälle mussten entzündliche
Vorgänge als Hauptursache der Unfruchtbarkeit aufgefasst werden und
nur in etwa 20 Procent bestand Sterilität, ohne dass bei den betreffenden Kranken entzündliche Vorgänge und deren Ausgänge in den Geweben des Uterus nachweisbar gewesen wären. In den übrigen 30 Procent lagen der Sterilität als Hauptgrund verschiedene Anomalien der
Sexualorgane zu Grunde, die aber mit einer oder mehreren der genannten
Entzündungsformen complicirt waren.

Schliesslich sei auch hier der, namentlich in den ersten Wochen der
jungen Ehe so oft vorkommenden sexuellen Excesse als Hinderniss
der Befruchtung erwähnt. Zu häufig ausgeübter Coitus kann die Befruchtung
behindern, indem die dadurch in Permanenz erklärte Congestion zum
Uterus einen Reizungszustand der Schleimhaut verursacht, welcher ein
Implantiren des Ovulum erschwert. Die chronische Metritis der Meretrices mag die so gewöhnliche Sterilität derselben zum Theile erklären.

Zu dieser eben erörterten dritten Art der Sterilität (durch Unfähigkeit zur Bebrütung des Eies) zählt im weiteren Sinne auch die Unfähigkeit
des Weibes, ein lebensfähiges Kind hervorzubringen, obgleich mit Sicher-

heit Conception und Entwicklung eines Embryo nachgewiesen werden kann. Die Ursache kann darin liegen, dass das Ei im Uterus zu Grunde geht, oder weil es sich auf unnatürliche Weise über das Normale hinaus entwickelt, z. B. beim Myxom des Chorions und sonstigen Bildungsanomalien. In beiden Fällen kann die krankhafte Beschaffenheit der Eihäute die Schuld tragen, gleichviel, ob vom Samen des Mannes oder dem Ei des Weibes herrührend. Hierher gehören auch jene Fälle, wo das befruchtete Ei in der Tube oder im Uterus zu Grunde geht, ohne Spuren eines frühzeitigen Abortus zu hinterlassen. Es kommt ja vereinzelt vor, dass Frauen jeden Monat abortiren; bei ihnen wird alle vier Wochen eine vollständig entwickelte Decidua vera ausgestossen und doch darin zuweilen keine Spur eines Eies gefunden. Diese monatliche Ausstossung hört auf, sobald der Coitus unterbleibt.

Es geht indess über den Rahmen dieser Arbeit hinaus und fällt nicht mehr unter den Begriff der Sterilität, wenn wir jene pathologischen Processe erörtern wollten, welche nicht blos die Bebrütung des Eies hindern, sondern welche die weitere Entwicklung desselben beeinträchtigen, mit anderen Worten den Abortus herbeiführen. Bekanntlich geschieht das letztere auch bei mehrfachen Texturerkrankungen des Uterus mit chronischer Hyperämie der Mucosa, bei fixirten Lageveränderungen des Uterus, zerrenden, parametranen und perimetritischen Exsudaten. beim Lacerations-Ectropium des Cervix, aber auch bei Allgemeinerkrankungen, bei fieberhaften Erkrankungen, bei acuten Infectionsprocessen, bei chronischen Kreislaufsstörungen in Folge von Herz-, Lungen-, Nieren- und Leberkrankheiten, bei constitutionellen Leiden, wie Syphilis, Anämie, Chlorose, Scrophulose, Diabetes u. m. A.

Statistik der Sterilitätsursachen.

Literatur.

Beigel, Die Krankheiten des weiblichen Geschlechtes. 1875.
Chrobak, Ueber weibliche Sterilität. Wien. med. Presse. 1876.
Grünewaldt, Ueber die Sterilität geschlechtskranker Frauen. Archiv für Gynäkologie. Bd. VIII. 1875.
Jaquet und *Kulp*, Bericht der gynäkologischen Klinik in Berlin.
Kammerer, Transactions of the New-York Academie of medecine (Lancet 1871).
Kehrer, Beiträge zur klinischen u. experimentellen Geburtshilfe u. Gynäkologie. 1879
Levy, Bayer. ärztl. Intelligenzblatt. 1879.
Meyer L., Die Krankheiten des Uterus als Ursache der Sterilität. Kopenhagen 1880.
Mondat L., De la stérilité chez la femme. 1880.
Sims, Klinik der Gebärmutterchirurgie. 1871.

Aus unseren bisherigen Erörterungen ist hervorgegangen, dass es der Momente vielfache gibt, welche die Sterilität des Weibes verursachen,

indem sie den einzelnen Phasen der Befruchtung hinderlich entgegentreten, von der Reifung des Ovulums angefangen, der Imprägnation desselben mit den Zoospermen, der Wanderung gegen den Uterus bis zur
Bebrütung in der Höhle des Gebärorganes. Wir haben aber auch hervorgehoben, dass es zumeist und in der weitaus überwiegenden Mehrzahl der Fälle sich nicht blos um eine einzige Sterilitätsursache handelt,
sondern eine Reihe von abnormen Verhältnissen, pathologischen Zuständen und ungünstigen Einflüssen dem Zusammenwirken jener natur-
gemässen Vorgänge, welche die Befruchtung herbeiführen, entgegen-
wirkt.

Eine Statistik über die Häufigkeit der einzelnen
Sterilitätsursachen ist bei dem geringen in dieser Richtung bisher
vorliegenden Materiale schwer zu geben, um so schwieriger, als durch
die Combination der ätiologischen Momente ein strictes Auseinanderhalten
oft unmöglich ist. Es kann eine Erkrankung des Uterus zugleich durch
Impotentia coeundi, wie concipiendi und gestandi die Sterilität verursachen; es kann Beeinträchtigung der Ovulation mit mechanischen
Hindernissen der Berührung von Ovulum und Sperma, sowie Structurveränderungen, welche die Bebrütung des Eies beeinträchtigen, combinirt vorkommen und man kann in Verlegenheit gerathen, welches
Moment man als das eigentlich ursächliche ansprechen soll. Die ge-
zogenen Schlüsse können darum keineswegs als vollkommen präcise
aufgefasst werden.

Mit dieser Einschränkung möchte ich daher aus meinen weiter
unten anzugebenden Beobachtungsfällen folgende Schlüsse formuliren:

Die weitaus häufigste Ursache der weiblichen
Sterilität liegt in Exsudatresten nach Pelveoperitonitiden, welche die Peritonealüberzüge der Ovarien, der Tuben und
des Uterus betrafen, und nach Parametritis, sowie in den hierdurch gesetzten Adhäsionen und Verlöthungen. Diese Erkrankungen
können im jungfräulichen Alter stattgefunden haben,
zuweilen aus frühester Jugend datiren, oder bei acquisiter Sterilität Folgen von Puerperalprocessen sein.

In den Fällen von acquisiter Sterilität fand ich in
mehr als vier Fünftel der Fälle Reste von parametritischen
und perimetritischen Exsudaten als Ursache.

Die Prognose hängt in diesen Fällen von der Localisirung und
Ausdehnung dieser entzündlichen Zustände ab; sie ist verhältnissmässig
günstig, wenn die Processe frühzeitig zur Beobachtung und geeigneten
Medication gelangen.

Eine nächst häufige Ursache der Sterilität sind Constitutionsanomalien: Scrophulose, Chlorose, Obesitas, denen ein schädigender
Einfluss auf den Ovulationsprocess zugeschrieben werden muss. Hier ist

die Prognose nur dann eine günstige, wenn die Ovulation durch einige Zeit bereits regelmässig erfolgt war und nur temporär beeinträchtigt erscheint.

Der Häufigkeit nach reihen sich als Sterilitätsursachen Structurveränderungen der Uterusgewebe: Chronische Metritis und Endometritis. chronisch-catarrhalische Zustände der Cervicalschleimhaut, Hypertrophien des Cervix. Die Prognose kann hier nur relativ als günstig bezeichnet werden, wenn diese Structurveränderungen keinen hohen Grad erreicht haben, durch medicamentöse Behandlung oder auf operativem Wege zu beseitigen sind.

Es folgen nun Entwicklungsfehler der Genitalien, namentlich der Uterus infantilis. Die Prognose ist hier eine absolut ungünstige; durch keine Behandlungsweise wird ein Resultat erzielt.

In absteigender Linie der Häufigkeit erscheinen dann als ätiologische Anlässe der Sterilität: Stenose des Cervix und Lageveränderungen des Uterus, die letzteren meist combinirt mit Gewebserkrankungen desselben und mit Resten von Pelveoperitonitiden. Die Prognose ist bei diesen Zuständen wenig günstig, zumeist deshalb, weil die veranlassenden pathologischen Processe gewöhnlich schon älteren Datums sind.

Je multipeler die sich combinirenden Ursachen der Sterilität, um so ungünstiger ist die Prognose.

Gleich häufig wie die Lageveränderungen des Uterus muss Azoospermie des Mannes als schuldtragend bezeichnet werden. Selten sind Tumoren des Uterus Sterilitätsursache.

Einen ziemlichen Procentsatz der Fälle bilden jene, wo sich kein anatomischer Grund der Sterilität nachweisen lässt und wo man auf Dyspareunie. Mangel der Reflexaction u. s. w. recurriren muss. In diesen Fällen ist es schwierig, überhaupt eine Prognose zu stellen, weil die ursächlichen Verhältnisse nicht hinlänglich klargestellt sind und weil ihre Beseitigung oft durch sociale und moralische Rücksichten unmöglich gemacht ist.

Bei 250 sterilen Frauen meiner Beobachtung (aus der Marienbader Curpraxis), und zwar: 134 Fällen congenitaler und 107 Fällen acquiriter Sterilität, wo eine genaue Untersuchung der Sexualorgane und Erforschung der ehelichen Verhältnisse möglich war, fand ich:

132mal perimetritische, perioophoritische und parametrane Exsudate,
58mal Obesitas nimia,
40mal Scrophulosis,
17mal chronische Metritis,
87mal chronische Endometritis.

48mal Retroflexio uteri,
6mal Anteflexio uteri,
1mal Mangel des Uterus,
16mal Uterus infantilis,
7mal erworbene Atrophie des Uterus,
1.mal conische indurirte Vaginalportion,
2mal folliculäre Hypertrophie der Vaginalportion,
15mal Stenose des Orificium externum,
24mal Stenose des Cervix,
1mal acquisite Atresie der Vagina,
2mal Dysmenorrhoea membranacea,
5mal Persistenz des Hymen,
9mal Vaginismus,
4mal Uterusmyome,
8mal ungenügende Reflexaction in den weiblichen Sexual-
    organen,
4mal gonorrhoischen Catarrh,
1mal Stenose der Vagina durch eine ligamentöse Verwachsung.

Es braucht wohl nicht erst bemerkt zu werden, dass sich in einzelnen dieser Fälle mehrere Sterilitätsursachen combinirt fanden. Eine
Bestimmung der Heilungspercente in diesen Fällen von Sterilität ist
mir leider nicht möglich, da viele der Letzteren für immer spurlos
meinem Beobachtungskreise entzogen wurden. Die Fälle, wo die Schuld
der Sterilität auf Seite des Mannes nachgewiesen wurde, habe ich
hier nicht aufgezählt, weil ich nicht in allen Fällen Gelegenheit hatte,
das Sperma zu untersuchen. Im Ganzen habe ich 19mal Gelegenheit
gehabt, Azoospermie des Mannes nachzuweisen.

Im Jahre 1836 hat der bekannte Frauenarzt Mayer in Berlin
eine Statistik der ihm zur Beobachtung gekommenen Fälle von Sterilität
gegeben. Unter seinen 272 Fällen war in 2 Fällen Mangel des Uterus,
in 60 Fällen Anteflexion, in 37 Retroflexion, in 35 Anteversion, in 3
Retroversion des Uterus, 45 Vulvitis, wovon 14 vollständig erhaltenes
Hymen trotz mehrjähriger Verehelichung besassen, 51 chronische Endometritis, 25 Oophoritis, 23 Ovarientumoren, 12 Uteruspolypen, 6 Fibrome
des Uterus, 1 Elephantiasis der äusseren Genitalien. In 6 Fällen war
keine pathologische Veränderung nachzuweisen.

J. Kammerer gibt in den Transactions of the New York Academy
of medecine eine Statistik von 403 klinisch genau beobachteten Fällen
von Sterilität. Die anatomischen Veränderungen, welche er bei der
Untersuchung fand, vertheilen sich folgendermassen:

1. Anomalien der Lage: Retroversion 20, Anteversion 18,
Version nach rechts 10, Version nach links 10, Descensus 8, Prolapsus 1.

2. Anomalien des Uterusgewebes: Anteflexion 83, Retroflexion 71, Hypertrophie 65, Atrophie 3, Atrophie des Cervix 1, Verengerungen des Os uteri 24, Stenosis des ganzen Cervicalcanales 11, Strictur des Orificium uterinum 35, Fibrome 10, Carcinome 5, Polypen 6.

3. Catarrh. Von der ganzen Zahl von 408 bestand bei 342, also ungefähr bei sieben Achtel, Catarrh des Uterus. In den meisten Fällen beschränkte sich derselbe auf den Cervicalcanal; doch bei allen Fällen, wo Flexion oder Strictur des Canales bestand, nahm die Uterushöhle an dem Catarrhe Theil.

4. Affectionen der dem Uterus benachbarten Organe: Perimetritis oder Peritonitis 12, feste Adhäsionen in Folge früherer Entzündungen 82, Ovarialtumoren 14, periuterine Tumoren 7, Gonorrhoe 2, acute Colpitis, Beckenabscess 1.

Kammerer berechnet, dass von seinen Fällen von Sterilität in der Hospitalpraxis nur 3 Fälle geheilt wurden: in der Privatpraxis wurde unter 291 Fällen von 25 Fällen constatirt, dass sie nach der Behandlung ausgetragene Kinder geboren. Die günstigsten Erfolge wurden erzielt bei Flexionen, besonders Retroflexionen und Catarrh des Cervicalcanales. Die ungünstigsten Verhältnisse boten Anteflexionen und ausgedehnte Adhäsionen.

Mondot fand bei 750 Fällen von Sterilität des Weibes, dass 362 von Anteflexionen und anderen Lageveränderungen des Uterus herrührten, 188 von Entzündungszuständen des Uterus, 51 von Tumoren, 2 von Mangel des Uterus und bei 217 Fällen war das ätiologische Moment unbekannt. In 27 Fällen sah *Mondot* blennorrhoische Vaginitis als Ursache der Sterilität, und zwar kamen ihm 20 dieser Fälle in einem vorgeschrittenen chronischen Zustande zur Beobachtung. während in 7 Fällen, wo er die Krankheit vom Beginn an beobachtete, bei geeigneter Behandlung im Zeitraume von 2 bis 5 Jahren Befruchtung eintrat.

Von 490 Frauen, die steril waren und von *Grünewaldt* zur Beobachtung kamen, litten 262 in höherem oder geringerem Grade an Entzündungsvorgängen des Endometrion, des Mesometrion und der Parametrien, wo diese Entzündungen das Hauptleiden darstellten, während in weiteren 150 Fällen Endometritis, Mesometritis oder Parametritis als Begleiterscheinungen anderweiter als Grundleiden aufgefasster Krankheiten steriler Frauen angetroffen wurden, d. h. in mehr als 50 Procenten aller Fälle hat *v. Grünewaldt* entzündliche Vorgänge als Hauptursache der Sterilität aufgefasst und nur in 20 Procenten bestand Sterilität, ohne dass bei den betreffenden Kranken entzündliche Vorgänge und deren Ausgänge in den Geweben des Uterus nachweisbar gewesen wären. In den übrigen 30 Procenten lagen der Sterilität als Hauptgrund verschiedene Anomalien der Sexualorgane zu Grunde. die aber mit einer oder mehreren der genannten Entzündungsformen complicirt waren. Wie wir schon früher

erwähnten, stellt *v. Grünewaldt* die Ernährungsstörung der Uterusgewebe in den Vordergrund der Sterilitätsursachen:
Von 56 an chronischer Metritis leidenden Frauen waren steril
46·4 Procent; die Sterilität war congenital in 19·2 Procent, acquirirt
80·7 Procent. Von 134 an Myometritis und deren Folgen kranken
Frauen waren 71·6 Procent steril, davon congenital 17·7 Procent und
acquisit 82·2 Procent. Von 321 an Endometritis kranken Frauen waren
steril 29·5 Procent, davon 28·4 Procent congenital und 71·5 Procent
acquisit. Bei den mit Parametritis behafteten Frauen constatirte *v. Grünewaldt* bei 57 Procent Sterilität und zwar 64 Procent acquisite und
36 Procent congenitale. Der Parametritis, und Perimetritis, sowie den
durch sie gesetzten Exsudaten vindicirt er die Wirkung in einer bestimmten
Reihe von Fällen, dass durch sie überwiegend oder ausschliesslich die bestehende Unfruchtbarkeit bedingt wurde, und zwar in nahezu 10 Procent
aller der sterilen Frauen, deren Krankheit er seiner diesbezüglichen
Studie zu Grunde gelegt hat. Bei 30 Procent der sterilen Frauen lagen
der Sterilität als Hauptgrund verschiedene Anomalien der Sexualorgane
zu Grunde. Was das Verhältniss zwischen erworbener und natürlicher
Sterilität bei diesen Anomalien betrifft, so waren 88·3 Procent der
Frauen mit krankhaft gestaltetem Cervix und Cervicalcanal überhaupt
nie schwanger gewesen und nur bei 11·6 Procent waren Puerperien
vorhergegangen. Unter diesen Fällen war 7mal eine rüsselförmige
Hypertrophie der Vaginalportion, 7mal Kleinheit oder fehlerhafte Insertion der Vaginalportion oder beide Umstände Ursachen der Sterilität.
Unter 114 Fällen von Retroversionen und Flexionen des Uterus waren
70 oder 61·4 Procent steril und von diesen 34·3 Procent congenital und
66·7 Procent acquisit; dagegen hatten von 77 an Anteversionen und
Flexionen leidenden Frauen 57 oder 74 Procent die Fortpflanzungsfähigkeit eingebüsst, von ihnen waren 63·1 nie schwanger gewesen,
während bei 36·8 Procent die Sterilität acquisit war. Die Zahl der
beobachteten Anteversionen ist im Verhältnisse zu den Lageabweichungen
nach hinten verhältnissmässig gering 77 : 114, während umgekehrt
erstere ein viel grösseres Sterilitätsprocent geben als letzteres, nämlich
74 : 61.

Nach *v. Grünewaldt* ergab die auf Endometritis beruhende Sterilität
im Ganzen 8·4 Procente Heilungen, die auf Myometritis 3·1 Procente,
Sterilität in Folge beider Combinationen wurde kein Mal geheilt. Viel
günstiger sind die Heilungsresultate bei der durch Parametritis bedingten
Sterilität: 9 Procente. Durch Lageveränderungen des Uterus verursachte
Sterilität gestaltet sich prognostisch noch besser, indem Anteversion und
Flexion, sowie Retroversion und Flexion zusammen noch über 10 Procent
Heilungen ergeben. Bei Fällen von Sterilität, wo unter den verschiedensten
krankhaften Zuständen Verengerung des Cervicalcanales oder des Ori-

ficium externum uteri oder beider bestand, betrug der Procentsatz der Genesungen 7·5.

Mehrfaches Interesse bieten auch die von *Chrobak* angegebenen Daten. Unter 763 Frauen, die *Chrobak* consultirten, waren 212 steril. Von diesen 212 Frauen verlangten 131 direct Beseitigung der Sterilität. Unter diesen 131 Fällen zählte *Chrobak* 109 Fälle angeborener und 22 mit erworbener Sterilität. 33 Frauen, und zwar 29 mit angeborener und 4 mit erworbener Sterilität wollten sich keiner Behandlung unterziehen, oder wurden wegen der Aussichtslosigkeit einer solchen zurückgewiesen. Zu diesen letzteren zählten:

4mal Uterus infantilis,

4mal Uterusfibroide,

1mal solider Ovarientumor,

2mal rudimentäre Bildung des Uterus in der Scheide.

Die anderen 22 nicht behandelten Fälle waren:

9 Anteflexionen,

2 Retroversionen,

2mal Endometritis des Körpers,

3mal Cervicalcatarrh,

1mal chronische Metritis,

2mal conische indurirte Vaginalportion,

1mal parauterines Exsudat,

1mal infravaginale Hypertrophie,

1mal Pyometra lateralis.

Von den 98 Frauen, die sich einer Behandlung unterzogen, blieb *Chrobak* 27mal ohne Nachricht des Erfolges, eventuell des weiteren Verlaufes. Die auffallendsten Anomalien, welche in diesen Fällen notirt wurden, waren:

4mal Anteflexio uteri infantilis,

5mal Anteflexio und Anticurvatura ohne nachweisbare Verengerung, aber mit Dysmenorrhoe,

1mal Anteflexion und conischer, indurirter Cervix,

1mal Vaginismus,

2mal Catarrh des Cervix,

1mal Anteversio ut., Catarrhus ut., starrer Muttermund,

5mal Retroflexio und Retroversio ut.,

1mal Lateroposition und Cervicalcatarrh,

3mal Stenose des Orificium externum,

1mal Metritis chronica mit Geschwürsbildung,

1mal Parametritis sinistra,

1mal Uterus infantilis,

1mal Anämie, Genitalien normal.

Von den noch restirenden 71 sterilen Frauen, die direct Beseitigung
der Sterilität verlangten, und wo der Erfolg der Behandlung controlirt
wurde, fand *Chrobak* 29mal (also in 40·8 Procent) E n t z ü n d u n g d e r
U t e r u s s c h l e i m h a u t, der Muscularis, der Serosa oder des Parametriums, davon wurden 10 (34·5 Procent) geheilt. U t e r u s d e v i a-
t i o n e n unter Ausschluss der Fälle, wo entzündliche Complicationen
vorhanden gewesen waren, wurden 25mal beobachtet, davon concipirten
17 (also 56 Procent). S t e n o s e n d e s C e r v i c a l c a n a l e s oder als
gleichwerthig betrachtete Formveränderungen des Cervix für sich allein
bestehend, wurden 9 verzeichnet, davon concipirten 5. Würden hierzu
11 Fälle gerechnet (mit 6 Heilungen), bei denen Stenose in Verbindung
mit Uterusdeviationen notirt wurde, so betrüge die Gesammtzahl der
Stenosen 20, mit 11 Heilungen (55·5 Procent). Die noch restirenden
8 Fälle vertheilen sich auf: m a n g e l h a f t e E n t w i c k l u n g d e s
U t e r u s 3mal mit 1 Heilung, V a g i n i s m u s 3mal mit 3 Heilungen,
V a g i n i s m u s u n d U t e r u s f i b r o i d 1mal (ungeheilt) und 1mal mangelhafte Potentia coeundi des Mannes, durch fortgesetzte starke Dilatation
des Scheideneinganges Coitus ermöglicht, dem Schwangerschaft folgte.
Im Ganzen haben von diesen 71 von *Chrobak* in gynäkologische Behandlung genommenen Fällen 40 = 56·3 Procent concipirt, 31 = 43·7
nicht concipirt.

Kehrer erklärt als die häufigste Ursache der weiblichen Sterilität
die peritonitische Verlöthung (33·3 Procent), sehr viel seltener Stenose
8·3 Procent), Amenorrhoea chlorotica (4·1 Procent), Fibroma subperitoneale (4·1 Procent) und Vaginismus (4·1 Procent). Im Ganzen
fand *Kehrer* in 35·1 Procent steriler Ehen den M a n n schuldtragend.
In der Minderzahl von Fällen, wo die Sterilität der Ehe im Weibe zu
suchen war, fand er Enge des Cervix 2mal (und beide Male trat
Conception nach radiärer Discision ein); 2mal bestand Amenorrhoe,
wahrscheinlich durch Erkrankung und angeborene mangelhafte Bildung
der Ovarien bedingt, 7mal fand er pseudomembranöse Fixation des
Uterus und Verlöthung der inneren Genitalien.

Mondot gibt an, dass unter 750 von ihm beobachteten Fällen von
Sterilität 362 als Ursache Anteversionen und andere Lageveränderungen
boten, 118 verschiedene Entzündungszustände, 51 uterine Tumoren;
in 2 Fällen fehlte der Uterus gänzlich und in 217 Fällen liessen sich
die Ursachen der Sterilität gar nicht eruiren.

Levy (München) hat bei 60 wegen Sterilität behandelten Frauen
57mal Catarrh des Uterus nachgewiesen. In allen diesen Fällen fanden
sich nur wenig Spermatozoen im Uterus und waren spätestens nach
5 Stunden bewegungslos.

Kulp und *Jaquet* geben über 39 sterile Frauen der gynäkologischen Klinik in Berlin Bericht, darunter über 28 Fälle ganz genaue

Notizen: Es hatten von diesen Frauen 17 noch niemals geboren, obgleich 1 von ihnen $1\frac{1}{2}$ Jahre, 3 drei, 5 vier, 1 fünf, 2 sechs, 1 acht, 1 zwölf, 1 dreizehn, 1 sechszehn, 1 sechsunddreissig Jahre im ehelichen Verkehre gestanden hatten. Die Ursache der Unfruchtbarkeit war 2mal Anteflexio uteri, 2mal Anteflexio mit Stenosis orif. ut. ext. und Endometritis, 1mal Anteflexion mit Endometritis, 2mal Stenose des äusseren Muttermundes, 2mal Stenose des Cervicalcanales, 1mal Anteversio mit Stenose des Muttermundes, 2mal Retroversion (1mal mit Fixation des Fundus an der hinteren Beckenwand, 1mal in Folge eines anteuterinen Ovarialtumors), 1mal Retroflexio cum fixatione, 1mal Retropositio, 2mal mangelhafte Entwicklung des Uterus.

Die 11 anderen sterilen Frauen hatten schon geboren, nämlich 8 je 1mal, und zwar 1 vor $4\frac{1}{2}$ Jahren (Abort von 4 Monaten), 2 vor 7 Jahren, 1 vor 8, 2 vor 9, 1 vor 10, 1 vor 22 Jahren; 3 gebaren 2mal; von diesen abortirte 1 vor $1\frac{1}{2}$ Jahren nach 3monatlicher Schwangerschaft, 1 überstand das letztemal vor 12 Jahren ein schweres Wochenbett, 1 ebenfalls vor 18 Jahren, nachdem sie mittelst der Zange entbunden worden war. Bei diesen acquisiten Sterilitätsfällen hatte jedesmal (ausgenommen der Fall von Stenose) peri- oder parametritische Exsudation eine Fixation des Uterus zurückgelassen.

Bei den übrigen 11 Fällen ergab die Untersuchung: Stenosis cervicis 7mal (ausserdem 1mal Anteflexio und 1mal Retropositio uteri), Anteflexio uteri 2mal (1mal e retractione ligamentorum sacro-uterinorum), Reflexio uteri adhaerens 1mal, Tumor ovarii 1mal.

L. Meyer theilt in seiner Arbeit über Sterilität 14 Fälle mit, in denen Deformitäten des Uterus die Ursache boten, 11 Fälle mit Stenose des Cervicalcanales, 40 Fälle, in denen die Sterilität durch Deformitäten der Vaginalportion bedingt war, 10 Fälle von Sterilität bei Anteversio uteri, 9 Fälle mit primärer Anteflexio uteri, 3 mit Anteflexion mit Anschwellung des Uterus, 24 Fälle mit secundärer Anteflexion. Von primären Retrodeviationen, Versionen und Flexionen, mit Sterilität zusammengefasst, theilt *L. Meyer* 4 Fälle mit, von secundärer Retroversion 3 Fälle, von secundärer Retroflexion 21 Fälle. Von Neubildungen, welche Sterilität bedingen, waren Fibromyome in 6 Fällen das Collum allein, in 2 Fällen wesentlich das Collum afficirend, 25 weitere Fälle betrafen im Wesentlichen subperitoneale, 14 im Wesentlichen interstitielle Geschwülste, in 6 Fällen konnte der Sitz der Geschwulst nicht genau bestimmt werden: von submucösen Geschwülsten werden 5 Fälle mitgetheilt, sowie 3 Fälle von fibrösen Polypen. Ferner waren 2 Fälle mit Endometritis überhaupt, 6 mit Endometritis fungosa, 7 Fälle mit Metritis colli ausser den unter anderen Rubriken mitgetheilten, 11 mit chronischer Metritis, 4 mit Bindegewebsdegeneration des Uterus.

Marion Sims hat unter 250 sterilen Frauen bei 218 den Zustand des Cervix besonders vermerkt, um zu sehen, inwieferne dieser als Sterilitätsursache zu betrachten wäre. Er fand in diesen 218 Fällen:

Den Cervix flectirt bei . . . . 19 Fällen
„   „   „   und conisch bei . . . . .   31 „
„   „   „   „   „   und indurirt . .   21 „
„   „   gerade conisch und indurirt bei . . . . . .   4 „
„   „   „   „   „   „   und verlängert bei . 109 „
„   „   „   „   verlängert, aber nicht indurirt bei   7 „
„   „   nicht conisch, aber hypertrophirt und indurirt bei   14 „
Den Cervix granulirt bei. . . . .   10 „
„   „   „   und conisch bei . . . .   3 „

Unter dieser Zahl fanden sich also 71 flectirt. von denen 52 einen conischen Cervix hatten; 147 gerade, von denen 123 einen conischen Cervix hatten. Demnach war ein conischer Cervix in 85 Procent aller Fälle von Sterilität.

Derselbe Autor fand bei:

250 Fällen angeborener Sterilität 103 Anteversionen des Uterus, 68 Retroversionen, zusammen 171 Lageveränderungen;

ferner bei 255 Fällen acquisiter Sterilität 61 Anteversionen, 111 Retroversionen, zusammen 172 Lageveränderungen des Uterus.

Bei beiden Classen von Sterilität waren demnach im Ganzen in 505 Fällen 164 Anteversionen, 179 Retroversionen, insgesammt 343 Lageveränderungen des Uterus.

Sims hat ferner unter 255 Frauen, welche einmal geboren haben, dann steril wurden. bei 38 fibroide Tumoren gefunden, und zwar:

Fibroide der hinteren Lippe des Os tincae 2

Gestielte Fibroide des Uterus: An der vorderen Wand . . 2⎫
„   „   hinteren Wand . . 2⎪ 6
„   „   linken Seite .   1⎪
„   „   rechten Seite   1⎭

Ungestielte Fibroide des Uterus: Am Fundus . . . .   2⎫
An der rechten Wand   5⎪
„   „   hinteren Wand .   8⎬20
„   „   rechten Seite .   5⎪
„   „   linken Seite . .   0⎭

Zwischenwandige Fibroide des Uterus: Im Fundus . . . .   1⎫
In der vorderen Wand   7⎬ 9
An der hinteren Wand   1⎭

Intrauterines Fibroid von der hinteren Wand aus wachsend . 1

Unter 250 verheirateten Frauen, welche niemals geboren hatten, wurde von *Sims* bei 57 die Ursache der Sterilität mit der Anwesenheit von fibroiden Tumoren complicirt gefunden. Hiervon waren:

Gestielte: An der vorderen Wand   2⎫

    „   „ hinteren Wand .   2⎬ 5

    Am Fundus . . . . .   1⎭

Ungestielte: An der vorderen Wand .   8⎫

    „   „ hinteren Wand .   . 10⎬

    „   „ linken Seite . .   . 2⎬ 21

    „   „ rechten Seite .   1⎭

Zwischenwandig: Im Fundus . . . .   . 3⎫

    In der vorderen Wand . . 23⎬ 31

    „   „ hinteren Wand . . 5⎭

Beigel hat 125 sterile Frauen genau untersucht. Nur bei 11 derselben war er ausser Stande, irgend eine Affection nachzuweisen, welche zur Erklärung der vorhandenen Unfruchtbarkeit hätte dienen können. Bei den verbleibenden 114 Frauen war es nicht schwer, die Veranlassung der Sterilität zur Evidenz darzuthun. Das Ergebniss der Untersuchung ist aus folgender Zusammenstellung ersichtlich:

Tumoren des Uterus . . . . . 19⎫

Tumoren an der Portio vaginalis . . . 9⎬ Geschwülste . . . 29

Grosse *Naboth*'sche Drüsen . . . . . 1⎭

Anteversionen . 3⎫

Retroversionen . . . 9⎬

Lateriversionen rechts . 3⎬ Versionen 20

    „   links . 5⎭

Anteflexionen . 6⎫   Lageveränderungen 34

Retroflexionen . . 5⎬

Lateriflexionen rechts . . 0⎬ Flexionen 12

    „   links . . 1⎭

Senkungen des Uterus . . . 2⎭

Schnabelförmige Vaginalportion . 2⎫

Keilförmige   „   . 4⎬

Schürzenförmige   „   3⎬ Formveränderungen 17

Acusserst kurze   2⎬

Conische   . 2⎬

Infantiler Uterus . . . . 4⎭

Entzündung und Vergrösserung der Vaginalportion . .   8

Geschwüre an der Vaginalportion   1

Fibroide im Becken   2

Unbestimmte Geschwülste   .   1

Chronische Vaginitis .   2

Syphilis   3

Chroni-che Metritis . .   7

Strictur des Vaginalcanals .   1

Plötzliche Suppressio mensium .   1

Nach dieser Tabelle *Beigel's* würden die Versionen und Flexionen des Uterus eine so häufige Veranlassung für die Sterilität abgegeben haben, dass fast jede dritte dieser sterilen Frauen an irgend einer Lageveränderung gelitten hat.

Lehrreich sind die Untersuchungen *Winckel's* bei 150 Sectionen weiblicher Individuen, die innerhalb des zeugungsfähigen Alters (15—50 Jahre) starben, über die Ursachen der Sterilität. Er constatirte einmal Atresia vaginae (bei einer 43jährigen Person, welche früher geboren hatte, die Atresia war im oberen Drittel), einmal Atresia orificii uteri interni. 9mal Atresia beider Tuben (nur 3 von diesen 9 Personen hatten geboren), wobei in 3 Fällen beide Ovarien zugleich so fest in Adhäsionen eingebettet waren, dass ein Austritt des Eichens eine vollständige Unmöglichkeit zu sein schien, 6mal Stenosen des Muttermundes, jedoch complicirt mit anderen pathologischen Veränderungen, 15mal Cervical- und Uterinhöhlenpolypen, complicirt mit anderen die Sterilität veranlassenden Momenten, 15mal Myome des Uterus. 9mal vollständige Verschliessung der Tuben an ihrem Aussenende, 3mal zahlreiche Verwachsungen zwischen Tuben und Ovarien und Uterus und Mastdarm, 3mal Tubentuberculose, somit zusammen 15 Fälle von Tubenanomalien; weiters 2mal Cystengeschwülste beider Ovarien, 30mal verschieden grosse Cysten in einem Ovarium.

Was die Fälle betrifft, in denen der Mann der schuldtragende Theil an der Sterilitas matrimonii ist, so ergeben die statistischen Daten jener Autoren, welche beide Ehegatten genau zu untersuchen und danach ihr Urtheil abzugeben hatten, folgende Ziffern: *Courty* gibt das Verhältniss der Fälle, in denen der Mann der schuldige Theil ist, zu jenen Ehen, wo die Schuld an der Frau liegt, mit 1 : 10 an, *Gross* 33 : 192, *Kehrer* 14 : 40, *Manningham* 1 : 30, *Mondot* 1 : 10, *Noeggerath* 8 : 14, *Pajot* 7 : 80.

Therapie der Sterilität.

Literatur.

Ahlfeld, Eine neue Behandlungsmethode der durch Cervicalstenosen bedingten Sterilität. Arch. f. Gynäkologie. XVIII.

Arthur Edis, Obstetr. Soc. of London. Transactions. XVI. Bd.

Awater, Zur mechanischen Behandlung der Versionen und Flexionen des Uterus. Erlangen 1874.

Bandl, Artikel „Uterus" in *Eulenburg's* med. Real-Encyclopädie.

Benike, Neuere Arbeiten über die Versionen und Flexionen des Uterus. Zeitschr. für Geb. u. Gynäkologie. 1. Bd.

Boerner E., Ueber die orthopädische Behandlung der Flexionen und Versionen des Uterus. 1880.

Braun C, Ueber Flexionen des Uterus. Wiener med. Wochenschrift. 1873.

Braun G., Zur Behandlung der Dysmenorrhoe und Sterilität durch bilaterale Spaltung des Cervix uteri. Wiener med. Wochenschrift. 1869 und *Eder's* Bericht der Privatheilanstalt. 1876.

Breisky, Ueber Cervicalrisse. Prager med. Wochenschrift. 1876 u. 1877.

Gardner, On the causes and curative treatement of Sterility. New-York 1856.

Charrier, Du traitement par les alcalins d'une cause peu connue de stérilité. Paris 1880.

Duncan, On mechanical dilatation of the cervix uteri. British medical journal. 1873.

Elischer, Ueber Anwendung des Tupelostiftes. Centralbl. f. Gynäkologie. 1880.

Emmet A., Risse des Cervix uteri als eine häufige und nicht erkannte Krankheitsursache und ihre Behandlung. Uebersetzt von Dr. *Vogel*. Berlin 1878.

Eustach, Contribution à l'étude et au traitement de la stérilité chez la femme. Annales de gynécologie. T. III.

Fehling, Zur Behandlung der Cervicalstenose. Archiv f. Gynäkologie. Bd. XVIII. 1884.

Fritsch, Die mechanische Uterusdilatation. Centralblatt für Gynäkologie. 1879.

Gautier J., De la fécondation artificielle dans le règne animal et de son emploi contre la stérilité. Paris 1870.

Gigon, *Lesueur*, *Delaporte*, Observations de fécondations artificielles. (Réforme médicale.) 1867.

Girault, Étude sur la génération artificelle dans l'espèce humaine. Paris 1869.

Godson C., The traitement of spasmodic dysmenorrhoea and sterility by dilatation of the cervical canal. Transactions of the obstetrical society of London. 1881.

Hegar und *Kaltenbach*, Die operative Gynäkologie. Stuttgart 1881.

Hegar, Zur gynäkologischen Diagnostik. *Volkmann's* klin. Vortr. Gynäkologie. Nr. 34.

Hildebrandt, Ueber die Anwendung der Intrauterinpessarien. Monatsschr. für Geburtsk. Bd. 26.

Hüter, Die Flexionen des Uterus. Leipzig 1870.

Kehrer, Operationen an der Portio vaginalis. Archiv f. Gynäkologie. Bd. X.

Küster, Zur operativen Behandlung der Stenosen des äusseren und inneren Muttermundes. Zeitschr. f. Geburtsh. u. Gynäkologie. Bd. XIX. 1882.

Leblond, Note sur la fécondation artificielle. Annales de gynécologie. 1883.

Lumpe, Beitrag zur Lehre von der durch Inflection des Uterus bedingten Sterilität. Oesterr. Zeitschr. f. prakt. Heilkunde. 10. Jahrg. 1864 und Wiener med. Wochenschrift. 1866.

Marckwald, Ueber die kegelmantelförmige Excision der Vaginalportion. Archiv für Gynäkologie. Bd. VIII. 1875.

Martin A., Die Stenosen des äusseren Muttermundes. Zeitschr. f. Geburtsh. u. Frauenkrankheiten. 1875 u. 1876.

Martin Ed., Die Stenose des äusseren Muttermundes. Zeitschr. f. Geburtsh. u. Frauenkrankheiten. 1875. I.

Mayer Leopold, Uterinsygdommene som sterilitaetsarsag. Kobenhaven 1880.

Müller P., Beiträge zur operativen Gynäkologie. Deutsche Zeitschr. f. Chirurgie. 1884.

Olshausen, Blutige Erweiterung des Gebärmutterhalses in *Volkmann's* Sammlung klin. Vorträge. 67.

Olshausen, Zur Therapie der Uterusflexionen. Monatsschr. f. Geburtsk. Bd. 30. — Zur Pathologie der Cervicalrisse. Centralbl. f. Gynäkol. 1877. — Die blutige Erweiterung des Gebärmutterhalses. *Volkmann's* Sammlung klin. Vorträge 1874.

Oppenheimer, Untersuchungen über den Gonococcus. Arch. für Gynäkol. XXV. Bd.

Pajot, Des fausses routes vaginales. Bulletin général de thérap. méd. et chir. Paris 1874.

Pallen, Ueber die Incision des Cervix uteri wegen Dysmenorrhoe und Sterilität. Americ. Journ. of Obstetr. 1878.

Peaslee, On excision and discision of the cervix uteri. New-York medical record. 1876.

Prochownik L., Ueber die Auskratzung der Gebärmutter. Leipzig 1881.

Prochownik L., Ueber Pessarien, *Volkmann's* Sammlung klin. Vorträge. Nr. 225, 1883.

Roubaud, Traité de l'impuissance et de la stérilité chez l'homme et chez la femme. Paris 1876.

Routh, London obstetr. transact. Bd. XV.

Saexinger, Krankheiten des Uterus. Prager Vierteljahrsschr. f. Heilkunde. 1866.

Schroeder C., Ueber Aetiologie und intrauterine Behandlung der Deviationen des Uterus nach vorn und hinten. *Volkmann's* Sammlung klinischer Vorträge. 1872.

Schroeder, Sind die Quellmittel in der gynäkologischen Praxis nöthig? Centralblatt für Gynäkol. 1879.

Schultze B. S., Eine neue Methode der Reposition hartnäckiger Retroflexionen des Uterus. Centralbl. f. Gynäkologie. 1879. — Ferner: Zur Klarstellung der Indicationen für Behandlung der Ante- und Retroflexionen des Uterus. 1879.

Simpson, Clinic lectures on the diseases of woman. Edinburgh 1872.

Sims J. M., Klinik der Gebärmutterchirurgie. Deutsch von *Beigel*. Erlangen 1870

Spencer Wells T, Krankheiten der Ovarien. Aus d. Englischen v. *Küchenmeister*. 1866.

Spiegelberg, Ueber Cervicalrisse und ihre operative Beseitigung. Breslauer ärztliche Zeitschr. 1879.

Spiegelberg, Ueber intrauterine Behandlung. *Volkmann's* klin. Vortr. Gynäkologie.

Studley, Contribution to the mechanical treatment of Versions and Flexions of the Womb. American Journal of Obstetrics. 1879.

Sussdorf, Eine neue mechanische Behandlung der Dysmenorrhoe. Med. Record 1877.

Tait L., The pathology and treatment of diseases of the ovaries. London 1874.

Tilt E. J., A Handbook of retrouterine therapeutics. London 1864.

Tschudowski, De la dilatation du canal cervical d'après Hegar. Gaz. méd. de Strassbourg. 1879.

Villeneuve, Traitement chirurgicale de la stérilité chez la femme. 1867.

Watts R., Gewaltsame Dilatation des Cervix uteri. New-York Med. Journ. 1878.

Wercker van de, Transactions of the American gynecological society. 1877.

Wilson E., Die radicale Heilung der Dysmenorrhoe und Sterilität durch die rasche Erweiterung des Cervicalcanales. Transact. of the Americ. gyn. society. 1877.

Wilson E., The radical treatment of dysmenorrhoea and sterility. Transactions of the Americain gynaecological society. 1877.

Winckel, Die Behandlung der Flexionen des Uterus mit intrauterinen Elevatoren. Berlin 1872.

Des historischen Interesses wegen seien hier die von *Hippokrates* angegebenen Mittel gegen Sterilität angeführt. Es sind folgende:

„Ein Reinigungsmittel, wenn eine Frau nicht schwanger wird. Nimm drei Heimnas Ochsenhaare, ferner Parthenion oder Frauenhaar, grüne Lorbeeren und Kedrosspäne, stosse Alles in einem Mörser klein und mische Alles zusammen. Grabe dann eine Grube, brenne Kohlen darin an, setze ein Gefäss darüber, giesse den Ochsenharn und auch die im Mörser zerstossenen Mittel hinein. Setze dann einen Leibstuhl darüber, lege Beifuss oder Hyssop oder Doste darauf, setze die Frau darauf und bähe sie, bis sie schwitzt. Nachdem sie geschwitzt hat, so bade sie in warmem Wasser, in das Bad aber wirf Beifuss und Lorbeeren, nachher lege ein Mutterzäpfchen ein;

reibe nämlich Beifuss oder Hyacinthenzwiebel in weissen Wein, umwickle es mit Wolle und lege als Mutterkranz ein. Dies thue drei Tage und dann geniesse die Frau ehelichen Umgang."

„Ein die Empfängniss vorbereitendes Mutterzäpfchen. Mache aus Natron und Weihrauch mit Honig ein Zäpfchen und lege es ein."

„Wenn die Gebärmutter hart ist und die Frau nicht concipirt, so nimm drei halbe attische Congios möglichst süssen Weines, welcher mit gleichen Theilen Wasser verdünnt ist, den vierten Theil Fenchelwurzel und Samen und eine halbe Hemina Rosensalbe. Dies schütte in ein neues Gefäss und giesse den Wein darüber. Durchbohre den Deckel des Gefässes, stecke eine Röhre hinein und bähe damit. Wenn du nun gebäht hast, so lege eine Meerzwiebel als Mutterzäpfchen ein und lege diese so lange ein, bis die Leidende sagt, dass der Muttermund weich und breit ist."

„Wenn du willst, dass eine Frau schwanger werde, so musst du sie selbst und ihre Gebärmutter ausreinigen, der Frau dann nüchtern viel zu essen und echten Wein nachzutrinken geben und rothes Natron, Kümmel und Harz mit Honig angemacht, in einem Stückchen Leinwand als Mutterzäpfchen einlegen. Wenn nun Wasser abfliesst, so lege der Frau schwarze erweichende Mutterkränze ein und rathe ihr ehelichen Umgang an. Wenn du willst, dass eine Frau schwanger werde, so reinige sie selbst und ihre Gebärmutter und lege dann ein abgetragenes, möglichst feines und trockenes Leinwandläppchen in die Gebärmutter ein, und zwar tauche das Läppchen in Honig, forme ein Mutterzäpfchen daraus, tauche es auch in Feigensaft, lege es ein, bis sich der Muttermund erweitert hat und schiebe es dann noch weiter hinein. Ist nun aber das Wasser abgegangen, so spüle sich die Frau mit Oel und Wein aus, schlafe beim Manne und trinke, wenn sie ehelichen Umgang geniessen will, Poley in Kedroswein."

Die Therapie der Sterilität muss die Ursachen derselben zu beheben bestrebt sein. Damit ist auch die Schwierigkeit des therapeutischen Eingreifens und die Unsicherheit unserer therapeutischen Massnahmen ausgedrückt.

Vor Allem ist eine genaue anamnestische Erhebung der ehelichen Geschlechtsverhältnisse nöthig, also nicht blos die Untersuchung der Frau, sondern auch, wo sich bei dieser nicht ein offenbares absolutes Hinderniss der Conception zeigt, eine Untersuchung des Mannes vorzunehmen. Die sexuelle Entwicklung der Frau ist zu berücksichtigen, das Alter des Eintrittes der Pubertät, die Art der Menstruation, ob Störungen derselben in Bezug auf Quantität des Menstrualblutes vorhanden, ob das periodische Auftreten derselben der Norm entspricht, ob über dysmenorrhoische Beschwerden geklagt wird. Ganz besonders ist auch darauf zu achten, ob scrophulöse Erkrankungen in der Kindheit vorhanden oder hereditäre constitutionelle Anomalien nachzuweisen sind. Es wird ferner zu erforschen sein, wie die Verhältnisse der Fruchtbarkeit in der Familie sich gestalten, ob Grosseltern und Eltern auffallend wenig Kinder (oder vielleicht nur ein einziges Kind) hatten, ob die Schwestern der Frau gleichfalls steril, ob Brüder der Frau in unfruchtbarer Ehe leben.

Es muss sodann die Erörterung des heiklen Themas, der D e t a i l s d e s g e s c h l e c h t l i c h e n V e r k e h r e s mit dem Gatten erfolgen, eine Erörterung, welcher sich die Frau, wenngleich widerstrebend, doch dann unterzieht, wenn sie erkennt, dass der Arzt mit sittlichem Ernste und mit würdiger Ruhe an seine schwierige Aufgabe herantritt. Die Details sollen die Art, in welcher der Coitus vollzogen wird, betreffen, die Häufigkeit desselben, die Empfindungen der Frau bei und nach dem Cohabitationsacte, ob normales Wollustgefühl vorhanden oder Schmerzhaftigkeit oder Empfindungslosigkeit, ob ein vollkommenes Eindringen des Penis stattfindet, ob das Sperma rasch aus der Vagina wieder abfliesst u. s. w. Mir ist der Fall vorgekommen, dass eine junge, seit drei Jahren mit einem Witwer verheiratete Frau mich wegen ihrer Sterilität consultirte und ich aus der Beantwortung der detaillirt gestellten anamnestischen Fragen entnehmen musste, dass der Gatte den Coitus fast immer mit einem Condom vollzog, ohne dass die unschuldige Frau von diesem Betruge eine Ahnung hatte. Der Gemahl hatte aus erster Ehe mehrere Kinder und wollte offenbar solche nicht mit der zweiten Frau erzielen.

Die Untersuchung der weiblichen Genitalien muss in genauer Weise vorgenommen werden, um die zuweilen combinirten Sterilitätsursachen zu entdecken. Vorerst sind die äusseren Genitalien zu inspiciren, um etwaige Abnormitäten, welche die Conecception verhindern, zu entdecken. Die eingehende Exploration der Frau muss sowohl in Rückenlage als in stehender Stellung derselben vorgenommen werden, zuweilen ist zur Controle gewisser Lageveränderungen auch die Kniecllenbogenlage der Patientin angezeigt. Die Untersuchung mit dem Finger und Speculum muss zunächst Aufklärung verschaffen über Wegsamkeit, Beschaffenheit, Länge, Weite, Richtung, Temperatur, Feuchtigkeit der Vagina, über das Verhältniss der Vaginalportion, des Uterus zur Vagina, Grösse des Cervix, Beschaffenheit der Muttermundslippen, Secret der Cervicalschleimhaut. Durch bimanuelle Untersuchung des Uterus wird man sich über Grösse, Form, Beweglichkeit, Lage desselben, sowie der Ligamenta rotunda, der Plicae vesicouterinae, der Blase, des vorderen Abschnittes der Beckenwand belehren, die Grösse und Beschaffenheit der Ovarien, des Ligamentum latum und der darin verlaufenden Tuba, etwaige Exsudate oder Tumoren in diesen Organen und in der Umgebung austasten. Die Uterussonde wird über die Dimensionen des Cervicalcanales, über Verschluss oder Durchgängigkeit desselben, über die Beschaffenheit der Uterushöhle, ihre Länge und Weite, sowie über Dicke der Uteruswand, Vorhandensein von Geschwülsten, Richtung des Uteruscanales Aufschluss zu geben vermögen. In manchen Fällen wird durch blutige oder unblutige Erweiterung des Cervicalcanales auch das Cavum des Uteruskörpers dem untersuchenden Finger zugänglich gemacht werden. Das Secret der Vagina und des Cervix muss auf seine chemische Reaction geprüft und mikroskopisch auf seine morphologischen Elemente untersucht werden. Bei Verschluss oder bedeutenden Verengerungen der Vagina wird die Rectalindagation mit gleichzeitiger Palpation von den Bauchdecken aus in der Kniecllenbogenlage vorgenommen.

Wo es möglich ist, des Gatten einer sterilen Frau habhaft zu werden, muss auch dieser einer genauen Untersuchung seines Genitale, sowie seiner allgemeinen Constitution unterzogen und ein genaues Examen über seine Beobachtungen bezüglich der Cohabitation angestellt werden. Dass überstandene Gonorrhoen und Lues besondere Berücksichtigung verdienen, braucht wohl kaum betont zu werden.

Die Generationsorgane sind aber auch einer genauen Inspection zu unterziehen, ob Bildungfehler des Genitale, ob Erkrankungen der Testikel und der Samenleiter, ob Hernien vorhanden. Das Sperma ist jedesmal mikroskopisch zu untersuchen. Ich gehe dabei in der Weise vor, dass ich zuerst das Sperma, welches ich mir in einem Condom unmittelbar post coitum bringen lasse, untersuche, und dann, wenn ich es normal befunden habe, entnehme ich auch, um zu sehen, welche Veränderungen das Sperma im betreffenden weiblichen Genitale erfährt, einige Tropfen Vaginal- oder Cervicalschleim aus der Vagina oder Cervix der Frau baldigst nach erfolgter Cohabitation. Man wird nicht zu selten das Phänomen beobachten, dass das isolirt untersuchte Sperma zahlreiche munter sich herumtummelnde Spermatozoen aufweist, während sie im Vaginal- oder Cervixsecrete ihre Beweglichkeit einbüssen — dann ein klares Zeichen, dass der nämliche Samen nicht die Materia peccans ist.

Es gehört übrigens zumeist die volle Autorität des Arztes dazu, eine Untersuchung des Sperma zu ermöglichen. Männer, welche, um Kinder zu erhalten, ihre Frauen nicht blos jeder Untersuchung, sondern auch leichten Herzens jeder Operation unterziehen lassen, sträuben sich mit aller Macht gegen die Untersuchung ihres Samens. Sie halten jeden Zweifel an ihrer männlichen Fortpflanzungsfähigkeit geradezu für eine Beleidigung und glauben sich dazu um so berechtigter, wenn sie im Vollbewusstsein ihrer Potentia coeundi sind. Dass diese letztere nicht mit der Potentia generandi identisch sei, können die Männer nicht

b egreifen und ist dies um so verzeihlicher, da ja auch die ärztliche Kenntniss in dieser Beziehung aus der jüngsten Zeit datirt. Um so grösser
ist dann in den betreffenden Fällen der Schrecken Jener, welche sich
für wahre Heroen der physischen Liebe halten, wenn sie erfahren, dass
sie für die Fortpflanzung auf gleicher Stufe mit den Eunuchen stehen.

Durch die eingehende und alle anamnestischen Momente berück-
sichtigende Untersuchung muss man sich darüber Klarheit zu verschaffen
suchen, welche Ursache, oder welche Reihe von Causalitäten der Sterilität zu Grunde liegt. Man wird sich selbst in jedem einzelnen Falle
folgende Fragen vorlegen:

Ist die Keimbildung beeinträchtigt? Sind ererbte
oder constitutionelle Veränderungen des Ovulum vor-
handen, durch welche dieses befruchtungsunfähig ist?
Findet man organische Erkrankungen der Ovarien oder
Residuen dieser Krankheiten, durch welche nicht jene
Reife der Keimbereitung eintritt, die zur Ruptur der
Follikel führt?

Sind Hindernisse vorhanden, welche den Contact
des Ovulum mit dem Sperma beeinträchtigen? Sind
pathologische Veränderungen der Ovarien und ihrer
Umgebung daran Schuld, dass trotz normaler Reifung
es nicht zur Dehiscenz der Ovula kommt? Liegt jenes
Hinderniss in Erkrankungen der Tuben und ihrer Umgebung, und gelangt dann das entleerte Ovulum nicht
in die Tuba oder ist diese letztere behindert, das in
Empfang genommene Eichen in die Uterushöhle zu befördern? Ist eine Veränderung der Lage des ganzen
Uterus oder des Cervicaltheiles daran Schuld, dass der
Eintritt und die Weiterbeförderung des Sperma behindert ist? Hat an diesem Umstande die Beschaffenheit
des Cervix Schuld und bildet die Enge seines Canales das
Passagehemmniss für das Sperma? Ist durch die Vagina
das Eindringen von Sperma in Folge verhinderter Cohabitation unmöglich? Oder gelangt Sperma in die Vagina
und den Uterus, sind aber die Secrete der Schleimhäute
derartig verändert, dass in Folge dieser schädigenden
Agentien die Spermatozoen befruchtungsunfähig werden?

Ist Unfähigkeit zur Bebrütung des Eies vorhanden?
Kömmt normaler Contact von Ovulum und Sperma zu
Stande, ist jedoch das Uterusgewebe derart verändert,
dass die Entwicklung des Keimes gar nicht oder nur
während einer ungenügend kurzen Zeit stattfinden, die
Bebrütung nicht normal sein kann?

Ist der Mann der schuldtragende Theil der Sterilität? Ist die Beschaffenheit des Spermas eine befruchtungsunfähige? Sind bei dem Manne constitutionelle Erkrankungen oder organische Veränderungen seiner Zeugungsorgane vorhanden, welche Cohabitation und Befruchtung beeinträchtigen oder behindern? Lässt das Verhältniss der Gatten zu einander annehmen, dass nur relative Sterilität des Weibes durch Dyspareunie vorhanden ist?....

Der Ausspruch von *Sims*, dass die Heilung der Sterilität ausschliesslich auf dem Wege der Chirurgie gesucht werden müsse, hat entschieden auch nicht annähernd in solchem Maasse Geltung. Selbst jene Gynäkologen, welche am wenigsten vor chirurgischen Eingriffen zurückscheuen, müssen zugestehen, dass die kühnen Hoffnungen, welche auf die mechanische Heilung der Sterilität gesetzt wurden, nicht in vollem Maasse in Erfüllung gegangen sind. Wir haben bei Erörterung der Sterilitätsursachen genug der Momente hervorgehoben, denen mit chirurgischen Instrumenten nicht beizukommen ist. Wir haben wiederholt die Wichtigkeit der peritonitischen, perimetritischen und parametranen Exsudate in erster Linie, sowie gewisser allgemeiner Constitutionsanomalien und Innervationsstörungen für das Zustandekommen von Sterilität betont.

Das Hauptgewicht der Therapie der Sterilität fällt darum nicht auf operative Behandlung, sondern auf eine die Gesammternährung des Organismus hebende, die Blutbildung bessernde und die Resorption pathologischer Producte in den Sexualorganen fördernde Medication; denn in der weitaus grössten Zahl von Sterilitätsfällen handelt es sich darum, Anämie, Chlorose, Scrophulose zu bekämpfen, die Keimbildung zu fördern und auf Rückbildung der Exsudate im Uterus, seiner Adnexis und der Umgebung hinzuwirken. Erst in zweiter Linie steht die locale Behandlung der Sexualkrankheiten, die besonders dann ihre Berechtigung findet, wenn es gilt, Beugungen und Neigungen der Gebärmutter zu reguliren und die pathologischen Secrete der Mucosa des Genitaltractes zu normalisiren. Eine sehr beschränkte Anwendung hingegen werden operative Eingriffe finden, und nur dann, wenn sich ganz bestimmt annehmen lässt, dass gewisse Form- und Grössenveränderungen des Hymen, des Cervix, abnorme Communicationen der Vagina mit den Nachbarorganen, entfernbare Neoplasmen in dem Genitaltracte an der Sterilität Schuld tragen.

Der denkende Arzt, welcher jeden Einzelfall von Sterilität einem eingehenden, detaillirten Studium unterzieht, einem Studium, dass sich nicht blos auf die Frau, sondern auch auf den Gatten und die subjectiven ehelichen Verhältnisse erstreckt, wird trotz *Sims* nur selten zum

Messer greifen und häufig genug die Freude haben, ohne operativen
Eingriff zum Ziele zu gelangen.

Nicht überflüssig erscheinen zuvörderst einige Bemerkungen bezüglich der Prophylaxis der Sterilität des Weibes. In der
Thierzucht gilt seit Langem der Grundsatz, dass alle zur Paarung bestimmten Thiere sich in geeigneter und guter Körperbeschaffenheit befinden, also zunächst die geschlechtliche Reife erlangt haben müssen.
Ebenso wissen die Landwirthe genau, welche günstige Wirkung auf
die Fruchtbarkeit, gute Ernährung und gelegentliche Kreuzung distincter
Varietäten hat, während nahe Inzucht zur Unfruchtbarkeit führt. Und
nicht blos für die Thiere gilt der *Darwin*'sche Ausspruch bezüglich
der sexuellen Zuchtwahl. „Im Allgemeinen werden die kräftigsten, die
ihre Stelle in der Natur am besten ausfüllenden Männchen die meiste
Nachkommenschaft hinterlassen".

In analoger Weise lässt sich als Prophylaxis der Sterilität angeben, dass bei Schliessung der Ehe darauf Rücksicht genommen werde,
dass das Mädchen seine volle körperliche und speciell sexuelle Entwicklung erlangt habe, was in unseren Gegenden im Allgemeinen mit
dem 20. Lebensjahre der Fall ist, dass der Gatte um 4 bis 5 Jahre
älter, in seiner Constitution und besonders seiner geschlechtlichen
Function kräftig sei, dass zwischen den Eheleuten keine Blutsverwandt-
schaft herrsche.

Vielleicht liegt diese Erwägung dem bei wilden und barbarischen
Völkern sehr verbreiteten Gebrauche der Exogamie zu Grunde,
welche dem Manne verbietet, ein Weib aus dem eigenen Stamme zu
nehmen. Im civilisirten Europa werden aber gerade in den hohen Ge-
sellschaftskreisen, welche ja doch ein so grosses Interesse an der Fortpflanzung des Stammes hegen, die prophylactischen Massregeln gegen
Sterilität des Weibes ausser Acht gelassen, indem die Mädchen in zu
frühem, unentwickeltem Alter in die Ehe treten und diese oft genug mit
sehr nahen Verwandten eingehen; abgesehen davon, dass der sexuelle
Werth der Männer nicht selten durch geschlechtliche Ausschweifungen
sehr herabgemindert ist. So erklärt es sich dann, dass, wie wir bereits
früher hervorgehoben haben, in den hohen Kreisen der europäischen
Gesellschaft das Verhältniss der sterilen Ehen zu den fertilen ein weitaus ungünstigeres als in den Kreisen der mittleren Schichten der
städtischen und Landbevölkerung ist.

Ein gewisser Gegensatz der Temperamente beider Gatten scheint
der Fruchtbarkeit förderlich zu sein, während anderseits eine Harmonie der Körperconfiguration (in Bezug auf Grösse und Bau) wün-
schenswerth erscheint.

Als ausserordentlich wichtig für die Prophylaxis der Sterilität muss ein geeignetes diätetisches Verhalten der Mädchen im

Alter der Pubertät, sorgfältige Vermeidung aller Schädlichkeiten
während der Menstruation und eine strenge ärztliche Ueber-
wachung der Frau im Puerperio bezeichnet werden. Durch un-
zweckmässige Bewegungen der jungen Mädchen, Springen, Tanzen,
Schlittschuhlaufen, Reiten, Erkältung der Sexualorgane, ganz besonders
während der Menstruationszeit wird zu traumatischen und entzündlichen
Läsionen in dem Ovarium, im Peritoneum und im Beckenzellgewebe
Anlass gegeben, deren Folgezustände Sterilität verursachen. Gerade dem
sorglosen, schamhaften und unerfahrenen jungen Mädchen, das sich
nicht gerne dazu bekennt, die Menses zu haben, wenn sie auf den
Ball gehen oder eine Schlittenpartie unternehmen soll, ist die drohende
Gefahr solch jugendlichen Leichtsinnes vorzustellen. Aber auch vor
den Jugendsünden der Masturbation muss in verdächtigen Fällen ge-
warnt werden, denn es lässt sich nicht leugnen, dass jenes Moment
folgenschwere Uterinalleiden zu veranlassen vermag. Das Wochenbett gibt wiederum durch mangelhafte Involution des Uterus, durch
Neigungen und Beugungen des Gebärorganes, durch Exsudatreste und
Uterinalcatarrhe den häufigsten Anstoss zu acquisiter Sterilität.

Man gewöhne die Jungfrau, ebenso wie die Frau daran, den
menstrualen Vorgängen vollste Aufmerksamkeit zu schenken, während
der Menses sich mehr oder minder ruhig zu halten, jedenfalls raschen ·
Temperaturwechsel, Erkältung, heftige körperliche Anstrengung und
Erschütterungen des Unterleibes zu meiden. Der Coitus, ja jede sexuelle
Erregung ist den Frauen während dieser Zeit strenge zu verbieten.
Nach dem Wochenbette controlire man genau die Rückbildung des
Uterus und lasse die Frau nicht früher aufstehen, als bis die Involution
normal von Statten gegangen. Jede sexuelle Localaffection ist sorg-
fältig zu beachten und von Beginn an in geeigneter Weise zu be-
kämpfen.

Zur Prophylaxis der Sterilität gehört aber auch eine richtige
Belehrung beider Ehegatten über das Verhalten in der Hochzeitsnacht und beim Coitus. Die Unklugheit der Mütter, welche ihre
unschuldigen Töchter bis zum letzten Augenblicke über das Wesen
und die Vorgänge bei der Cohabitation vollkommen im Dunkeln lassen,
gibt zuweilen nicht blos zu peinlichen, sondern auch verhängnissvoll
traurigen Vorgängen in der Hochzeitsnacht Anlass. Ich kenne einen
Fall, wo die junge Frau, die bis nach der Eheschliessung keine Ahnung
von dem Wesen der physischen Liebe hatte, durch den Impetus des
im ersten Augenblicke des Alleinseins stürmisch vorgehenden jungen
Ehemannes sich in ihren Idealen plötzlich so verletzt fühlte, dass sie
das neue Heim sogleich noch in der Nacht verliess und zu einer Rück-
kehr nicht mehr zu bewegen war. Auch der in die Ehe tretende
Mann ist oft, selbst wenn er schon geschlechtlichen Umgang gepflogen

hat, über die zweckmässige Art des Vollzuges des Coitus einer Virgo
gegenüber, wo ihm die gewohnte Nachhilfe von erfahrener Seite fehlt,
in Verlegenheit und wir haben schon darauf hingewiesen, wie durch
solch ungeschickte Manipulationen zuweilen Vaginismus hervorgerufen
wird. Ein schädliches Moment sind auch die leider noch immer modernen
Hochzeitsreisen, welche die durch die Cohabitation gereizten
Sexualorgane der Frau den Insulten der Eisenbahnfahrt, sowie ermüden-
der Fusspartien, Erkältungen u. s. w. aussetzen. Weiters ist den jungen
Eheleuten Masshalten im Genusse der ungewohnten Freuden dringend
zu empfehlen, da solche sexuelle Excesse nicht selten zu Colpitis und
acuter Metritis den Anlass geben können. Endlich sollte der Arzt dem
frühzeitigen Verheiraten der Mädchen, als einer Ursache der Sterilität,
entgegentreten und im Allgemeinen nur dann ein Mädchen Gattin
werden, wenn sie hierzu die vollste körperliche und speciell sexuelle
Entwicklung und Reife besitzt.

Wie bei jeder Therapie, so ist auch bei der Sterilitätstherapie
das ätiologische Moment von der einschneidensten Wichtigkeit. Besondere Beachtung verdienen darum die Anomalien der Menstruation, die
mit der Sterilität in causalen Zusammenhang gebracht werden können,
in erster Reihe das Fehlen oder sehr spärliche Auftreten der Menses.
Bei Amenorrhoe oder Menstruatio parca wird zu berücksichtigen sein, ob unvollkommene Entwicklung der Sexualorgane (Defect
und rudimentäre Bildung des Uterus und der Ovarien, Uterus foetalis
und infantilis, angeborene Atrophie des Uterus), eine Erkrankung der
Ovarien (Oophoritis, Tumoren der Ovarien, Tuberculose derselben), pathologische Veränderungen des Uterus (acute Metritis und Endometritis,
chronische Metritis, Parametritis, frühzeitige Involution und Atrophie
des Uterus), oder constitutionelle Allgemeinerkrankung (Chlorose, Phthisis,
Fettleibigkeit) vorhanden ist; oder ob plötzlicher Wechsel des Aufenthaltes
und der Lebensweise, namentlich Uebergang zur sitzenden Beschäfti-
gung in der Stadt, daran Schuld trägt, oder ob psychische Affecte die
Suppression bewirkt haben.

Die Therapie wird sich vorzugsweise gegen die vorhandenen
Ernährungsstörungen und pathologischen Veränderungen in den Sexualorganen richten. Dass die Roborantien und Resolventien hier die
Hauptrolle spielen, ist selbstverständlich und verweisen wir auf die
späteren Erörterungen. Nur wo wirklich Molimina menstrualia oder
Congestionserscheinungen nach anderen Organen vorhanden sind, wird
man zu Emmenagogis greifen.

Es eignen sich für diesen Zweck besonders Reize, welche er-
fahrungsgemäss die Uterusschleimhaut und das Uterusparenchym anregen.
Hierzu gehören periodisch vorzunehmende Scarificationen der Portio, der
vorsichtige Gebrauch der Sonde, zuweilen auch der Intrauterin-Pessarien,

dann locale hydriatische Proceduren, warme Sitzbäder und Uterusdouchen, oder kalte Douchen auf das Becken und die unteren Extremitäten gerichtet, sowie Eisumschläge auf die Lendenwirbelsäule, heisse Sitz- und Fussbäder, heisse Umschläge und Sandsäcke auf Kreuz und Lenden, trockene oder blutige Schröpfköpfe in der Kreuzgegend, Senfteige an der Innenfläche der Oberschenkel und am Unterbauche. Von innerlichen Mitteln erscheint noch immer Aloë, schon wegen der purgirenden Wirkung am geeignetesten; einige Male sah ich von Apiol günstigen Erfolg. Die Amenorrhoe der Fettleibigen findet durch den Gebrauch der Glaubersalzwässer eine ebenso präcise als überraschende Heilung. Ich habe in Marienbad Fälle beobachtet, wo nach vier- bis sechswöchentlicher Cur die Menses bei fettleibigen Frauen wieder eintraten, welche durch eine Reihe von Jahren das Ausbleiben dieser Blutung beklagt hatten, und bald darauf Conception erfolgte.

Auch *A. Martin* hebt hervor, dass bei Amenorrhoe Fettleibiger „der Erfolg der Marienbader Quellen ein geradezu überraschender war". *Röhrig* sah bei Complicationen von Fettleibigkeit und Sterilität in 8 Fällen ausschliesslich vom Gebrauche Marienbads Erfolge.

Bei schwachen lymphatischen scrophulösen Frauen, deren Entwicklung zurückgeblieben ist und welche an Amenorrhoe leiden, leisten die Seebäder sehr gute Dienste.

Chlorotischen wird man Eisen geben, sie in Gebirgsgegenden oder an die See oder in ein Eisenbad schicken.

Wenn Menorrhagie in einen Connex mit Sterilität gebracht wird, so muss erforscht werden, ob ein Allgemeinleiden daran Schuld trägt (Phtbisis, Herzleiden, Leber- oder Nierenkrankheit), oder ob und welche anatomische Veränderung des Genitalapparates (Endometritis und Metritis, Retroflexio uteri, Tumoren u. s. w.) die Ursache ist. Bei Dysmenorrhoe kommen als Anlass dieser Beschwerden Metritis, Endometritis, Perimetritis, sowie Neubildungen im Uterus in Betracht und richtet sich die Behandlung nach diesen Localerkrankungen. Es ist ferner das ausgeschiedene Menstrualblut zu beobachten, ob mit demselben nicht auch die oberflächliche Schleimhautauskleidung der Uterushöhle zur Ausscheidung gelangt (dysmenorrhoische Endometritis), in welchem Falle nahezu jegliche Aussicht auf Behebung der Sterilität benommen ist.

Wo es sich um Exsudate nach Pelveoperitonitis, Perimetritis, Perioophoritis und Parametritis handelt, welche ein ätiologisches Moment der Sterilität abgeben — und wir haben sattsam erörtert, dass nach unserer Ansicht diese Causalität am allerhäufigsten hervortritt — müssen leichte Abführmittel, warme Bäder, feuchtwarme Umschläge, Jodkali und Jodoform angewendet werden. Das letztere ist besonders wirksam in der von uns empfohlenen Applicationsweise. Eine Lösung

von 1 Theil Jodoform auf 10 Theile Glycerin, zur Desodorisirung mit
einigen Tropfen Ol. menth. pip. versetzt, wird auf einem damit getränkten Wattetampon in das Laquear vaginae geführt und daselbst
durch mehrere Stunden (über Nacht) liegen gelassen, während gleichzeitig äusserlich die Lösung in die unteren Partien der Bauchdecken
und in die Inguinalgegend durch zwei bis drei Minuten eingerieben und
dann durch mehrere Stunden mit einer Lage des feinen Guttapercha-
papieres bedeckt wird.

Aehnlich ist die Anwendung von Tampons, die mit einer Lösung
von Jodkali in Glycerin getränkt sind (4·0 auf 30·0), der man eventuell
noch Jod zusetzt. Wirksam erweist sich auch die Bepinselung der Portio
und des Scheidengewölbes mit Tinctura Jodii (innerer Jodanstrich),
eventuell combinirt mit der äusseren Application desselben Mittels auf
die Bauchdecken (besonders von *Breisky* empfohlen).

Dringend nothwendig ist während der Behandlung Abstinenz vom
Coitus, ja Vermeidung jeder sexuellen Erregung, ebenso ist körperliche
Ruhe zu empfehlen.

Ein !gleiches Verfahren ist bei chronischer Metritis und Endometritis nothwendig.

Bei der Wichtigkeit, welche, wie wir sahen, den Erkrankungen
des Endometrion als causales Moment der Sterilität zukommt, ist
besonderes Augenmerk auf alle Erkrankungen der Schleimhaut des
weiblichen Genitale zuᶜ richten. In prophylactischer Beziehung steht
minutiöse Reinlichkeit und sorgfältige Pflege derselben durch Bäder
und Waschungen von frühester Jugend an in erster Linie. Das Eintreten der Pubertät, der Menstruationsvorgang, das eheliche Leben, das
Wochenbett müssen steten Antrieb zur consequenten Durchführung
diätetischer Massregeln geben, zu denen allgemeine und locale Bäder
und Waschungen, Aufenthalt in frischer Waldesluft, im Gebirge, an der
See gehören. Für schwächliche, zu catarrhalischer Erkrankung der Schleimhäute geneigte Individuen eignen sich systematische Abhärtung des
Körpers durch kalte Waschungen und Abreibungen, Seebäder, für
Anämische und Scrophulöse der innerliche und äusserliche Gebrauch
der Eisenmittel und Jodpräparate, speciell von Bädern, kohlensäure-
reiche Eisenmoorbäder, Soolbäder.

Zur localen Behandlung dienen für acute Fälle die Anwendung
der Kälte in Form von Eisumschlägen oder meines Vaginalrefrigerators,
Blutentziehung durch Scarification oder Stichelung der Vaginalportion
oder Blutegel auf den Unterleib, kräftig purgirende Mittel. Bei chronischen Erkrankungen der Cervical- und Corpusschleimhaut sind neben
vaginalen Ausspülungen mittelst eines Irrigators und Scarificationen des
Cervix Aetzmittel angezeigt, welche mit oder ohne Erweiterung des

Cervicalcanales, in fester oder flüssiger Form, mittelst Aetzmittelträger oder Injection zur Anwendung kommen können.

Es kommen vorzugsweise Injectionen von Liquor ferri sesquichl., Höllensteinlösung, Jodtinctur, Plumb. acet., Carbolsäure, Alaun- und Tanninlösung, in das Cavum uteri, Application von Intrauterinstiften, medicamentösen Stäbchen aus Glycerin mit Ferr. sesquichl., Cupr. sulf., Zinc. oxyd. alb. und Tannin in Betracht. Wo es sich darum handelt, auf die Schleimhaut der Vaginalportion und die untersten Partien der Cervicalschleimhaut einzuwirken, genügen Eingiessungen der oben-bezeichneten Lösungen in die Vagina oder die Anwendung von geeignet getränkten Tampons. Wenn Granulationen oder Cysten an der Schleim-haut des Cervicalcanales vorhanden, empfiehlt sich die Einführung des Pressschwammes, um die Wucherungen zu zerdrücken. Jüngstens ist von *B. Schultze* die Behandlung der Corpusschleimhauterkrankungen mittelst lang fortgesetzter methodischer Ausspülungen und milder Aetz-mittel empfohlen worden.

Es führt dies häufig zum günstigen Ziele. Wo aber die genannten Mittel im Stiche lassen, wird es nothwendig sein, die Beseitigung der erkrankten Schleimhautmassen durch Auskratzung mittelst scharfen Löffels oder Curette herbeizuführen.

Bei der Endometritis exfoliativa (Dysmenorrhoea mem-branacea) hat *Fordyce Barker* mit Nutzen Jodoform in Anwendung gezogen. Es war dies bei einer Frau, die 6 Kinder besass und seit einer Zeit schwer an Endometritis exfoliativa litt. *Fordyce Barker* dilatirte den Cervix und legte jeden dritten Tag ein Jodoformstäbchen ein. Die Kranke genas und wurde hierauf abermals schwanger. *Klein-wächter* und *Fritsch* haben hiebei Auskratzung des Uterus empfohlen.

Sowohl zur Anregung der Resorption von Exsudaten, als zur günstigen Beeinflussung der Circulationsverhältnisse in der Gebärmutter erscheinen laue Vollbäder und Sitzbäder, sowie Douchen von grosser Wichtigkeit. Bei den Douchen ist grosse Vorsicht und Abschätzung der Fallkraft und Temperatur des Wassers nöthig, um nicht Schädigungen zu ver-anlassen. Ausgiebige, zweimal des Tages durch längere Zeit angewendete Irrigationen der Vagina mit warmem Wasser bei Rückenlage und er-höhtem Becken erweisen sich für den kranken Uterus und seine Um-gebung sehr nützlich.

Bei anämischen, scrophulosen Individuen ist eine entsprechende Regelung der Lebensweise, kräftige, leicht verdauliche Nahrung, Genuss frischer freier Luft, Verabreichung von Eisenmitteln, Leberthran u. s. w. ebenso nöthig, als etwaige locale Therapie.

Gegen catarrhalische Erkrankungen der Vagina wendet man mehrere Male des Tages lauwarme Irrigationen mit Zusätzen von Cuprum sulfuricum, Zincum sulfur., 5 Gramm auf 1 Liter Wasser,

Acet. pyrolign. rectificat., Aq. creosoti (3 bis 5 Esslöffel auf 1 Liter
Wasser), Aq. plumbi (1 Esslöffel voll auf 1 Liter Wasser) an.

Wo das Vaginalsecret sehr reichlich und darum zu befürchten ist,
dass die saure Beschaffenheit desselben der Bewegungsfähigkeit
der Spermatozoen schädlich werde, empfehlen sich nicht blos fleissig
Ausspülungen und Irrigationen mit lauwarmem Wasser, sondern es
sollte dazu eine Zuckerlösung von 15 Procent mit Zusatz von $^1/_{1000}$
Aetzkali verwendet werden, da in einer solchen Lösung die Samen-
fädenbewegungen sich ausserordentlich lange und lebhaft erhalten.
Wenn die Vaginaleinspritzung dieser Lösung des Abends kurz vor der
Cohabitation erfolgt, so ist eine Nachwirkung durch einige Zeit zu erwarten. Ich glaube annehmen zu dürfen, dass dieser Rath in einem
Falle, wo profuse Vaginalblennorrhoe als die Spermatozoen schädigend
angenommen werden musste, die Herbeiführung der Gravidität verursachte. Im Allgemeinen ist das Secret des gewöhnlichen Vaginal-
catarrhs der Fortbewegung der Spermatozoen kein Hinderniss, denn
wie schlimm sähe es mit dem menschlichen Nachwuchse aus, wenn
jede Frau, die an weissem Fluss leidet, deshalb steril wäre. Aber es
muss, wenn dieser in solcher Richtung schon unschädlich sein soll, das
männliche Sperma viele und kräftig sich bewegende Spermatozoen enthalten. Wo aber das Sperma ohnedies nur spärlich und schwächlich
sich bewegende Samenfäden enthält, genügt zur „Tödtung" der letzteren schon jene Secretbeschaffenheit.

Als besonders günstig für die Ausspülungen bei saurer Beschaffenheit des Utero-Vaginalschleimes fand jüngst *Charrier* eine Lösung von
1000 Gramm Wasser, einem Eiweiss und 59 Gramm phosphorsaurem
Natron. In zwei von ihm mitgetheilten Fällen führte bei den betreffenden, seit 4 Jahren verheirateten, gesunden Frauen (unter Ausschliessung
anderer die Schwangerschaft behindernder Momente) diese Behandlung
nach 6 Wochen zum Verschwinden der sauren Reaction der Gebärmutter-
absonderung, worauf bald Schwangerschaft eintrat.

Wo die Annahme gerechtfertigt erscheint, dass eine zähe Beschaffenheit des Cervicalschleimes dem Eindringen der
Spermatozoen sich hinderlich erweise, kann man sich mehrerer Mittel
bedienen, um das Uterussecret zu verflüssigen. Ein einfaches Mittel
besteht in der Einführung eines mit Glycerin getränkten Wattetampons
(*Bruns*'sche Watte), 4 bis 6 Stunden vor dem Coitus. Nach den Angaben
Kölliker's ist das phosphorsaure Natron den Bewegungen der Spermatozoen besonders günstig, und es liesse sich wohl versuchen, eine Auf-
lösung von phosphorsaurem Natron zu Vaginalinjectionen oder zur Anwendung mittelst Tampons kurz vor dem Coitus zu benützen. Auch
Zusatz von etwas Zucker oder Glycerin zur Injectionsflüssigkeit wird
als die Bewegungen der Spermatozoen conservirend angesehen.

Bei der unleugbar wichtigen Rolle, welche die g o n o r r h o i s c h e Infection in der Aetiologie der weiblichen Sterilität spielt, ist dem Trippercatarrhe besondere Beachtung zu schenken. Die Untersuchungen *O. Oppenheimer's* über die Lebensbedingungen des Gonococcus verdienen hierbei Berücksichtigung. Er fand, dass eine 2percentige Lösung von Argent. nitr. die Entwicklungsfähigkeit der Gonococcen vernichtete, und dass von Sublimat bereits eine Lösung von 1 : 20.000 genügte, um die Gonococcen zu tödten. Dagegen erwiesen sich Kali chlor., Kali hypermang., Calc. chlor. keineswegs als starke Gifte gegen dieselben, während Chlor-, Jod- und Bromwasser sich sehr wirksam zeigten. Die Salze der schweren Metalle (Plumb. acet., Bismuth. subnitr., Alum., Alum. acet., Zinc. sulf., Cupr. sulf., Ferr. sulf., Zinc. chlor., Liq. ferr. sesquichlor., Arg. nitr., Hydrargir. bichlor., Hydrarg. nitr., Hydrarg. sulf.), welchen eine antiseptische und antigonorrhoische Wirkung zugeschrieben wird, erwiesen sich den Gonococcen gegenüber theils absolut wirkungslos, theils machten sie erst in concentrirten Lösungen die Coccen unschädlich; fast alle hatten sie in der Concentration, wie sie auf Schleimhäute ohne ätzende Nebenwirkung angewandt werden können, kaum irgend welchen hemmenden Einfluss auf die Gonococcen.

Es empfehlen sich in Folge *Neisser's* experimenteller und praktischer Erfahrungen am meisten bei chronischer Gonorrhoe Irrigationen der Vagina mit Lösung von Argent. nitr. 1 : 3000 bis 1 : 2000, demnächst Natron salicyl. in 5percentiger Lösung, bis die Gonococcen dauernd verschwunden sind. Es kommt vorzugsweise auf die häufige und regelmässige Application eines möglichst wenig reizenden Mittels an.

Bei der gonorrhoischen, eiterigen, gonococcenhaltigen Endometritis wird man Uteruseinspritzungen oder Ausspülungen des Uterus mit Argentumlösungen 1 : 10 bis 1 : 200 und Sublimatlösung 1 : 1000 vornehmen. Man kann sich dazu der *Braun*'schen Spritze oder des von *Fritsch* construirten gläsernen Uteruscatheters bedienen. Eine solche Ausspülung nimmt *Fritsch* derart vor, dass er in hartnäckigen Fällen oft 1—2 Liter durch den Uterus laufen lässt, um die Gonococcen völlig zu entfernen und die oberen Epithelien, in welche sie eingedrungen sind, zu desquamiren. Zu demselben Zwecke hat *Fritsch* auch die Einführung von Streifen Jodoformgaze in die Uterushöhle empfohlen, so dass beim Herausziehen die Höhle gut von Schleim etc. gereinigt ist.

Bei A t r o p h i e des Uterus kann bei den primären, auf allgemeiner Schwäche oder auf Chlorose beruhenden Fällen durch gute Ernährung, Kräftigung des Organismus und Eisenmedication zuweilen in Verbindung mit localen Reizen, Sitzbädern, Douchen, Scarificationen der Vaginalportion, Intrauterinpessarien, elektrischer Behandlung vollkommene Heilung erzielt und die Fähigkeit zur Befruchtung restituirt werden.

Das locale Verfahren, welches sich mir in solchen Fällen am besten bewährt hat, besteht darin, dass man zuerst durch einige Zeit kalte Injectionen in die Scheide vornehmen lässt, um den normalen Tonus der Theile herzustellen, dann aber zeitweilig die Uterussonde einführt, um durch den mechanischen Reiz, welchen die Sonde als fremder Körper auf die Musculatur des Uterus übt, diesen zur kräftigeren Entwicklung anzuregen. Der günstige Erfolg tritt oft erst nach lange fortgesetzter zweckmässiger Behandlung ein. Ausser den tonisirenden Mitteln kann wiederholte Ausübung des Coitus als ein excitirendes Mittel für den Uterus nur günstigen Einfluss haben.

Bei primärer Entwicklungshemmung des Uterus oder auch bei secundärer Atrophie mit Amenorrhoe oder spärlicher Menstruation ist die Anwendung des Intrauterinstiftes empfohlen worden, um einen stärkeren Congestivzustand zu den Sexualorganen, eine bessere Ernährung derselben und stärkere Blutausscheidung hervorzurufen.

Die Anwendung von Intrauterinstiften zu diesem Zwecke darf nur mit grosser Vorsicht geschehen. *E. Martin* und *A. Martin* empfehlen besonders solche Stifte aus einem Materiale von Zink und Kupfer, in der Voraussetzung, dass diese einen ganz besonderen, starken Reiz auf die Uterusschleimhaut ausüben. Die Dicke des Stiftes und seine Länge werden durch das Lumen und die Länge des Uterus bestimmt, der Stift muss etwa $1/2$ Cm. kürzer sein als der Uterus selbst. *A. Martin* hat diese Stifte bei Atrophia uteri nach 3- bis 5monatlicher Tragezeit entfernt und in etwa $1/4$ seiner Fälle den Uterus in recht berfriedigender Verfassung befunden, ja es ist unter diesen Frauen wiederholt Schwangerschaft mit rechtzeitiger Geburt alsdann eingetreten. Wo Catarrhe der Scheide, des Uterus, Perimetritis als Complicationen vorhanden sind, muss die Beseitigung dieser Entzündungen in den Vordergrund treten, bevor an eine locale Behandlung herangetreten werden darf.

Bei Bestehen von Vaginismus ist es Aufgabe der Therapie, die Hyperästhesie des Genitale herabzusetzen und durch allmälige, der Empfindlichkeit Rechnung tragende Ausdehnung des Introitus vaginae die Möglichkeit der Cohabitation vorzubereiten; dabei ist während der Behandlung jede Reizung der Theile durch Coitusversuche hintanzuhalten. Vor Allem muss man etwa vorhandene entzündliche Affectionen der äusseren Genitalien der an Vaginismus leidenden Frau beseitigen. Es geschieht dies durch Umschläge mit lauem Bleiwasser oder Lösung von essigsaurer Thonerde. Ich verwende zu den Umschlägen am liebsten die Lösung von Alum. crud. 1, Plumb. acet. 5, auf Aq. dest. 100, oder wende einfach Puder von Talc. venet. mit Zusatz von Zinkoxyd an. In hartnäckigen Fällen bleibender grosser Hyperästhesie des Introitus vaginae bewähren sich oft sehr vortheilhaft energische Cauterisationen des ganzen Introitus mit Argent. nitr. in Substanz.

In jüngster Zeit ist statt der früher üblichen Suppositorien mit Morphium und Belladonna Bepinseln mit einer zweiprocentigen Lösung von Cocainum muriaticum empfohlen worden, deren Application sich auch mir in einem Falle sehr gut bewährte.

Für die hartnäckigen Fälle der Schmerzhaftigkeit des intacten Hymen ist die totale Exstirpation desselben besonders von *Sims* angerathen worden (davon später).

Nach Beseitigung der entzündlichen Reize und der Schmerzhaftigkeit wird die methodische Dilatation der Vagina vorgenommen, welche wir am besten im lauwarmen Bade durch Badespecula, deren Lumen allmälig an Grösse zunimmt, vornehmen lassen. Man gelangt auf diese Weise schmerzloser und schonender zum Ziele, als auf operativem Wege durch die forcirte Dilatation und die Frauen sind bei einiger Anleitung gerne bereit, jene Manipulation selbst vorzunehmen.

Von Wichtigkeit ist es, den Gatten zu belehren, wie er in geschickter Weise nach Heilung des Vaginismus den Coitus zu vollziehen habe, um nicht von Neuem schmerzhafte Anfälle hervorzurufen.

Für die Verhältnisse in Deutschland dürfte sich das von amerikanischen Aerzten eingeführte Verfahren, die an Vaginismus leidende Frau zu chloroformiren, in der Narcose von dem Manne den Coitus ausüben zu lassen, um so Schwangerschaft zu ermöglichen, nicht sehr einbürgern. Eher eignet es sich, unmittelbar vor dem Coitus die äusseren Genitalien der Frauen und die Vagina mit einer 2—5percentigen Lösung von Cocainum muriaticum zu bestreichen. Allerdings geht hierbei auch das Moment der Erregung sexueller Wollust, ebenso wie bei der Narcose verloren.

Die *Scanzoni*'sche Methode besteht darin, dass bei absoluter Enthaltung vom Coitus die äusseren Genitalien anfangs schonend mit *Goulard*'schem Wasser gewaschen werden und darauf, wenn die Röthung nachgelassen hat, die empfindlichen Theile mit einer Höllensteinlösung (1:3) bepinselt werden. *Schröder* fand auch Carbolsäurelösung 1:50 sehr wirksam. Ist die Röthung verschwunden und der Scheideneingang bei Einführung des Fingers nur noch wenig empfindlich, so werden täglich Milchglasspecula von allmälig dicker werdendem Caliber eingeführt und bleiben ½—1 Stunde liegen. Ist die Erweiterung des Scheideneinganges erheblich und Empfindlichkeit kaum mehr vorhanden, so kann der Coitus ausgeführt werden.

Mit Rücksicht auf die Aetiologie des Vaginismus erscheint es zweckmässig, dass junge Ehemänner, welche ganz unerfahren in die Ehe treten, sich über die localen Verhältnisse belehren, um nicht durch ungeschickte Reizungen des Scheideneinganges jenes Leiden hervorzurufen.

Bei Dyspareunie wird man beachten, ob sich nicht eine organische Erkrankung der Sexualapparate, gegen die dann anzukämpfen

ist, als Ursache nachweisen lässt. Zumeist weiss man nicht, worin
diese Störung der Innervation des Genitale begründet ist. Da aber
vorwiegend anämische Zustände damit verbunden sind, so muss man diese
durch zweckentsprechende Behandlung zu beseitigen suchen und in der
That gelingt es zuweilen, damit auch die Dyspareunie zu beheben.
Man hat in solchen Fällen, wo Mangel an sexuellem Verlangen, das Fehlen jeden geschlechtlichen Genusses bei
der Cohabitation als mit schuldtragend an der Sterilität betrachtet
werden muss, auch auf Weckung des sexuellen Sinnes durch geeignete
Modificationen des Coitus und andere entsprechende Mittel hinzuwirken
gesucht. Wir haben bereits betont, dass wir die Erregung eines gewissen
Wollustgefühles bei der Cohabitation für eine nicht unwichtige Bedingung zur Auslösung gewisser für den Befruchtungsmechanismus noth-
wendiger Reflexe halten.

Grosse Autoritäten, unter Anderen *Ambroise Paré*, empfehlen als
Heilmittel der Sterilität die Erregung heftigen Verlangens durch Kosen
und Tändeln und erst jüngstens hat *Duncan* wiederum hervorgehoben,
dass das Verlangen und die Lust in richtigem Grade höchst werthvolle
Mittel zur Beförderung der Fruchtbarkeit sind.

Günstig auf Erhöhung der Geschlechtslust wirkt zeitweilige
Trennung der Eheleute oder länger dauernde Aussetzung auch nur des
Versuches einer geschlechtlichen Annäherung. Man schicke die Frau
auf mehrere Monate in einen Badeort u. s. w. weit weg von jeder
Gelegenheit zur Cohabitation. Der wohlthätige Einfluss einer solchen
Trennung gibt sich besonders bei acquisiter Sterilität, nachdem die
Frauen schon vor längerer Zeit Kinder hatten, kund, weniger bei congenitaler. Es mag auf Grund einer solchen längeren Trennung der Ehegatten die Erklärung zu finden sein, dass, wie bemerkenswerthe Beispiele angeführt werden, in einzelnen Fällen Sterilität nach der Recon-
valescenz von einer fieberhaften Krankheit schwand.

Stadfeldt hat darauf hingewiesen, dass zuweilen schon die Sondirung
des Uterus und die bei der gynäkologischen Untersuchung gebräuch-
lichen Manipulationen „stimulirend auf das Geschlechtsleben des Weibes
wirken“ und so den zur Befruchtung nöthigen besonderen Reiz hervorrufen, „der den Vorgang der Ovulation und den Austritt des Eies be-
thätigt“.

Zuweilen ist ein geeignetes hygienisches Verhalten für Be-
lebung der Sterilität von Wichtigkeit. Dies gilt beispielsweise, wenn
ein zu häufig geübter Coitus den Grund der Sterilität abgibt —
und darin liegt nicht selten die Ursache, dass in den ersten Monaten
nach der Hochzeit, wo die Freuden der Honigmonde unbeschränkt
genossen werden, die Conception nicht eintritt. Hier muss ein
zweckmässigeres Regime eingehalten werden und der Beischlaf nur in

gewissen Intervallen (1—2 der Woche) stattfinden. Zuweilen ist hier ein vollständiges Ausruhen des weiblichen Genitalapparates nothwendig und deshalb Trennung der Gatten für einige Wochen, eine Badereise der Frau zu empfehlen.

Wenn Alkoholismus als Grund von Sterilität angesehen werden muss, wird eine Entwöhnung vom Genusse alkoholischer Getränke angezeigt sein und *Duncan* führt mehrere Fälle an, wo verheiratete Frauen, die dem Alkoholgenusse ergeben waren, mehrere Jahre in absoluter Sterilität lebten, nachdem sie ein Jahr lang in Abgeschlossenheit unter strenger Beobachtung, ohne irgend ein alkoholisches Getränk zu geniessen, zugebracht hatten, — glücklich concipirten.

Wenn sich seit alter Zeit die Badeorte, und zwar die allerverschiedenartigsten Quellen, ganz besonderer Heilerfolge gegen Sterilität rühmen, so liegt der Grund vorzugsweise in dem combinirten Apparate der hygienischen, medicamentösen und psychischen Einwirkung, welcher im Curorte zur Verfügung steht und auch die Isolirung von dem Gatten hat einen mehrfach günstigen Einfluss.

Durch die verschiedenen balneotherapeutischen Proceduren, Trink- und Badecuren gelingt es, die Resorptionsvorgänge in und um den Uterus und seine Adnexa zu bethätigen, die Verflüssigung und Aufsaugung der Exsudate zu fördern, die Ernährungsverhältnisse der Gebärmutter zur Norm zurückzuführen. Wir vermögen ferner derivatorisch auf die kranken Sexualorgane zu wirken, indem wir innerlich Mineralwässer anwenden, die an der Darmschleimhaut Reizungszustände hervorrufen, welche vermehrte Secretion zur Folge haben, oder indem wir äusserlich durch die Bäder einen mächtigen ableitenden Reiz auf die Haut üben. Wir besitzen weiters in der verschiedenartigen Anwendung gewisser Badeformen heilkräftige Methoden, antiphlogistisch bei acuten Entzündungszuständen oder Hyperämien des Uterus und seiner Adnexa zu wirken, ebenso wie in anderen Fällen bei congestiven Zuständen in den Beckenorganen, bei Erschlaffung, Erweiterung und Ueberfüllung der Uterinalgefässe und Hypersecretion der Genitalschleimhaut adstringirend zu influiren.

Gewisse alkalische Mineralwässer vermögen auch die für die Lebensfähigkeit der Spermatozoen so gefährliche Beschaffenheit der krankhaften Secrete des Genitaltractes günstiger umzugestalten. Endlich bieten die Mineralwässer die mächtigsten Roborantien für sexualkranke Frauen zur Hebung des Gesammtorganismus, der Ernährung, Blutbildung und Innervation. Zu den in letzter Richtung wirksamen Momenten der Brunnen- und Badecuren gehört die vollständige Umänderung der Lebensweise, wie sie der Aufenthalt im Curorte mit sich bringt, das Empfangen neuer, mächtig anregender Eindrücke, der Genuss einer frischen, kräftigenden Landluft, die Noth-

wendigkeit stärkerer körperlicher Bewegung und die wochenlange
sexuelle Enthaltsamkeit.

Bei chronischer Metritis und Endometritis kommen
vorzugsweise die kalten Glaubersalzwässer von Marienbad, Tarasp,
Elster, sowie die Kochsalzwässer Kissingens, Nauheims
und Homburgs in Betracht, welche durch ihre Wirkung auf den
Darmcanal eine Entlastung der Unterleibsgefässe von dem Blutdrucke
herbeiführen und die aus der chronischen Blutstase hervorgehenden
Hyperämien des Uterus und seiner Adnexa bekämpfen. Die Trinkcur
in diesen Curorten wird durch den Gebrauch der Säuerlingsbäder,
Eisenmoorbäder und Soolbäder wesentlich unterstützt.

Für zarte schwächliche Frauen, bei denen neben dem Catarrh
des Genitaltractes überhaupt die catarrhalischen Erscheinungen auf den verschiedenen Schleimhäuten in den Vordergrund treten,
eignen sich die alkalisch-muriatischen Säuerlinge von Ems. Gleichen-
berg, Neuenahr, Robitsch, auch Vichy. Bei pastösen anämischen
Individuen, wo die Hypersecretion der Schleimhäute des Sexualapparates
besonders hervortritt, sollten die schwefelsauren Eisenwässer von
Alexisbad, Muskau, Ratzes, Levico, Roncegno, Parad
innerlich und äusserlich öfter in Gebrauch gezogen werden, als es
bisher geschieht.

Sterile Frauen, deren scrophulöser Habitus auffällig ist, wird man
in die Soolbäder senden, vorzugsweise in die jod- und bromhaltigen
von Aschaffenburg, Dürkheim, Hall, Ischl, Kranken-
heil, Kreuznach, Münster, ferner nach Ischl, Koesen,
Reichenhall, Pyrmont, an die Soolthermen von Rehme (Oeyn-
hausen) und Nauheim, aber auch nach Cannstadt, Elmen, Kol-
berg, Kreuth, Wittekind etc.

Wo hochgradige Fettleibigkeit Schuld an der Sterilität trägt, finden
insbesondere die kalten Glaubersalzwässer von Marienbad und
Tarasp ihre Anzeige.

In Fällen, wo besonders Anämie und gesteigerte Nervenerregbar-
keit in Betracht kommen, wird man die Eisenwässer von Boklet,
Cudowa, Driburg, Elster, Franzensbad, Königswarth,
Marienbad, Pyrmont, Reinerz, Rippoldsau, Schwalbach,
Spaa, St. Moritz, Steben u. s. w. empfehlen.

Bei Exsudatresiduen nach perimetritischen und parametranen
Processen haben neben Soolbädern in erster Linie die Mooreisen-
bäder von Elster, Franzensbad, Marienbad, in Verbindung
mit der Trinkcur mit diesen Glaubersalzwässern, die grösste therapeu-
tische Bedeutung.

Bei Vaginismus, überhaupt erhöhter Sensibilität und nervöser
Reizbarkeit leisten zuweilen die Akratothermen von Badenweiler,

Landeck, Römerbad, Schlangenbad, Tobelbad, Tüffer und **Wildbad** gute Dienste.

Bei **Dyspareunie** mit Anästhesie der Scheidenschleimhaut thun zuweilen Vaginaldouchen mit lauwarmem kohlensäurehaltigen Wasser, sowie solche Douchen mit kohlensaurem Gase gute Dienste. Ist die Dyspareunie bei fettleibigen pastösen Individuen eine Theilerscheinung allgemeiner Torpidität, so wird man nach einer entsprechenden Trink- und Badecur Aufenthalt in einem alpinen Klima oder an der See mit Nutzen empfehlen. Man schicke solche Frauen während des Sommers in die Schweiz, nach **Engelberg, Grindelwald**. **St. Moritz** oder an die Küsten der **Nordsee**, an die Canalküsten Englands und Frankreichs.

Von den **chirurgischen Eingriffen** zur Behebung der Sterilität hat die blutige und unblutige Erweiterung des Cervix uteri die meisten Erfolge aufzuweisen. Jedoch ist der Kreis der Indicationen für Vornahme dieser Operation durch die Erfahrung der letzten Jahre wesentlich enger gezogen worden. Man kann im Allgemeinen sagen, dass in allen Fällen, wo sich im Cervicalcanale eine derartige Verengerung zeigt, dass derselbe für das Sperma impermeabel erscheint oder, wenngleich ein Vordringen des Sperma dadurch nicht behindert erscheint, doch der Abfluss des Uterinalsecretes wesentlich erschwert ist, die operative Erweiterung des Cervicalcanales ihre Berechtigung findet: Die Dilatation, die Discision, kegelmantelförmige Excision u. s. w. Ebenso findet bei den Formveränderungen des Cervix, welche den Eintritt des Sperma beeinträchtigen, ein chirurgischer Eingriff seine Anzeige; so bei der conischen Vaginalportion die Amputation derselben, bei Hypertrophien des Cervix eine Amputation oder keilförmige Excision (letztere nach *Kehrer*).

Olshausen hebt speciell hervor, dass nicht die grosse Zahl der von Flexionen mit Stenosen des Orificium internum abhängigen Sterilitätsfälle es ist, für welche die Behandlung durch blutige Dilatation passt sondern vielmehr die kleine Zahl der auf abnormer Enge des äusseren Muttermundes beruhenden Fälle. *Olshausen* geht aber hier einen Schritt weiter, indem er nicht nur bei absoluter, unzweifelhaft pathologischer Enge des äusseren Muttermundes zum Zwecke der Behebung der Sterilität die blutige Erweiterung indicirt hält, sondern auch bei Fällen, in welchen ein Muttermund von normaler oder doch nahezu normaler virgineller Beschaffenheit und Grösse vorliegt, wo Unfruchtbarkeit das Heilobject bildet, eine blutige Erweiterung vornimmt, vorausgesetzt nämlich, dass weder das Krankenexamen, noch eine genaue Untersuchung eine die Sterilität erklärende Anomalie entdecken lässt. Er nimmt da die Möglichkeit als vorhanden, dass irgend welche uns unbekannte Ursache im Verein mit der normalen Enge des virginellen Muttermundes

die Conception hindern kann und durch Erweiterung des Muttermundes
sich eine Conception erzielen lässt. Dabei erscheint ihm besonders die
Thatsache animirend, dass die durch die erste Geburt gesetzte bleibende
Erweiterung des Muttermundes auch für das ganze künftige Leben die
Conception erleichtert.

Mit Recht betont *Kehrer* bezüglich der Indication dieses operativen
Eingriffes, dass man sich nicht schlechthin durch den Befund eines
engen Muttermundes u. dergl. bei einer in steriler Ehe lebenden Frau
zur Discision bestimmen lasse, sondern dass man erst dann zur Operation
schreite, wenn eine eingehende Untersuchung der verschiedenen Con-
ceptionsbedingungen kein a n d e r e s, s c h w e r e r e s Conceptionshinderniss aufgedeckt hat.

Jedenfalls sei man höchst vorsichtig in der Prognose eines
Erfolges der Discision, denn nicht immer sind die Resultate so günstig, wie die von *Martin* und *Braun* mitgetheilten. *E. Martin* hat
384 Frauen wegen Sterilität operirt, von denen mindestens 97, also
25 Procente, nachträglich concipirten. Nach *G. Braun's* Behandlung
durch Discision trat unter 66 hierher zu zählenden Fällen 23 Mal Conception ein, also in 34 Procenten. *Hardtmann* behandelte 6 sterile
Frauen operativ mit der Discision des Cervix und sah 5 Mal Schwangerschaft eintreten. Die unter Vorbehalt angestellte Berechnung *Chrobak's*,
welcher unter 483 von *Hardtmann, G. Braun, Martin, Kehrer* und ihm
selbst ausgeführten Discisionen des Cervix 148, also 30·7 Procent Heilungen findet, erscheint *Hegar* und *Kaltenbach* entschieden zu hoch und
halten diese selbst die Angabe *Kehrer's*, welcher unter 35 eigenen
Fällen 9 Mal (25·7 Procente) Conception eintreten sah, nicht auf
grössere Zahlenreihen übertragbar. Nach *Hegar* und *Kaltenbach* werden
mit der Discision und der discindirenden Amputation dann die besten
Resultate erzielt, wenn neben den Stenosen noch andere Formfehler,
Lageabweichungen oder Consistenzanomalien der Portio vorhanden sind,
welche auch ihrerseits das Eindringen von Sperma und die Erweiterungs-
fähigkeit des Collums erschweren und beschränken, wie z. B. eine
conische, starre Portio.

Gerade hier hat man auch mit der Discision und der discindirenden Amputation die besten Resultate erzielt. Dass die Spaltung des
Cervicalcanales bei unregelmässiger Form und Weite desselben rationell
begründet ist, dafür sprechen nach *Kaltenbach* neben den operativen
Erfolgen auch andere correlative Erfahrungen. So concipiren Frauen,
welche Jahre lang steril waren, nach einem ersten Wochenbette meist
leicht und man kann dies nur den Veränderungen zuschreiben, welche
der Cervix durch vorausgehende Geburten erleidet. Diese für die Conception günstigen Veränderungen sind aber ähnliche, wie die, welche
wir durch die Discision herstellen wollen.

Bei manchen Flexionen und Versionen unternimmt man die Discision hauptsächlich deshalb, um den Muttermund in eine günstigere Richtung für das Eindringen des Sperma einzustellen. In diesem Sinne spaltete man bei Anteversionen die vordere, bei Retroversionen die hintere und bei Lateroversionen die der Version gleichnamige seitliche Wand der Portion.

Winckel, welcher in der Stenose des Muttermundes nur dann eine Ursache der Sterilität annimmt, wenn zugleich ein folliculärer Catarrh mit Anhäufung von S c h l e i m massen im Cervix besteht, macht nur in d i e s e n Fällen die Discision und ätzt hinterher die Schleimhaut.

Die Discision des Cervix wird mittelst der verschiedenen hierzu angegebenen messerartigen Instrumente (Metrotome) meist in transversaler Richtung — bilaterale Discision — selten in sagittaler Richtung ausgeführt, so dass der Cervicalcanal eine trichterförmige, gegen das Ost. externum erweiterte Gestalt erhält. Bei stark verlängerter oder conischer Portio. ebenso wie bei sehr voluminöser Zunahme derselben wurden keilförmige Stücke aus einer oder beiden Muttermundslippen ausgeschnitten *(Sims, Hegar-Kaltenbach, Duncan)*. *Simpson* hat zuerst die bilaterale Incision des Cervix empfohlen. wozu er ein cachirtes Messer mit schmaler Klinge und langem Griffe verwendete. *E. Martin* gebrauchte hierzu ein ähnliches Instrument mit doppelter Klinge, ein doppelschneidiges Hysterotom. Andere, wie *Sims, Braun* und *Olshausen*, führen den Schnitt aus freier Hand mit einem auf langem Griffe stehenden Messer mit convexer Klinge und abgerundeter Spitze, und schneiden erst nach der einen Seite, dann nach der anderen den Cervix ein und zunächst dem Muttermundsrande die Portio völlig durch, so dass der äussere Muttermund sogleich eine grosse Querspalte darstellt. Ohne eine hoch in den Cervix hineinreichende Incision ist ein ordentliches Klaffen des unteren Theiles nicht zu erzielen. *Gusserow* schneidet nach der bilateralen Incision jede Lippe noch einmal ein, *Kehrer* spaltet sie in drei bis vier Keile und erzeugt durch diese radiäre Discision einen sternförmigen weitklaffenden Muttermund.

So einfach diese Operation ist, so können durch zu tiefe Schnittführung manche üble Zufälle herbeigeführt werden, und ist jedenfalls die Antisepsis auf das Genaueste zu wahren. Die Hauptaufgabe, welche viele Schwierigkeiten bietet, ist, den Effect der Operation zu einem dauernden zu gestalten. indem man die Wiederverwachsung der Schnittflächen zu verhüten bestrebt sein muss. Zu diesem Behufe ist vorgeschlagen worden, die Cervicalhöhle mit einem Glycerintampon auszustopfen, die Wundränder mit der Sonde auseinander zu drängen, zweitheilige Dilatatoren, deren Branchen nach aussen durch Federkraft oder Schraubenwirkung sperren. oder Zäpfchen von Cacaobutter einzuführen. Mit diesem Verfahren beginnt man am dritten Tage nach der Operation.

Hegar erneuert von da an den eben angegebenen Verband an jedem zweiten Tage bis zur Ueberhäutung in der dritten Woche.

Der Umstand, dass das Ostium externum einige Zeit nach der Discision wieder enger wird, veranlasste *Simon*, den Cervixkegel mantelförmig auszuschneiden und die Schnittränder zu vereinigen. *Schröder* macht zur Beseitigung einer Stenose des äusseren Muttermundes mit den verschiedenen Gestaltsanomalien, die Discision des verengten Muttermundes in neuerer Zeit immer seltener; er hält es für viel rationeller, nach doppelseitiger Spaltung aus jeder Lippe Keile zu excidiren und dann den Muttermund dadurch zu erweitern, dass der Cervicallappen etwas nach Aussen herumgenäht wird. Auch die Breite des Muttermundes kann man durch die Breite, in der man die beiden Lappen der vorderen und der hinteren Lippe seitlich aneinander näht, genau bestimmen. Hat man die Seitenschnitte wieder zusammengenäht, so hat man einen weit klaffenden breiten äusseren Muttermund von normaler Form.

Die unblutige Dilatation des Cervix ist nicht ungefährlicher und doch weniger wirksam als die blutige. Die Dilatation des Cervix wird durch Quellmeissel bewerkstelligt, welche aus Pressschwamm, Laminaria, Rad. Gentianae und Tupelostift bereitet werden, sämmtlich Substanzen, die stark Flüssigkeit anziehen und hierdurch ihren Umfang allmälig bedeutend vergrössern; oder man bewirkt die Dilatation durch stählerne Instrumente deren Branchen geschlossen eingeführt und dann auseinander gespreizt werden, oder durch Einführung solider aus Metall oder Hartgummi construirter Bougies von unveränderlichem Caliber.

Gegen die Verwerthung der Quellmeissel wird ausser der nothwendig langen Dauer ihrer Anwendung der Uebelstand in's Gewicht fallen, dass sie das Gewebe des Cervix in nachtheiliger Weise afficiren. *Haussmann* fand die Oberfläche des Pressschwammkegels schon nach zwei Stunden mit Epithel bedeckt und in dem abfliessenden Secrete mikroskopische Bestandtheile des Schwammes. Schon nach $1\frac{1}{2}$ Stunden fand er starke Zersetzung des Secretes. Im Allgemeinen ist die Application der Quellmittel umständlich, langsam wirkend und schmerzhaft; bei abnorm allongirtem, hyperplastischen Cervix gelingt die Dilatation durch sie nur äusserst schwierig.

In jüngster Zeit hat *B. Schultze* sich wieder der Quellmittel warm angenommen und gezeigt, dass bei strenger Antisepsis sich mit Laminaria digitata günstige Resultate in der Dilatation des Cervix als Zubereitung für die Conception erzielen lassen.

Gegen die Methode der Dilatation des Uterushalses vermittelst metallener Instrumente, deren Branchen geschlossen eingeführt und dann auseinander gespreizt werden, wie dies u. A. besonders *Sims* empfohlen hat, sprechen sich *Hegar* und *Kaltenbach* aus, weil der Druck stets ein ungleicher ist und nur einzelne Partien betrifft, gegen welche eben die Branchen angelegt sind, das Federn derselben, welches nicht ganz umgangen werden kann, störend, endlich die Reinigung des Instruments mit Umständen verknüpft ist.

Hingegen haben *Hegar* und *Kaltenbach* die Dilatation durch solide bougieartige Instrumente als sehr zweckmässig erprobt. Sie haben dazu solide, cylindrische, am Endtheil conisch zulaufende Bougies aus Hartgummi construiren lassen, von denen man eine grosse Anzahl zur Hand haben muss, von welchen das jedesmal einzuführende nur einen sehr mässig grösseren Durchmesser besitzt, als das vorher eingeführte. Der Durchmesser der Bougie, welche den geringsten Caliber besitzt, beträgt 2 Millimeter; der Durchmesser der folgenden nimmt immer um e i n e n Millimeter zu. Die Länge beträgt circa 12—14 Cm., abgesehen von dem abgeplatteten, etwa 5 Cm. langen Handgriff. Die Bougien sind sehr bequem zu reinigen und zu desinficiren.

Peaslee benützt zur Dilatation cylindrische, leicht conische Stahlbougies; *Hanks* ovoide, hohle aus Hartgummi gefertigte Dilatatoren; *Lawson Tait* conische Bougies von verschiedenem Caliber.

Wilson empfiehlt wiederum lebhaft zur Heilung der mit Dysmenorrhoe verbundenen Sterilität bei Knickung, organischer und entzündlicher Stenose und unzureichendem Ausfluss die rasche Dilatation des Cervicalcanales mittelst seines zweiblättrigen Dilatators. Er hat hierdurch mehrmals baldige Schwangerschaft nach jahrelanger Sterilität eintreten gesehen. Von 7 nach jahrelanger Ehe sterilen Frauen concipirten 6 nach mehr oder weniger häufiger Dilatation des Cervicalcanales.

Beachtenswerth ist die von *Fritsch* empfohlene Erweiterungsmethode. *Fritsch* erweitert den Uteruscanal analog der rapiden Dilatation der Urethra nach *Simon* mit unbiegsamen Stahldilatatoren. „Nachdem mit einer gewöhnlichen Sonde der Weg erkundet ist, wird in der Chloroformnarcose die stärkere Sonde eingeführt. Sobald sie am inneren Muttermunde angelangt ist, hält man die Sonde fest gegen ihn gedrückt, umfasst den Uterus von aussen, und schiebt ihn kräftig über die Sonde. Nach Entfernung der Sonde wird eine stärkere Nummer eingeführt. Die Kraft, welche man combinirt anzuwenden hat, ist durchaus nicht gering, und ohne sorgfältige Controle von aussen wäre es selbstverständlich unerlaubt, nur von innen zu drücken. Auch ist die Chloroformnarcose stets nothwendig.“

Ahlfeld empfiehlt zur Behandlung der Sterilität bedingenden Cervicalstenosen die Erweiterung mit Cervicalcanülen, 4—5 Cm. langen durchbohrten Hartgummistiften, die an ihrem einen Ende in einen feinen, dicken und genau nach Millimetern graduirten, kugligen oder ovalen Knopf auslaufen. Nachdem der Grad der Verengerung durch die

*Schultze'*schen Sonden bestimmt ist, wählt man zur Erweiterung eine
Canüle aus, deren Knopf einen Millimeter im Durchmesser stärker ist,
als die verengte Stelle. Die Canüle wird dann in ein 5%iges kochendes
Carbolwasser eingetaucht, und wie ein Laminariastift nach eventueller
Biegung in den Cervicalcanal eingeführt — und zwar so, dass der Knopf
über der verengten Stelle zu liegen kommt. Der Uterus sucht durch
Contractionen den Fremdkörper auszutreiben, und dieser erweitert dabei
die enge Stelle. Ist er ausgetrieben, das geschieht meistens binnen
24 Stunden, sonst nach 3 Tagen, führt man eine zweite dickere Canüle,
schliesslich eine dritte ein. Dann ist die genügende Erweiterung von
6—8 Mm. erzielt.

Die Dilatation mit graduirten Dilatatoren, mit Vorsicht gehand-
habt und nur während einiger Minuten in jeder Sitzung angewandt,
ist ungefährlich. Es braucht dabei nur der äussere Mund dilatirt zu
werden, und es scheint die in transversaler Richtung ausgeführte
Dilatation günstigere Bedingungen für Befruchtung zu schaffen, als die
circuläre.

Ein operatives Eingreifen zur Behebung der Sterilität ist ferner
indicirt, wenn Formabweichungen des Cervix als Conceptionshindernisse
angesprochen werden müssen. Dies gilt also vor Allem von der conischen
Form des Cervix; aber auch der weit in die Scheide hineinragende
h y p e r t r o p h i s c h e   C e r v i x   macht die Amputation der Vaginalportion nothwendig und sah ich in einem Falle hiervon Beseitigung der
Sterilität erzielen.

Wo ein E c t r o p i u m   der Cervicalschleimhaut als Ursache der
Sterilität angesprochen werden kann, wird man nach Beseitigung des
Catarrhes der evertirten Schleimhaut die Naht des Risses oder der
Risse des Cervix vornehmen; eventuell muss man die kranke Schleim-
haut excidiren und kann dabei auch die Naht der Seitenrisse ausführen,
die man nach vorgängiger Anfrischung mit der Scheere vornimmt —
*Emmet'*sche Operation. Wir haben schon früher solcher Fälle erwähnt,
in denen durch diese Operation die bestehende Sterilität behoben wurde.

Die A t r e s i e n   des ä u s s e r e n   Muttermundes als Hinderniss der
Befruchtung sind leicht operabel. Sie werden durch Vorstossen eines
Troicarts unter Leitung der Finger oder durch Einstechen eines lang-
gestielten Messers oder Andrängen einer stumpfblätterigen Scheere eröffnet. Einfache Epithelialverklebungen des Muttermundes oder An-
löthungen des Cervicalstumpfes an das Scheidengewölbe lassen sich
schon mittelst einer Sonde trennen. Acquirirte Obliterationen des inneren
Muttermundes geben ebenfalls meist unter dem Andrängen einer Uterussonde nach oder dehisciren gleichsam spontan nach Einlegen eines
Pressschwammes in den unteren offenen Theil des Canales. Dabei
muss eine etwa zu Grunde liegende catarrhalische Endometritis durch

Cauterisation der Uterushöhle beseitigt und eine Wiederverklebung durch Einführung von Hartgummistiften u. dergl. verhindert werden *(Kaltenbach)*.

Die Operation bei angeborenem Mangel oder Atresie der Scheide ist nur dann indicirt, wenn damit nicht andere Entwicklungsfehler der Sexnalorgane verbunden sind, welche die Conception hindern. Die Atresia hymenalis und Atresia vaginalis membranacea wird durch Einstossen eines spitzen Bistouri oder eines Troicart geöffnet, während die schwierige Operation breiter Scheidenatresien durch Entfernung der strangartigen Gewebsmassen theils mittelst schneidender Instrumente, theils mittelst stumpfer Durchtrennung oder auf galvanocanstischem Wege erfolgt. Im Allgemeinen bieten die Operationen der künstlichen Scheidenbildung sehr ungünstige Resultate und ist die Mortalität dabei eine bedeutende.

Fletcher hat eine künstliche Scheidenbildung mit Erfolg in einem Falle vorgenommen, wo keine Retentionsflüssigkeit vorhanden war. Die betreffende, 22 Jahre alte verheiratete Frau hatte eine vollkommen verschlossene Scheide; die Urethra war durch Cohabitationsversuche erweitert. Bald nach der Operation stellten sich die Menses ein und die Frau concipirte.

Cloakenbildung (Atresia ani vaginalis), sowie Uterinfisteln werden als Ursachen der Sterilität Gegenstand der geeigneten chirurgischen operativen Eingriffe abgeben.

Wo der Hymen von abnormer Zähigkeit oder wegen ungenügender Potenz des Mannes persistirt, ist die blutige oder unblutige Entfernung desselben nothwendig. In zwei Fällen meiner Beobachtung, wo in Folge unzureichender Potenz des Mannes der Hymen noch nach $1\frac{1}{2}$- und $1\frac{1}{4}$-jähriger Ehe bestand, nahm ich, aus Rücksicht für das eheliche Ansehen des Gatten, eine systematische Dilatation vor, so dass hernach der Coitus bequem vollzogen werden konnte.

Auch beim Vaginismus ist, wie bereits erwähnt, ein operatives Eingreifen empfohlen worden. *Sims* hat die Excision des Hymens empfohlen. Dieses Mittel ist kein sicheres und nicht einmal für die Fälle empfehlenswerth, wo der Vaginismus nur durch entzündliche Processe des Hymens bedingt ist: denn die Hyperästhesie setzt sich, wie dies von mehreren Fällen bekannt ist, ungeschwächt auf die Excisionsnarbe fort. *Sims* selbst rühmt sein Verfahren sehr. Er hat 39 Fälle von Vaginismus operirt und ungeachtet viele dieser Fälle mit anderen ursächlichen Momenten der Sterilität einhergingen, wie z. B. mit schmerzhafter Menstruation, contrahirtem Muttermund, conischem Cervix, fibroiden Geschwülsten oder Lageveränderungen des Uterus, sah *Sims* auf die Operation sechsmal Conception folgen und nimmt auch von anderen Fällen, von denen er nichts weiter gehört hat, an, dass Empfängniss wahrscheinlich eingetreten ist.

Auch die **gewaltsame Dilatation** beim Vaginismus erscheint uns nicht als empfehlenswerthes Verfahren. Jedenfalls sollte sie nur unter antiseptischen Cautelen ausgeführt werden, da man mehrere Male starke Blutungen und febrile Erscheinungen, auch purulente Vaginitis darnach auftreten sah. Wenn jüngst *Grodell* sich rühmt (New-York, med. journ. 1884), dass durch schleunige Dilatation des Cervicalcanales in den von ihm operirten Fällen 18 Percent „der hierzu fähigen Frauen" schwanger wurden, so ist dieser Bericht nur mit Vorsicht aufzunehmen.

Eine **mechanische** Behandlung gelangt auch häufig in jenen Fällen zum Ziele, in denen **Versionen** und **Flexionen** des Uterus als Grund der Sterilität angesprochen werden müssen. Orthopädische Behandlung des Uterus, Tragen von geeigneten Pessarien und Intrauterinstiften leisten hier zuweilen gute Dienste, ja selbst dann, wenn die dadurch erzielte Richtigstellung der Uterusachse eine nur vorübergehende ist. Es ist schon zuweilen gelungen, durch Richtigstellung des Uterus mittelst der Sonde kurz vor dem Coitus die gewünschte Conception zu Stande zu bringen, indess sind solche, wohl schon jedem erfahrenen Gynäkologen vorgekommenen „Wundercuren" nach unserer Meinung nicht so sehr auf die geglückte Recteposition des in seiner normalen Lage veränderten Uterus, als darauf zurückzuführen, dass durch die Sondirung eine gründliche Entfernung der eingedickten schleimigen oder eitrigen Secretmasse erfolgte, welche den Cervicalcanal verstopfte und unwegsam machte.

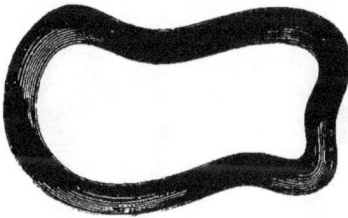

Fig. 40.

Hodge'sches Pessarium.

Die systematische mechanische Behandlung der Lageveränderungen des Uterus behufs Behebung der Sterilität hat vorerst dahin zu zielen, die Reposition des dislocirten Organes mit Hilfe der Finger oder auch mittelst Instrumenten vorzunehmen und hierauf sucht man die richtige Lage des Uterus durch Anwendung von Pessarien zu einer dauernden zu machen. Bei solchen Dislocationen, bei denen keine dauernde Retention zu erzielen ist, wird zuweilen schon durch das Einlegen von Pessarien ein Erfolg erzielt. Bei der Auswahl derselben wird man auch darauf Bedacht nehmen, dass durch sie der Coitus nicht behindert werde. Die sogenannten *Mayer'*schen Ringe aus vulcanisirtem Kautschuk, die Hebelpessarien von *Hodge,* die *B. Schultze'*schen eigenthümlich gekrümmten Pessarien werden entsprechend dem Einzelfalle zur Auswahl stehen (Fig. 40 und 41).

Durch rationelle Behandlung der Flexionen oder durch selbst nur momentane Behebung der Deviation gelingt es, günstigere Bedingungen für die Befruchtung herbeizuführen. Mit Hilfe der Pessarien von *Hodge, Sims, Schultze*, welche wenig Platz einnehmen und die Cohabitation nicht behindern, gelingt es öfter, die Sterilität zu beheben. Ein vorübergehendes Redressement, wenn es nur einige Stunden anhält und von dem Gatten während dieser Zeit zur Ausübung des Coitus benützt wird, genügt zuweilen, um Conception herbeizuführen. Dabei hat aber auch die Behandlung aller Beugungen und Neigungen des Uterus besonders bei jugendlichen Individuen ein Hauptgewicht auf eine kräftigende, die Gesammternährung hebende Lebensweise zu legen.

Fig. 41.

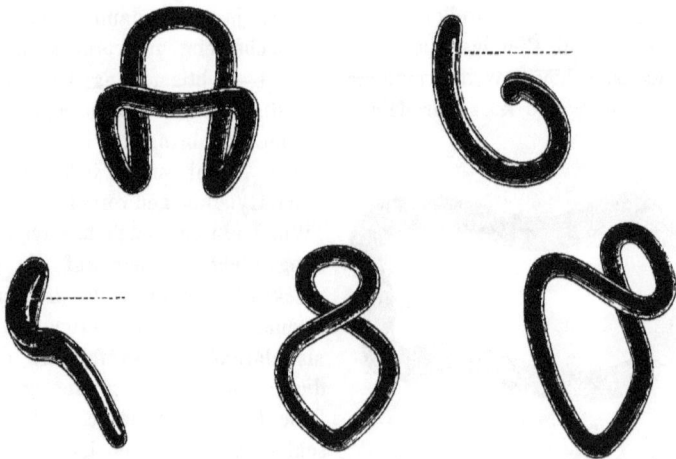

Schultze'sche Pessarien verschiedener Formen.

Die Technik des Verfahrens der bimanuellen Reposition des retroflectirten Uterus mögen die beifolgenden Zeichnungen nach *B. S. Schultze* veranschaulichen:

In Fig. 42 haben Zeige- und Mittelfinger der linken Hand den Fundus uteri, der vorher am dritten Kreuzbeinwirbel bei * gelegen haben mag, bis zur Höhe des Promontorium emporgehoben. Die rechte Hand kommt eben von den Bauchdecken her tastend zu Hilfe, um den Fundus uteri neben dem Promontorium in Empfang zu nehmen. Sind die Bauchdecken einigermassen dick oder nicht ganz schlaff, so geht das ohne Weiteres nicht leicht. Ein entsprechender Druck auf die Vaginalportion, oder noch besser auf den supravaginalen Abschnitt des Cervix, kann selbst dem normal flexiblen Uterus das Emporsteigen des Fundus am Promontorium sehr erleichtern, bei starrem retrovertirten Uterus ist derselbe ganz entscheidend. Liegen Zeige- und Mittelfinger in der Vagina, so wird dieser Druck in der Richtung des Pfeiles mit dem um die Portio vaginalis geschlagenen Zeigefinger geübt; liegen Zeige- und Mittelfinger im Rectum, was bei kurzer straffer Vagina entschieden vortheilhafter ist, so führt man den Daumen in die Vagina, um diesen Druck auszuüben.

Die Finger der rechten Hand nehmen nun den Fundus in Empfang und führen ihn, während die Vaginalportion weiter in der Richtung des Pfeiles nach hinten geschoben wird, gegen die vordere Beckenwand. In Fig. 43 ist diese Bewegung soeben vollendet. Die Fingerspitzen der rechten Hand haben den Fundus bis hinter die Schamfuge gelegt und während der Mittelfinger der linken Hand noch die Vaginalportion

Fig. 42.

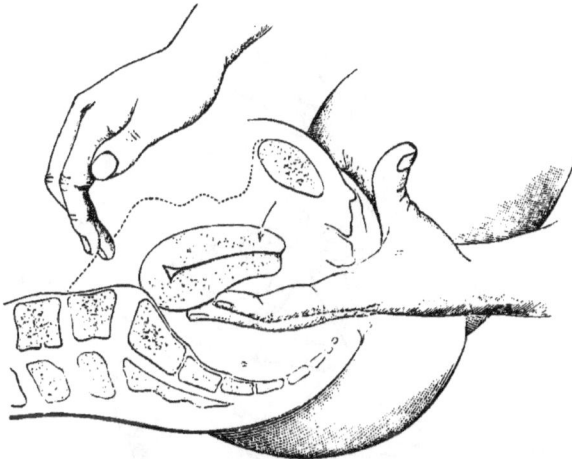

Bimanuelle Reposition des retroflectirten Uterus. ⅓ natürlicher Grösse.

nach hinten und oben weit über die Stelle ihrer normalen Lage hinaus fixirt, überzeugt der an der vorderen Vaginalwand tastende Zeigefinger sich davon, dass der Fundus uteri wirklich zwischen ihm und der aussen tastenden rechten Hand gelegen ist.

Wenn diese Mittel zur Beseitigung der Form- und Lageanomalien des Uterus und deren Consequenzen ohne jeden Erfolg angewendet wurden, so wird man in einzelnen Fällen noch das Intrauterinpessarium versuchen können, und zwar in den Fällen, wo als Ursache der Sterilität Anteflexionen mit primärer Schlaffheit und Atonie des Gewebes oder älterer Induration des Gewebes mit spärlicher Menstruation angenommen wird und hierdurch heftige Dysmenorrhoe, Harndrang und Reflexneurosen als belästigende Begleiterscheinungen auftreten. *Winckel* und *Olshausen* haben Beispiele mitgetheilt, dass bem Tragen des Uterusstiftes Conception erfolgte. Anderseits wird jedoch berichtet, dass nach einem Coitus Peritonitis auftrat und man wird unter allen Umständen sich vor Augen halten müssen, dass die in der Literatur verzeichneten Fälle von Perimetritis, Parametritis, acuter Peritonitis, selbst mit letalem Ausgange, nach Application der Intrauterinstifte zur grössten Vorsicht mahnen. Als Bedingungen für die Anwendung der Stifte gelten jedenfalls Abwesenheit jedes entzündlichen Zustandes des Uterus und seiner Adnexa, sowie etwaiger Adhäsionen nach abgelaufenen früheren entzündlichen Processen, Abwesenheit von Tumoren,

Fig. 43.

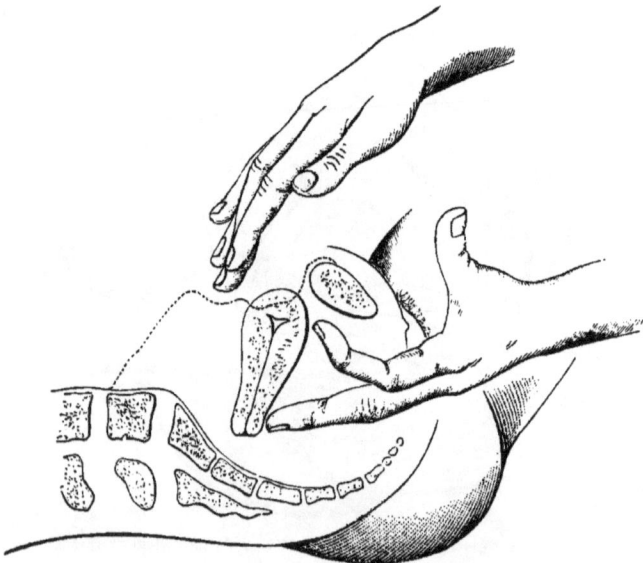

Bimanuelle Reposition des retroflectirt gewesenen Uterus. $^1/_3$ natürlicher Grösse.

sowie Mangel von grosser Empfindlichkeit des Uterus; endlich darf keine Neigung zu Menorrhagien oder Metrorrhagien bestehen.

Von den Intrauterinstiften sind die von *Fehling* angegebenen hohlen Glasstifte die empfehlenswerthesten, da ihr Gewicht ein geringes und sie durch Ansaugen der Schleimhaut in den Löchern dieser Stifte leicht festgehalten werden. Vor der Anwendung dieses Stiftes wird derselbe mit Jodoform gefüllt und unten mit einem Tropfen heissen Wassers geschlossen. Die Vagina wird vor der Application ausgespült: die Patientin, wenn nöthig, narcotisirt.

Bei Fällen von Sterilität, welche durch A n t e f l e x i o u t e r i verursacht sind, kann statt Anwendung der Intrauterinpessarien auch

methodische Streckung und Rückwärtsbeugung des anteflectirten Uterus
durch die Sonde vorgenommen werden. Anfangs wöchentlich, später
zweimal wöchentlich, wird die vorwärts geknickte Gebärmutter gerade
gestreckt und sobald die Beweglichkeit des Organes es gestattet, vollständig rückwärts gebeugt. Wenn keine Adhäsionen existiren, ist dieses
Ziel der Behandlung oft schon in einer oder in einigen Sitzungen zu
erreichen. Wenn Adhäsionen die Anteflexio verursachen, hat die Behandlung zunächst die Aufgabe, den Uterus mobil zu machen: erst wenn
dies vollkommen geschehen, kann derselbe ohne bedeutende Schmerzen
und ohne Gefahren gestreckt und dislocirt werden. Die nöthige Dehnung
der fixirenden Adhäsionen geschieht ebenfalls mit Hilfe der Sonde; dieselbe ist aber nicht selten erst in mehreren Sitzungen durch öfteres
vorsichtiges Zurückdrängen des Uteruskörpers und langsames Heben
des Griffes der eingeführten Sonde auszuführen. Ist das Organ vollständig dislocirbar, so wird zum Zwecke der Retroversion der Griff
der Sonde mässig gehoben, dann letztere, ohne zurückgezogen zu
werden, derartig um die Längsachse gedreht, dass die Convexität der
Krümmung gegen das Os pubis gerichtet ist und hierauf der Griff möglichst weit nach oben, d. h. nach vorne bewegt. Diese Methode ist
jüngstens wieder von *U. Richter* empfohlen worden.

Wenn bei Lageveränderungen des Uterus die Sterilität ätiologisch
auf Entzündungsvorgänge am Uterus oder dessen Umgebung oder auf
Catarrh des Uteruskörpers oder Collum zurückzuführen ist, muss die
Therapie vorzugsweise gegen diese Zustände gerichtet sein. Es wird
das schon besprochene resorptionsbefördernde Verfahren einzuleiten
(besonders Jodkalitampons und Jodoformtampons an die Vaginalportion
zu appliciren) sein und dabei auf sorgfältige Regelung der Stuhlent-
leerung, zweckmässige Muskelbewegung und geeignete Haltung des
Unterleibes (Vermeidung gebeugten Sitzens, Ablegen knapper Mieder)
geachtet werden müssen. Alle Massregeln, welche darauf hinzielen, die
Circulation des Blutes in den Beckenorganen zu erleichtern, die Blut-
mischung zu bessern und den Kräftezustand zu heben, haben Einfluss
auf Besserung und Verschwinden der durch diese Lageveränderungen
bedingten Dysmenorrhoe, auf Behebung der Sterilität. *Bandl* lässt, von
dieser Anschauung ausgehend, bei Anteflexio uteri die Scheide zweimal
täglich reichlich bei Rückenlage mit warmem Wasser irrigiren und hat
nach diesem einfachen Verfahren häufig Conception eintreten gesehen.

Zu den mechanischen Hilfsmitteln zur Behebung der Sterilität
gehört auch die Empfehlung verschiedener von der gewöhnlichen ab-
weichenden Arten der Vollziehung des Coitus, um ein
leichteres Eindringen des Sperma in den Cervix und ein längeres Verweilen des Samens in der Vagina zu erzielen. Hierher ist das alte,
zuweilen ganz zweckmässige Mittel zu zählen, den Coitus in der Knie-

Ellenbogenlage der Frau auszuüben. Zur weiteren Beförderung des Eintrittes des Sperma in die tieferen Partien des Genitaltractes rathen *Hegar* und *Kaltenbach* auch, dass die Frau post coitum eine Zeit lang in jener Lage verharre, während der Mann zeitweise die Unterbauchgegend sanft erhebt und sie dann rasch fallen lässt.

Bei *Casper* finden wir einen Fall erwähnt, wo eine mit hochgradiger Scoliose behaftete Frau längere Zeit steril blieb und erst nachdem sie den Coitus in der B a u c h l a g e vollziehen liess, glücklich empfing und gebar.

Guéneau de Mussy erwähnt folgende, sehr charakteristische Befruchtungsmethode, welche jedenfalls auch einer älteren Zeit angehört: Sed haud illicitum mihi visum est, si post diversa tentamina diutius uxor infecunda manserit, ipsum maritum digitum post coitum in vaginam immittere, et ita receptum semen uteri ostio admovere. Et cum ostiolo uteri haeret, ut in pervium canalem, spermatozoidum motibus faventibus, prodeat, sperare non absurdum. Einen günstigen, auf diese Weise erzielten Erfolg bei der Frau eines Arztes beschreibt *Eustache*.

Bei Retroflexion des Uterus mit starker Vorwärtsstellung der Vaginalportion habe ich die Ausübung des Coitus in aufrechtsitzender Stellung der Frau auf dem Manne empfohlen. In dieser Position sinkt der Fundus uteri nach abwärts und vorne, während die Portio vaginalis aufwärts steigt und sich mehr nach rückwärts begibt.

Um bei Verengerungen des Cervixcanales durch Uterusflexionen das samenhaltige Secret mechanisch in die Uterushöhle überzuführen, sind mehrfach Sonden angewendet worden, so von *Hausmann* eine biegsame, starke Sonde, an welcher 2 Cm. unterhalb des Knopfes zwei kurze, abgerundete Querleisten angebracht sind, um so möglichst viel Schleim des Halscanales in die Uterushöhle zu befördern, und zwar mit geringster Zerrung,

Bei Retroversionen mit Bildung eines Cul de sac im hinteren Scheidengewölbe soll die Patientin nach *Pajot* mehrere Tage vor dem Coitus den Stuhl zurückhalten, bei Anteversionen soll sie den Urin längere Zeit halten und bei Lateralversionen soll sie sich bei dem Coitus auf die Seite legen, nach welcher die Portio vaginae hin gerichtet ist. *Arthur Edis* empfiehlt bei Sterilität mit Rückwärtsneigung des Uterus Reposition desselben in Knie-Ellenbogenlage, Einlegung eines Pessariums und dann Coitus in jener Lage.

Bei Rathschlägen bezüglich Ausübung des Coitus zur Herbeiführung der Befruchtung ist auch die Erwägung des Zeitpunktes, welcher f ü r d i e C o n c e p t i o n a m g e e i g n e t s t e n i s t, nicht überflüssig. Man muss nach allgemeiner Annahme hiezu am besten einige (2—3) Tage vor dem erwarteten Eintritte der Menstruation oder 5 bis 8 Tage nach der Periode empfehlen. Den Eheleuten, deren Sehn-

sucht nach Nachkommen sehr gross ist, räth *Sims* den Beischlaf am
dritten, fünften und siebenten Tage nach der Menstruation und am
fünften und dritten vor der Wiederkehr derselben, täglich nur ein Mal
an. Dieser Act soll Abends im Bette und nicht des Morgens vor dem
Aufstehen vorgenommen werden, da die horizontale Lage die Retention,
die aufrechte Stellung die Expulsion des Samens begünstigt. Zu häufige
Befriedigung des Geschlechtstriebes ist nach mehrfacher Richtung
schädlich; vor Allem schädigt sie die Quantität und Qualität des Samens
und kann bei dem gesündesten Manne vorübergehend Oligozoospermie
oder Aspermatie zur Folge haben. Die Cohabitation soll auch nicht
durch künstliche Reizmittel angeregt, sondern nur auf spontane Veranlassung vollzogen werden.

Zum Schlusse sei auch der k ü n s t l i c h e n B e f r u c h t u n g ,
als eines zur Behebung der Sterilität angewendeten Mittels erwähnt,
obgleich dasselbe vorläufig wenig praktische Bedeutung hat. Durch die
mechanischen Hindernisse, welche in vielen Fällen von Sterilität sich
dem Eindringen des Spermas in die Uterushöhle entgegenstellen, ist
die Idee aufgetaucht, die Samenflüssigkeit durch Instrumente direct in
den Cervicalcanal überzuführen. Der Idee lagen wohl zunächst die
Erfahrungen zu Grunde, welche man mit künstlicher Fischzucht seit
Langem gemacht hat. *Spallanzani* und *Rossi* hatten später mittelst
einer Spritze den Samen eines Hundes in die Vagina einer Hündin
injicirt und darauf Impregnation eintreten gesehen. *Marion Sims* hat,
diesen Anregungen älterer Zeit folgend, versucht, die Schwierigkeiten
des Sameneintrittes in die Gebärmutter durch Einspritzen des befruchtenden Agens aus der Vagina unmittelbar in die Gebärmutter zu beheben.
Er hat eine Reihe derartiger Experimente angestellt und will in einem
Falle wirklich Schwangerschaft eintreten gesehen haben. In allen
Fällen seiner Versuche bestand eine Contraction des Cervicalcanales, in
zweien eine Flexur am Os internum, und experimentelle Beobachtungen
hatten gelehrt, dass in keinem dieser Fälle der Samen in den Canal
gelangte. *Sims* begann mit der langsamen Einspritzung von 3 bis 4
Tropfen Samenflüssigkeit und da diese heftige Symptome hervorriefen,
injicirte er später nur einen, ja blos einen halben Tropfen. Unter 27
Versuchsfällen trat einmal künstliche Befruchtung ein. Dieser Fall verdient ausführlicher mitgetheilt zu werden: Die Patientin war 28 Jahre
alt, 9 Jahre verheiratet, aber kinderlos. Während ihres ganzen Men-
struallebens hatte sie mehr oder minder an Dysmenorrhoe gelitten,
welche oft von bedeutenden constitutionellen Störungen, wie Ohnmacht,
Erbrechen und Kopfschmerz, begleitet war. Bei der Untersuchung wurde
eine Retroversion mit Hypertrophie der hinteren Wand, ein indurirter,
conischer Cervix, ein contrahirter Canal festgestellt, besonders am Os
internum. Zu all diesen mechanischen Obstructionen kam noch der

Umstand hinzu, dass die Vagina den Samen niemals zurückhielt. *Sims* untersuchte diesen Fall verschiedene Male unmittelbar nach erfolgtem Coitus, fand aber niemals einen Samentropfen in der Scheide vor, obgleich dieses Fluidum in Ueberfluss hineingelangt war. *Sims* unternahm zuerst eine Verbesserung der Lage und der Erhaltung des Uterus in seiner natürlichen Position mittelst eines gehörig angebrachten Pessariums. Sodann wurden die Spermainjectionen vorgenommen und hatten sich dieselben über einen Zeitraum von fast 12 Monaten ausgedehnt. Einige derselben (zwei) wurden unmittelbar vor der Menstruation gemacht, die anderen (acht) in verschiedenen Perioden, zwei bis sieben Tage nach dem Aufhören des Monatsflusses. Es wurde mit 3 Tropfen Sperma begonnen und zuletzt ein halber Tropfen injicirt. Die Injection wurde mit einer Glasspritze vorgenommen, welche in ein Gefäss mit warmem Wasser gelegt wurde, worin ein Thermometer 98° Fahrenheit zeigte. Da die Entfernung des Instrumentes aus dem Wasser und dessen Einbringung in die Scheide nothwendigerweise eine Temperaturverringerung in der letzteren zur Folge haben musste, liess *Sims* die Spritze einige Minuten in der Vagina verbleiben, bevor er den Samen in die Spritze zog, um sicher zu sein, dass diese die Temperatur der Flüssigkeit angenommen, in welcher sich die Spermatozoen befanden. Das Instrument wurde vorsichtig in den Cervicalcanal gebracht und mit der Pistonstange langsam eine halbe Drehung gemacht, um einen halben Tropfen heraustreten zu lassen. Das Instrument verblieb 10 bis 15 Secunden in seiner Lage und wurde sodann entfernt; die Patientin verharrte zwei bis drei Stunden lang ruhig im Bette. Unter diesen Umständen folgte auf den zehnten Versuch Conception — der erste und einzige Fall, in welchem beim Menschen eine künstliche Befruchtung erfolgreich stattgefunden hat.

Mit Recht wird jedoch dieser *Sims*'sche Fall n i c h t für beweisend angesehen, da die Cohabitation vor und nach der Injection ausgeführt wurde, da Niemand mit Bestimmtheit behaupten kann, dass nur die injicirten Spermatozoen und nicht andere vor oder nach der Injection eingeführte zu dem Ovulum gelangten, da ferner *M. Sims* vorher den Uterus durch ein Pessarium in bessere Lage für die Conception gebracht hatte.

Ich selbst habe in einem für das Gelingen der künstlichen Befruchtung a priori ausserordentlich günstigen Falle (hochgradige Hypospadie des Mannes, reichliches und vorzüglich beschaffenes Sperma, vollkommen normaler Zustand der weiblichen Genitalien) dieses Experiment trotz aller möglichen Cantelen missglücken gesehen, und so ist mir auch anderweitig kein gelungener Fall künstlicher Befruchtung bekannt, wohl aber wird von unangenehmen und gefährlichen Zufällen berichtet, wie Parametritis und Perimetritis, welche solchen Injectionen folgten, und wird das Sperma als eine in sehr intensiver moleculärer Bewegung befindliche Masse beschuldigt, leicht zu verderblichen Umsetzungen zu tendiren.

Harley in London hat das Experiment der Sameneinspritzung in die Uterushöhle öfters gemacht, allein kein Resultat dadurch erlangt.

P. Müller hat zweimal, und zwar wegen starker Anteflexio uteri und unter sehr günstigen äusseren Verhältnissen die Manipulation vorgenommen, jedoch ohne Erfolg. Freilich war nur in einem Falle das Sperma vorher mikroskopisch untersucht worden.

Fritsch erwähnt eines Falles, wo gonorrhoisches Secret statt Sperma injicirt wurde.

Als Indicationen für die künstliche Befruchtung können Stenosen, insbesondere Knickungsstenosen im oberen Theile des Cervical-canales, angesehen werden, wenn andere Mittel fruchtlos dagegen angewendet wurden oder nicht angewendet werden dürfen, ferner deletäre Beschaffenheit des Secretes der Cervicalschleimhaut, dann hochgradige Hypospadie des Mannes. *Haussmann* empfiehlt die künstliche Befruchtung, wenn lebende Spermatozoen in den unteren Theil des Cervical-canales gelangen, jedoch nicht das Orificium internum passiren können.

Wenn also die künstliche Befruchtung theoretisch zu begründen, so ist doch in praxi die Indication für Ausführung derselben schwer zu stellen. Schon aus dem einfachen Grunde, weil bei mechanischen Hindernissen, welche den Contact des Ovulums mit dem Sperma behindern (und nur für solche Fälle ist diese Manipulation denkbar), es oft ausserordentlich schwer, ja zuweilen unmöglich ist, den Umstand auszuschliessen, dass die Keimbildung selbst beeinträchtigt ist oder die Bebrütung des Eies behindert wird, mit anderen Worten, dass andere schwer erkennbare organische Erkrankungen des Uterus, der Ovarien, der Tuben und Umgebung vorhanden sind.

Aber auch die Ausführung der Manipulation ist eine schwierige. Vor Allem muss das Sperma in Bezug auf seine normale befruchtungsfähige Eigenschaft einer genauen mikroskopischen Untersuchung unterzogen werden. Das kann nun natürlich nicht mit dem zu injicirenden Sperma, sondern nur mit einer aus einer früheren Ejaculation herrührenden Samenflüssigkeit geschehen. Wenn das Sperma keine oder nur sehr wenige, nicht stark bewegungsfähige Spermatozoen oder gar Eiterkörperchen oder Gonococcen enthält, wird selbstverständlich von einer Verwerthung desselben Abstand genommen werden müssen.

Die von *Sims* angewendete Methode, das Sperma post coitum mit der Spritze in der Vagina aufzusaugen, möchte ich nicht empfehlen, da man dann mit dem Sperma auch den für die Spermatozoen ungünstigen Vaginalschleim herauszieht und so jedenfalls nicht reine, sondern verschiedentlich mit Beimengungen verunreinigte Samenflüssigkeit in die Uterushöhle bringt, ein Umstand, der die nach dieser Manipulation eingetretenen üblen Zufälle erklären lässt. Es scheint zweckmässiger, das Sperma von dem Gatten in einem Condom liefern zu lassen. Die Uebertragung in der geeigneten Temperatur (Körpertemperatur) ist wieder mit Schwierigkeiten verbunden. Die dazu benützte gewöhnliche *Braun*'sche Uterinspritze müsste vor dem Gebrauche desinficirt werden und im warmen Wasser liegen, um den richtigen Wärmegrad zu erhalten. Mit grösster Raschheit ist dann die Aufsaugung des Spermas vorzunehmen und die Einführung der Spritzencanüle bis in den Fundus uteri. Es genügen geringe Mengen von Sperma. Nach der Manipulation, welche übrigens zu dem für die Conception günstigsten Zeitpunkte, also kurz vor oder nach der Menstruation, vorzunehmen wäre, soll die Frau einige Zeit ruhig liegen bleiben.

Nicht unbedenklich für den Erfolg scheint endlich auch der Ausfall jeden weiblichen Wollustgefühles, dessen Bedeutung für den Cohabitationsact und für die Conception wir nicht ganz von der Hand weisen können.

Dass gegen die Procedur der künstlichen Befruchtung, welche ja jedenfalls für alle Betheiligten, den Arzt eingeschlossen, etwas sehr Peinliches hat, moralische und sociale Bedenken in's Treffen geführt werden können, bedarf keiner Auseinandersetzung. Als Curiosum sei erwähnt, dass in letzter Zeit das Tribunal in Bordeaux einen Arzt bestrafte, weil er sich mit artificieller Fecundation abgegeben. Die gerichtliche medicinische Gesellschaft daselbst fasste die Resolution, dass ein anständiger Arzt nicht von sich aus die artificielle Fecundation vorschlage, dass er sie aber auch nicht refusiren dürfe, wenn sie von den interessirten Personen verlangt werde. In Paris hat jüngstens ein Promotionscandidat der dortigen medicinischen Facultät seine Dissertation vorgelegt, in welcher er nachzuweisen sucht, dass die künstliche Befruchtung, mit allen socialen Cautelen und nach den Regeln der Wissenschaft durchgeführt, möglich, logisch, nützlich und moralisch wäre und in vielen Fällen empfohlen zu werden verdiente. Die Facultät beschloss nach längerer heftiger Discussion, die Dissertation zurückzuweisen und sämmtliche gedruckte Exemplare vernichten zu lassen, weil die Facultät befürchtet, durch ihre Sanctionirung „einer gewissen Kategorie wenig scrupulöser Aerzte" die Gelegenheit zu „unlauterem, für die Familie und den Staat gefährlichem Treiben" zu geben, da die qu. Operationsmethode alsdann bald eine Domäne aller medicinischen Charlatane werden könnte. — — —

Es scheint uns nicht überflüssig zu sein, am Ende unserer Erörterungen hervorzuheben, dass der Arzt bei Behandlung einer sterilen Frau in seinen Aeusserungen bezüglich der Aetiologie und Prognose nicht genug vorsichtig und bedachtsam sein kann. Selbst wenn er die

Sterilität für eine absolut unbehebbare hält, so soll der Arzt diese seine
Anschauung nur sehr reservirt der Frau mittheilen, es geschehe dies
sowohl aus Humanitätsrücksichten gegen die dadurch oft in Ver-
zweiflung getriebene Unglückliche, als aus Klugheitsgründen, denn gar
viele scheinbar unüberwindliche Hindernisse der Sterilität haben sich
nach längerer Zeit doch als unvollständige gezeigt. Man sei aber auch
mit den Versprechungen bezüglich Heilung der Sterilität sehr vorsichtig,
denn auch da erweisen sich nicht selten begründete Hoffnungen als
trügerisch. Mehr als bei irgend einer anderen Consultation
muss hier der sittliche Ernst und die gewissenhafte Erwägung das Wort führen gegenüber dem verzweifelten Anstürmen
der Frauen. Ich habe manches bis dahin durch eine Reihe von Jahren
intact gehaltene eheliche Glück durch ein leichtfertig abgegebenes ärzt-
liches Urtheil über den Grund der Kinderlosigkeit, ja schon durch ein
unbedacht hingeworfenes Scherzwort des Arztes zertrümmern gesehen.

Autoren-Verzeichniss.

Die Ziffern bedeuten die Seitenzahlen.

Register.

Druck von Gottlieb Gistel & Cie, Wien, Stadt, Augustinerstrasse 12.